軍事強国チートマニュアル

山北　篤
Atsushi Yamakita

新紀元社

はじめに

転生物語には、争乱がつきものだ。転生者は好む好まざるにかかわらず、争いに巻き込まれる。
当然のことだ。転生者の持つ知識チートは、いかなる為政者にとっても、喉から手が出るほど欲しいものだからだ。既得権益を持つ者にとってその知識は、更なる利益をもたらす霊薬であると同時に、今までの利権を喪失させる猛毒でもある。いずれの方向に使うにしても、絶対に手元に置いておかなければならない危険物だ。
転生者が何もしなければ、その知識は力ある者の奪い合いとなる。もちろん彼らは、転生者が現代から転生した人間であることは知らないだろう。次々と新たな発明を行う天才と思っているはずだが、それでも彼らのやることは同じだ。
国内だったら、さすがに直接戦争には滅多にならない。政争のコマとして、権力者の間でやり取りされることになるだろう。
だが、国家と国家の場合、ある国が転生者の知識を使って強国になる前に、他国は何とかしなければならない。できれば、その国の富国強兵のネタ元である転生者を奪い取りたい。だが、不可能な場合はネタ元の破壊、すなわち転生者の抹殺でも構わない。つまり、拉致誘拐で済ませられれば安上がりだし、ダメなら暗殺でも良い。最悪の場合は、国が強くなる前に戦争を仕掛けて潰してしまうのもありだろう。
つまり、知識チートを行う転生者が何もしないでいると、誘惑・脅迫・拉致・拷問・洗脳・抹殺という、最悪のコースが待っている。運良く生き残れたとしても、当人の意志に反して、強制的に知識を絞り出されることだろう。
もちろん、知識チートを隠して、一般人として生きていく道が無いではない。だが、よほど地位の高い家に生まれない限り、中世ファンタジー世界での生活は現代人には耐えがたいものがある。ごくわずかの塩で煮ただけの食事を毎日毎日食べ続け、臭いポットン便所に、病気に罹ってもろくな治療も受けられず、風呂など一生に一度も入れない世界で、自分の知識を封印して生きていけるだろうか。現代人の魂を持った人間なら、絶対に我慢できない。それこそ、便所を臭くないようにする工夫、怪我をした時に傷口をきれいな水で洗うこと、溺れた友達を救う救命処置、それら全てがチートなのだ。ふとしたことで出てしまう知識チートを封印したまま生きていくのは、現実的とは言えない。
　とすれば、このバッドエンドを避ける方法は、２つしかない。

強い者に守ってもらう

　強力なパトロンを持てれば、その力によって、他の権力者から守ってもらえる。
　パトロンが王だったりすれば、国内においてはかなり安泰だ。もちろん、王といえども絶対の権力を持っているわけではないが、それでも転生者の知識を国家のために使っている限り、国内の他の権力者も文句は言えない。
　王でなくとも、それなりの権力者なら、転生者の利益を考えて、手放してしまうことはないだろう。他の権力者に、転生者から得た利益を少しずつ分配することで、バランスをとって転生者を確保し続けることができるはずだ。というよりも、そのくらいの権謀ができない権力者を頼ってはならない。危険なだけだからだ。
　問題は、誰をパトロンにすべきかという選択と、売り込みの方法だ。
　パトロンにすべき人間は、以下のような資質を持った人間だ。

●「有能な人間は、優遇した方がより働く」ことを知っている。幽閉したり無理強いして働かせた場合、その才能の大半を、逃げ出すことや復讐することに費やすので、効率が悪い。
●他の権力者に強いられた時でも、「金の卵を産むガチョウを守る」方が有利であることを知っており、そのために適切な交渉なり権謀なりが使える。

　つまりは、ある程度長期的にものを考えられるだけの賢さがあり、それを実現できるだけの権力を持っている人間だ。だが、こんな人間は残念ながら多数派ではなく、巡り会うには運も必要になる。
　逆に、強欲で、思慮が浅く、金の卵を産むガチョウを殺してしまうような愚かな人間をパトロンにすると、最悪の結末しか待っていない。
　だが、貴族領の領民だった場合、そこの貴族以外をパトロンにするのは難しい。そこの貴族が良いパトロンになりそうもない場合、いったん土地を捨てて流民にでもなるしかないかも知れない。冒険者が存在する世界なら、冒険者になることで少しはマシな道が選べるだろう。

※

次に、良いパトロンになりそうな人間を見つけたとしても、売り込みをしなくてはならない。良いパトロンは数が少なく、当然のことながらパトロンを欲している人間にとって垂涎の的だ。売り込みのライバルは多い。

プレゼンテーションの基本的心構えについては、本書でも扱っているので、参考になれば幸いだ。

※

だが、こうやって良いパトロンを得たとしても、国外からの干渉を消すことは出来ない。国外からの干渉は、その国を強くすることでしか防ぐことが出来ない。それこそ、転生者の知識チートによって国を強くする必要があるだろう。

自分が強くなる

自分が強い権力者になれば、誰からも強制されることはない。より強い権力者がいたとしても、少なくとも突然力ずくということはなく、何らかの交渉があるはずだ。このパターンの問題は、ほとんどの転生者は、最初は偉くないということだ。

知識チートを使えば、地位を上げることは不可能ではない。よほど交渉能力に問題がない限り、現代知識チートを持つ人間は徐々に偉くなれるはずだ。もしも、それでも偉くなれないとしたら、それはあまりにも身分制度が厳しくて、偉くなることが不可能な場合くらいだろう。

ただ、この場合は、チート知識をいつどのくらい使うかが重要になってくる。チート知識を使って有能であるところを見せないと、出世できない。しかし、自分と比べて隔絶した権力を持つ者に目を付けられてしまうほどの有能すぎる知識を発揮してしまうと、身の危険がある。つまり、有能で、次のランクに上げても良いなと上の方が考える程度のチート知識を使うのが肝要だ。

その意味では、王家や貴族に生まれた転生者は、比較的有利だ。最初のうちは権力がある親が守ってくれるからだ。ただし、次男以下や妾腹に生まれたのに、長男や嫡子より有能なところを見せてしまうと、別の危険があるので、別の配慮が必要だろう。

この方法は、比較的無理がないので、お薦めだ。しかも、自分の決断で行動出来るので、他からの強制を嫌う転生者にとって、精神的にも楽だ。問題は、年単位十年単位で時間がかかることだ。当たり前の話で、転生チートの成果が出るのには、通常、年単位の期間がかかる。つまり、それが上に認められて、一つランクを上げるにも年単位の期間がかかる。それを一歩一歩乗り越えて、上の階層に到達するのには、最低でも10年はかかってしまう。

転生者が、10才未満のうちに知識チートを発揮し始めることが多いのは、このためだ。上位の地位について、本格的な活躍をさせる時に、ライトノベルの標準的主人公である10代であるためには、その10年くらい前から活躍し始めないと間に合わないからだ。

20代になってから知識チートを発揮し始めたのでは、同年代のその世界の天才的才能と競わなければならない分だけ出世も遅れるだろうから、上位の地位に就いた頃には30代後半から40才くらいになってしまう。これでは、ライトノベルの主人公としては、年を取り過ぎているのだ。

いずれにせよ、転生者は知識チートを使う限り、その世界の権力と関わらざるを得ない。これが個人の能力チート（超絶的身体能力とか極大魔力とか）と、最も違う点だ。

知識チートは、社会に適用されて初めて効果がある。個人で小さくやっていたとしても、それを見た人、恩恵を受けた人が、その知識を利用し、最終的には社会全体に広まってしまう。そして、社会に影響を及ぼす限り、権力と関わるのは必然なのだ。

知識チートを使うことは、必然的に社会と、そして権力と関わることであり、転生者はそれに備えなければならない。そして、権力と関わって無事だったとしたら、何らかの権力を得ているはずだ。ならば得た権力で、何をするかも考えなければならない。

この本が、その備えになれば幸いだ。

山北 篤

目次

第1章

将軍編

残念ではあるが、人類は戦争を止めることができない。どんな世界でも、戦う人間の需要がなくなることはない。もちろん、直接戦う戦士・兵士は常に必要とされる。だが、あらゆる国は、戦士・兵士たちを指揮する将軍職に有能な人材を欲している。国に忠誠を尽くして働いてくれるならば、他国出身であっても許容してしまうほど、指揮官は必要とされているのだ。余所者を指揮官として抜擢した例としては、織田信長が明智光秀や滝川一益らを引き上げたのがその一例となろう。つまり、異世界転生者ならまだしも、その国の生まれだから、他の職で偉くなる可能性もあるだろう。だが、異世界転移者にとって、将軍職は余所者であっても就ける可能性のある数少ない高位高官なのだ。

第1節 用兵

戦争における現代チートとは、何だろうか。もちろん、科学を利用し進歩した兵器を作って勝利するのも、現代チートの典型だ。だが、それだけでは足りない。科学チートの問題点は、開発にかかる時間と費用だ。

つまり、科学チートで勝利するためには、兵器の開発と製造に、ある程度の時間が必要だ。しかも、結構高額な開発費用がかかる。しかし、異世界転移したばかりの人間に、そんな金はないし、待ってくれるほど悠長なパトロンもいない。

そこで有効になってくるのが、**用兵思想**だ。用兵とは、戦争の時にどのように兵を用いるかという問題だ。つまり、既に存在する兵士を、どう使えば効率的に敵を倒せるか、どうすれば消耗を減らせるか、そのような工夫の集大成だ。用兵なら、訓練は必要となるだろうが、費用もかからないし、開発期間も必要ない。もちろん、費用のかかる用兵思想も存在するが、それは後回しにすれば良い。

しかし、用兵思想は、なかなか理解してもらえない思想だ。というのも、軍人ほどガチガチの保守主義者は存在しないからだ。何しろ、妙な工夫をして失敗すると、人がたくさん死ぬし、国が滅びかねない。そのため、どうしても前例があって、安定した成果が期待できる用兵を行ってしまうからだ。

将軍として現代知識チートを用いるためには、そんな頭の固い軍人に、新しい用兵がどう役に立つのかを説明し、理解してもらわなければならない。なかなか大変だが、具体的な軍の動きが予測できるなら、説明の説得力が増すことは確かだ。

そこで、用兵史から、どのような用兵ならチートとなるのか、そしてその用兵を利用した実例はどうなったのかを調べてみよう。そうすれば、「遠い国で、このような用兵が行われて、こんな成果を出した」という成功例付きの説明ができるので、納得してもらいやすい。

また、軍事技術開発も、どこに金をつぎ込むべきかという問題がある。金ばかりかかって、あまり効果のない開発は止めて、費用効率の良い開発につぎ込むべきだ。

では、効率の良い開発は、どんな開発だろうか。それについては、

p.357を参照してほしい。

✔密集方陣

人類最初の用兵思想は、**密集方陣**の発明だ。紀元前25～前26世紀頃にメソポタミアで発明されたと言われている。文明の始まる前に転生しない限り、密集方陣でチートとはいかない。

それ以前の戦争は、陣形などなく、ただ人間同士がワーッと寄り集まって、攻撃し合うだけというものだった。この時代に、密集方陣を投入したら、バラバラで戦っている敵方は、全く勝ち目がなかっただろう。個人の武勇に自信のある戦士は、「寄り集まって身を守る卑怯者」と罵ったかも知れないが、それでも勝利するのは方陣の方だろう。

その意味で、この密集方陣こそが用兵の始まりだ。陣形を作って敵にぶつけると勝利できるという新たな知識の獲得であり、現代まで続く様々な用兵思想の母なのだ。

だが、最前列の兵士は槍や剣を持って戦っているのが分かるが、それより後ろの兵士は何をしているのだろうか。

２番目や３番目の兵士の仕事は、２つある。

１つは、槍を肩の上に掲げて、前列の兵士の頭の隙間から突き出すことだ。これによって、方陣からは兵士の数の２倍・３倍の穂先が突き出されることになり、それだけ槍衾（やりぶすま）は重厚なものになる。人間１人分の幅から２～３本の槍が突き出されて攻撃してくるのだから、よほどの達人でもない限り、勝ち目はない。

もう１つは、兵士が盾を持っている場合ではあるが、盾を上に掲げて、降ってくる矢を防ぐことだ。特に最前列の兵士の上に届くよう掲げて、前面で戦っているために、上まで見る余裕のない最前列をカバーするのだ。こうすることで、矢にも負けない白兵戦部隊という、とんでもなく困った存在ができてしまう。

では、それより後ろの兵士の役割は何か。それは、予備だ。

残念ながら、兵士は死傷する。特に、最前列が危険だ。最前列の兵士が倒れた時、その真後ろにいる兵士が１歩前に出る。つまり、２列目が最前列になり、３列目が２列目になり、その後ろも、そのまま１列ずつ前に出る。死亡・負傷した兵士は、後ろに運ばれて、可能ならば治療される。

つまり、列の数は、そのまま部隊の耐久力になる。

陣形を組んでいない軍隊では、誰かが死傷して倒れると、そこに穴ができてしまう。そこから敵兵がなだれ込んで後ろに回られると、後は虐殺されるしかない。だが、密集方陣を組んでいると、誰かがやられても、即座に穴埋めされる。穴が開くのは、何列もの敵を全て倒した後だ。そんな頃には、とっくの昔に戦争の決着が付いているはずだ。つまり、密集方陣が組まれている限り、戦線に穴が開いて敵兵に後ろに回られるということがないのだ。

✔弓の改良と馬

紀元前17世紀になると、シリアのヒクソスが弓の改良を進め、複合弓（コンポジットボウ）が作られるようになった。複合弓は殺傷力が高く、より遠距離から敵軍を攻撃できるようになった。

しかも、当時は金属加工技術が低く、複合弓の矢を防げる強い甲冑が存在しなかったため、弓兵の働きが、勝敗を左右するようになった。

密集方陣も、弓部隊の攻撃を受けると、崩壊してしまう。何しろ密集しているので、外れた矢でも隣の人間に当たるだけで、ほとんど無駄にならない。弓への防衛手段を持たない密集方陣は、弓兵の良い餌でしかない。

このため、方陣が前進する前に弓兵によって敵の弓兵を崩壊させる、もしくは盾を用意して部隊を弓から守るといった対処が必要になった。

つまり、陣形を作って敵にぶつければ勝利できるという段階から、陣形を維持して敵にぶつけるためにはどうすべきか、もしくは敵の陣形を崩して崩れたところを攻撃するという１歩先の用兵上の問題が、この時点で発生した。

また、ヒクソスは、それまでロバに引かせていた戦車を、より高速な馬に引かせる戦車にして、速度も上げることに成功した。

この高速戦車に弓兵を乗せることで、紀元前17世紀のチート兵器が作られた。もちろん、他国はこの新兵器にショックを受け、可能な限り早く取り入れるようにした。紀元前16世紀には、エジプトが同じ兵器を用いてヒクソスを破っている。

将軍編

✔諸兵科連合

紀元前12世紀頃になると、アッシリアが台頭してくる。アッシリアは、紀元前7世紀頃には、シリア、メソポタミア、エジプトなどを支配する、最初の世界帝国を作り上げる。その力の源となったのが、アッシリアの歩兵部隊だ。

アッシリアの歩兵部隊は、最初の数列が槍を持った歩兵、その後方に複合弓を持った弓兵、最後に投石兵という方陣を作っている。後方から射撃武器による援護をもらいつつ、槍兵が進撃するという陣形は、汎用性が高く、しかも攻撃力も高いため、アッシリア軍の強さの源であった。

同時に、アッシリア軍には、歩兵部隊以外に、馬に引かせた戦車部隊、敵城を攻撃する破城槌などを使う工兵部隊なども所属しており、それぞれ必要な場所で使われた。

このように、様々な兵科[*1]を、それぞれの利点を活かして活用するのは、近世では三兵戦術、近代になって諸兵科連合と呼ぶようになった。その有効性は現代でも通用している。

もちろん、初見でアッシリア軍と戦った敵は、なすすべもなく破れていった。これらの力によって、アッシリアはシリアから、東はメソポタミア、西はエジプトまで広がる世界初の世界帝国を作り上げることに成功した。

逆に言えば、アッシリア軍より前に、この諸兵科連合を利用できれば、大変強力な軍隊が作れるだろう。

✔騎兵の登場

この頃、パルティアなど、戦車を作らず、馬に直接騎乗する騎兵が台頭してきた。騎兵の利点は、以下の通り。

- 戦車を作らなくてすむので、安上がり。
- 1頭の馬で1戦闘ユニットになるので、見かけ上の戦力が増える。
- 戦車よりも、機動性が高く、ターンがしやすい。

---

*1 古くは、歩兵・騎兵・弓兵の三兵。近世になると、銃兵・歩兵・騎兵の三兵。現代では、歩兵・機甲兵・砲兵の三兵。それぞれの時代には、それぞれの時代の有力兵科を組み合わせて使っている。だが、古代から現代まで必ず入っているのは歩兵だ。

その代わり、騎兵は、騎乗という特殊技能を兵士に要求する。特に、鞍（くら）と鐙（あぶみ）ができるまでは、10年以上もの訓練を必要とする高度な技能だった。まして、騎乗したまま戦闘、特に弓を射るなど両手の必要な戦闘技能を発揮するのは、より長期の訓練を要する。

このため、騎馬民族以外で大量の騎兵を用意することは難しく、その後も戦車は使われ続けた。

転生者としては、騎兵を養成するのは大変だ。なぜなら、騎馬民族ならば元から存在するので、全く評価されない。そうでない民族では、確かに作れれば評価されるだろうが、騎乗用の馬を増やすのと、騎兵を養成するのに時間がかかりすぎて、下手をすると自分が老衰して死んでしまう。

ただし、鞍と鐙が普及していないところでなら、この２つの発明品を権力者に見せることで、チャンスはあるだろう。

✔ペルシア軍の軍制

紀元前６世紀には、ペルシア帝国がアッシリア以上の大帝国を作り、オリエント世界をほぼ統一していた。

ペルシア帝国の軍制は、槍と弓を使う歩兵方陣と、投げ槍と弓という遠距離武器を使う騎兵からなる諸兵科連合部隊だ。投石兵の代わりに弓兵を増やしている。騎兵が素早く移動して、遠距離から攻撃して敵の陣形を崩す。そこに、槍を構えて、後ろから弓で援護された歩兵が突入するというシステムだ。

騎兵に白兵戦を行わせないのは、貴重な騎兵が消耗するのを嫌ったからだと考えられている。

ペルシアの歩兵は、強制徴兵で集められたもので、士気も練度も十分ではない。しかし、士気や練度の低さは、その圧倒的な数によって補われ、オリエント世界では最強を誇った。

残念ながら、ペルシアの真似は、転生者には難しい。ペルシアの強さは、圧倒的な人口ボーナスによるものだからだ。

✔ギリシア重装歩兵と地形と士気

ペルシア軍が、人口の少ないギリシアに攻め込んだのが、紀元前５世紀のペルシア戦争だ。最初は、軍の規模が全然違うことから、鎧袖一触でペルシアが勝利すると考えられていた。しかも、ギリシアは統一した政体を持たず、各ポリス[*2]に分かれていた。さらに、ギリシアは騎兵を持たず、重装歩兵の方陣（**ファランクス**）と、軽装歩兵から構成されていた。

これでギリシアが勝つと思う人間などいないだろう。

しかし、ペルシア軍は、少数のギリシア歩兵に勝てなかった。それは、なぜだろうか。

- ペルシアという異民族との戦いに、さすがに各ポリス間の争いを棚上げにして、同盟を組んだ。このため、ほぼギリシアという国がペルシアという国と戦うのと同等の戦いができた。
- 実際の戦闘においては、地形の問題だ。ギリシアは山がちで、平地は狭く、山あいの道はもっと狭く、とてもペルシア軍のような大軍を展開できる土地がない。そのため、少人数のギリシア軍でも、問題なくペルシア軍と対峙できる。ペルシア軍は、オリエントの広い平原で戦うために編成された軍隊で、ギリシア軍はギリシアのような狭隘な土地で戦うために編成された軍隊なのだから、ある意味当然といえるだろう。
- 同じく、地形の問題で、ペルシア軍の騎兵がほとんど役に立たない。ペルシア騎兵は、広大な平地を疾走し、敵軍の横手や後ろに移動できるところに最大の利点があるが、ギリシアにそんな土地はないのだ。
- ギリシア重装歩兵は、比較的裕福な市民で構成される軍隊なので、防具などが優れている。そのため、ペルシア軍の矢や投げ槍では、ギリシア軍の盾と鎧を突き通して殺傷することが難しい。これに対し、ペルシア軍の歩兵は強制徴集された大軍なので、あまり良い防具を身につけていない。このため、ギリシア軽装歩兵の投げ槍や投石によってダメージを受けた。
- ギリシア軍は、市民軍であり、なおかつ自国を守るために戦っているので、非常に士気が高い。そのため、なかなか撤退しないし、逃亡しない。それに比べて、ペルシア軍のほとんどは強制徴集された農民に武器を持たせただけで、ろくに訓練もしていないため、元々士気が低い。このため、わずかなダメージでも士気が崩壊して逃亡してしまう。

このように、地形と軍の練度や装備の差を利用して、少数で多数と戦うことも可能だということが分かり、作戦の幅が広がった。

---

*2 ギリシアは、ポリスという多数の都市国家に分かれていた。各ポリスの人口は奴隷も含めて数万から10万くらいで、このポリスが互いに戦争すらしているという、小国分立状態にあった。

その中でも、最も有名なのが、映画『300』で有名なテルモピュライの戦い（紀元前480）だ。映画では、隘路（あいろ）に陣取ったレオニダス王率いるわずか300人のスパルタ兵が200万のペルシア軍を押しとどめた。現実は、さすがに300人は先遣隊だけの数字で、増援を合わせると5,000～7,000人くらいはいたし、ペルシア軍の200万は盛りすぎで、実際には10～30万だったと言われている。それでも数十倍の兵力差を３日支え、ペルシア軍が迂回路を見つけなければ、まだまだ支えられたと言われており、スパルタ兵の勇猛さを語り継ぐに足る戦果と言える。実際、この戦いでギリシア側はほぼ全滅したが、その代償として万単位のペルシア兵が死んでいる。

テルモピュライの戦いの敗退によって、ギリシアの多くのポリスが、ペルシア軍の手に落ちた。しかし、これによって稼いだ時間は無駄にはならなかった。陸上での戦いこそ負けていたが、稼いだ時間によってサラミスの海戦（紀元前480）が間に合った。ギリシア海軍は、ペルシア海軍を相手に歴史的大勝利を得て、ギリシア周辺の制海権を得た。これによって、ペルシア軍の補給は滞るようになった。

さらに、スパルタは軍を再編し、10,000人のスパルタ重装歩兵を用意した*3。スパルタだけで、30万と言われるペルシア軍を打倒し、レオニダス王の仇を取ることに成功した。

こうして、ギリシアはペルシア戦争（紀元前499～前449）に勝利したのだ。

✔陣形の展開

ペルシア戦争に勝利したギリシアは、その後は再びポリス同士の争いを始めた。

紀元前４世紀には、ギリシアでコリントス戦争（紀元前395～前387）が発生する。そして、天才エパミノンダスが、密集陣形による横陣しか存在しなかった世界に、新たな陣形である**射線陣**を発明する。

当時のギリシア重装歩兵が組んだ**密集方陣**は、以下のようなシステム

---

*3 当時の各ポリスの人口は、奴隷を数に入れても数万から10万程度だったと考えられている。そのためこの数は、当時のスパルタで戦える男子を総動員したのではないかと思われる。ギリシアとしては考えられないほどの大軍だ。

だった。

重装歩兵は、右手に槍、左手に盾を持っている。そして、左手の盾は大きく、自分の左に立つ戦友の右半身を隠してしまう。このため、兵は、自分の盾と、右側に立つ戦友の盾の両方で守られて、その隙間から槍を突き出して戦うという、比較的安全な戦闘ができた。

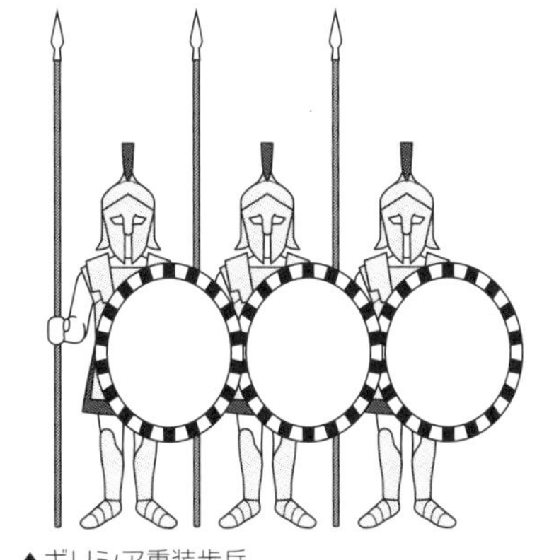
▲ギリシア重装歩兵

問題は、一番右側（図は敵から見ている状況なので一番左側）に立つ戦士の右半身は誰も守ってくれないという点だ。そこで、密集方陣では右端に最強の兵士を置くことにした。

これによって、基本的に方陣同士の戦いでは、（最強の兵を置いてある）右翼が（弱兵である）敵左翼を叩き、どちらの右翼が先に勝利するかで、勝敗が決した。

左翼の兵士が崩れて逃げ始めると、その隣の兵士も崩れていき、左翼から中央へ、そして右翼へと広がって逃亡してしまう。

これが、ギリシア重装歩兵の戦いだった。

ペルシア戦争で名をはせたスパルタ兵の力は、コリントス戦争でも落ちていなかった。この時代でも、最強の兵士と言えば、スパルタ兵だ。よってスパルタ兵を右端に置いたペロポネソス同盟は、実際に槍を交えさえすれば、こっちが勝つと考えていた。そして、普通に戦う限り、それは真実だった。

ペロポネソス同盟と戦うボイオティア同盟にとって、それは悪夢でしかない。よって、普通でない戦いをしなければならない。しかし、普通でない戦いは、戦って負ける駄目な戦法だからこそ、普通でないのだ。

しかし、幸いにして、ボイオティア同盟にはエパミノンダスがいた。

彼がやったことは、ある意味単純なことだ。スパルタ兵は強い。しかし、人間を超えた強さではない。ならば、スパルタ兵の方陣（通常６列から８列くらいで構成されていたが、この戦いの時には12列と厚くされていた）の前に、50列のテーベ兵の方陣を置く*4。１列のスパルタ兵を倒すために、数列のテーベ兵がやられるかも知れない。しかし、50列もあれば、さすがのスパルタ兵も力尽きる。そして、勝利の源泉であるスパルタ兵が破れた時、ペロポネソス同盟軍は崩壊するだろう。

ただ、スパルタ兵の前に50列も置くと、他の敵兵の前に置く兵士が少なくなる。実際、中央や右翼は、危険なほど少ない列しか並んでいなかった。このままでは、スパルタ兵に勝てても、中央や右翼で敗北してしまう。

そこでエパミノンダスが考えたのが、射線陣だ。何のことはない。陣形を斜めにして、左翼を前に、右翼を後ろに配置したのだ。しかも、中央から右翼にかけての部隊は、敢えてゆっくりと進軍するように命じた。これによって、左翼が先に接敵する。中央がその後しばらくして接敵し、右翼は最後に接敵する。こうすれば、左翼の戦闘時間を十分に取れ、中央や右翼が接敵した頃には、左翼が敵右翼を潰乱させているだろうという計画だ。

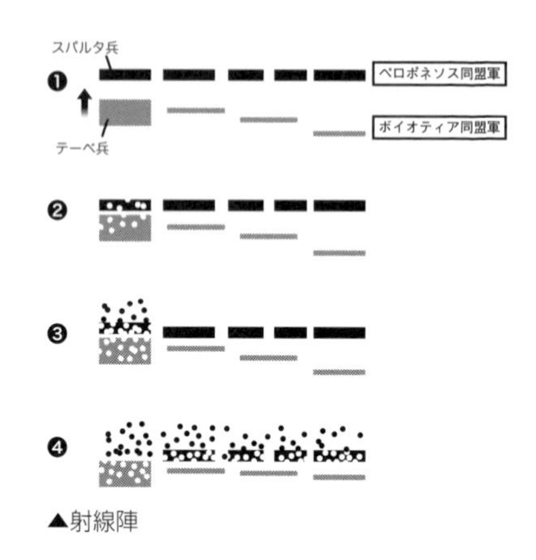

▲射線陣

こうして、エパミノンダスは勝利したが、これによって世界の用兵思想に、２つの大きな変化をもたらした。

１つは、後世で**局所優勢**と呼ばれる用兵論が発明されたことだ。

つまり、敵味方の数が変わらなくても、兵の配置に濃淡を付けて、一部の箇所で数の優勢を作り出し勝利するというものだ。

他の箇所では敵の数が優勢になるので、できる限り戦闘を行わないよ

*4 正確には、スパルタ兵の前の半分には、神聖隊というスパルタ兵に匹敵する強兵（ただしごく少数）を置き、テーベ兵が相手をしたのは、最も右の半分だったとされる。ちなみに、神聖隊が強いのは、男同士の恋人たちで編成された部隊なので、愛する者を守るために必死で訓練し戦うからだ。

うにする。陣を後退させる、偽兵とにらみ合わせる、砦に籠城するなど、少数で多数を戦わないまま拘束する。

後は、敵軍を撃破した部隊が、拘束されている敵部隊を順番に倒してゆく。もちろん、敵も馬鹿ではないから、いずれ気付くだろうが、その頃には敵味方の数に差ができてしまうので、もはや勝ち目はない。

もう1つは、複数の陣形ができたため、どの陣形を使うべきか考えなければならなくなったことだ。

それまでの、ただ1つの陣形しかなかった世界から、複数の陣形の存在する世界へと、大きく世界が転換した。1つしか陣形がないのなら、皆それを真似るだけだ。しかし、陣形が2つになったら、少し知恵が回るものなら、3つめ4つめの陣形があるはずと考えつくだろう。

そして、複数の陣形があるということは、相性の良い陣形と相性の悪い陣形があり、敵がどの陣形で来るかを予測して、こちらの陣形を決めなければならないということなのだ。

こうして、軍の指揮官の仕事に、それまでの、攻撃開始・撤退を決める、兵の補給を行う、士気を維持するといったことだけでなく、重点を作って局所優勢を得る、陣形を決めるといった、用兵についての問題を解決する仕事が追加された。

✔ファランクスの発展

ギリシアのファランクスは、周辺地域にも広がり、様々なバリエーションを作っていった。その中で、最も成功したのが**マケドニアファランクス**だ。

マケドニアファランクスは、兵士にサリッサという長槍（長さ6～7m）を持たせている。そして、通常のファランクスが8～12列ほどから構成されているが、マケドニアファランクスは、16列からなる。

列を多くして、長い槍を持たせているのは、以下の利点があるからだ。

- 長いので、敵の白兵戦武器が届かない距離からでも、こちらの槍は届く。
- 長いので、前から5列目までの人間の槍が、ファランクスの前に突き出されている。つまり、人1人の幅から、5本の槍の穂先が出ているので、白兵戦でこれを突破するのは困難だ。

・6列目以降の兵士は、槍を斜め上に構えている。長い槍が、多数部隊の上を覆っているので、矢や投げ槍といった投擲兵器は、なかなか部隊にまで届かない。

ただし、マイナスもある。サリッサは、あまりに長く重いので片手では操作しきれない。つまり、サリッサを扱っている間は、盾は首に紐で吊って、腕に括りつける小さな盾しか使えないのだ。また、槍が重い分だけ、鎧は多少軽装にならざるを得ない。だが、それでも白兵戦武器が敵より遠くまで届くという利点は大きかった。

もちろん、マケドニアファランクスは、それだけで軍を構成しているわけではない。弓兵や投げ槍兵などの軽装歩兵や騎兵などに側面を守らせている。そして、騎兵には敵の側面や後方を攻撃させることで、敵を壊滅させるというものだった。しかし、後になればなるほど、ファランクスが戦いの主役になる。側面がきちんと守られている限り、マケドニアファランクスは、正面からの戦いでは無敵を誇ったからだ。

フィリッポス2世の作った新しいファランクスによって、マケドニアはギリシアのポリスを全て滅ぼし、マケドニア王国を作り上げた。そして、跡継ぎのアレクサンドロス大帝は、巨大な世界帝国を作り上げた。ペルシア軍もインド軍も、マケドニアファランクスの前に敗退した。

マケドニアファランクスは、どちらかというと、広い土地で強いファランクスだ。槍の穂先を揃えることで、強力な防御力を発揮する。

✔ローマンファランクス

ファランクスは大変強力な陣形だが、弱点がないわけではない。

1. 全員で足並みを揃えて歩かないといけないので、普通に進むより遅い。
2. 向きを変えるのに、とても時間がかかる。
3. 規模が大きければ防御力が高まるが、その分だけ鈍重で扱いづらくなる。
4. でこぼこの土地では、槍の穂先が揃わないために防御力が落ちる。

要するに、頑丈だが足の遅い重装歩兵の特徴をさらに極端にして、防御力は非常に高いが機動力に極端に劣るようにしたのがファランクスだ。だから、ファランクスだけだと、弓や投げ槍を使う軽装歩兵といった高速遠隔兵器部隊に翻弄される可能性がある。
もちろん、それを補うために、ファランクスには軽装歩兵が随伴する。だが、そのサポートが間に合わなかった時、頑丈なはずのファランクスが、軽装歩兵に破れることもままあるのだ。
特に、山岳地帯のような狭い土地では、ギリシアのようなファランクスですら大きすぎる。イタリア半島[*5]に興ったローマにとって、イタリアという土地は、そういう土地だった。
そこで、ローマ重装歩兵は、もっと小さい歩兵単位ケントゥリア[*6]を基本としていた。もちろん、ケントゥリア２つでマニプルス[*7]に、マニプルス３つでコホルス[*8]に、コホルス10個でレギオン[*9]になる。一般に、マニプルス（160人）かコホルス単位（つまり500人ほど）で派遣され、大兵力が戦う時は、レギオンで戦闘するが、最低ケントゥリアでも戦闘が行えるようになっている。
また、装備として、槍と盾の他に、投げ槍２本、グラディウス（小剣）１本を持っている。このため、ファランクスだけでも、弓ほどの射程はないものの遠隔攻撃ができる。また、グラディウスによって接近戦も可能になっている。
一般にケントゥリアは、ハスタティ（若年兵）、プリンキペス（基幹兵）、トリアリィ（古参兵）の３種類あり、コホルスはそれぞれのケントゥリアが２個ずつ（つまり、マニプルス１個ずつ）で構成されている。基本的には、前にハスタティ、後ろにトリアリィがいて、ハスタティが消耗すればプリンキペスに、プリンキペスが消耗すればトリアリィに交代する。トリアリィは投げ槍を装備せず、長槍を持っている。これは、トリアリィが前に出る頃には、敵味方は完全に接触しており、投擲武器を使う暇はないからでもある。

*5 イタリア半島は、日本に似て、山がちで火山が多い。そのため、温泉も多い。ローマ人が風呂を好むのは、この温泉の多い環境の影響もあるだろう。
*6 １人のケントゥリオ（百人隊長）と１人のウェクシラリウス（旗持ち）と80人の兵からなる戦闘単位。小隊と訳されることもある。
*7 中隊と訳される。２個ケントゥリアで１個マニプルス。
*8 大隊と訳される。３個マニプルスで１個コホルス。ただし、第１大隊だけは精鋭であり、また戦力を強化する必要があるため、５個マニプルスからなる。
*9 ローマ軍団とは、このレギオンのこと。重装歩兵第１～10大隊に加え、伝令や偵察に使う騎兵、重装歩兵を守る軽装歩兵などから構成される諸兵科連合軍。

そして、このローマンファランクスが作る密集方陣を**テストゥド**（亀）という。

・最前列は、前に盾を向けて、すねから胸までを守る。すねは、すね当てをつけているので、守られている。
・左右は、それぞれ外側に盾を向けて、左右からの攻撃に備える。
・真ん中の兵士は、盾を上に掲げて、上から降ってくる矢や槍に備える。

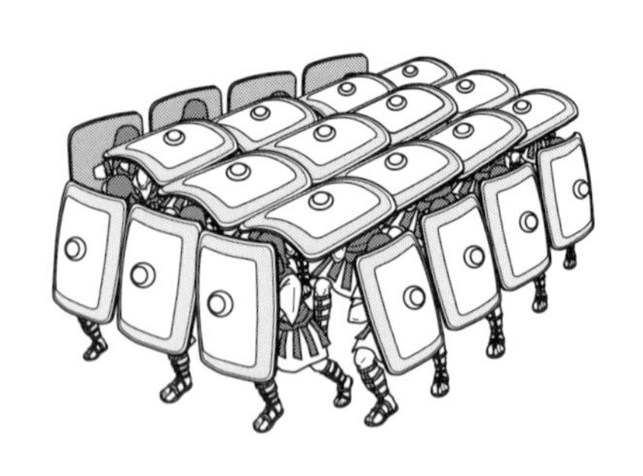
▲テストゥド

このようになっているので、ローマンファランクスは、攻撃力こそ他より低いが、防御力が非常に高く、なおかつ戦列の入れ換えなどの柔軟性も高く、持続力があった。

特に、でこぼこの土地では、槍の穂先を揃えることができないため、ローマンファランクスは接近してグラディウスで戦う。すると、槍以外には短剣程度しか持っていないギリシアやマケドニアのファランクスは対応できない。

ローマンファランクスの、このような特性を活用すれば、他のファランクスに勝利できるだろう。日本は、地形的にイタリア半島に似ているので、ローマンファランクスは有効に働くかも知れない。

✔ハンニバルの登場

ローマは、そのファランクスの柔軟性と耐久力により、徐々に拡大していった。そして、そのローマの前に立ちふさがったのが、カルタゴ*[1]とその将軍ハンニバルだ。紀元前３世紀に行われた、第二次ポエニ戦争（紀元前219～前201）がその舞台だ。

それまでは、騎兵は偵察や伝令、そうでない場合でも、歩兵方陣が衝

＊10 現在のチュニジアにあった、フェニキア人の植民都市。当時のカルタゴは、地中海の海運を支配する強力な都市国家だった。

突する前に先行して射撃武器などで敵陣を崩すという感じで、独立して使われることが多かった。

ハンニバルは、歩兵と騎兵を組み合わせて、両者を同時に運用して戦場を支配した。その意味では、諸兵科連合を世界で最初に有効活用したのは、ハンニバルなのかも知れない。

その最大の成功である、カンナエの戦い（紀元前216）を見てみよう。この戦いは、包囲殲滅戦の手本とも言えるもので、現代の作戦研究にも影響を与えている。機動力・局所優勢・背面展開・包囲など、現代戦でも通用する数々の勝利のポイントがことごとく使われている、天才ハンニバルの最高傑作とも言える戦いだ。

	ハンニバル	ローマ
歩兵	40,000	64,000
騎兵	10,000	6,000
合計	50,000	70,000

カンナエの戦いでは、そもそもハンニバルの戦力は、ローマの７割ほどしかない。しかも、歩兵の大半は、スペインやガリアの地で雇った傭兵で、あまり当てにはならない。優勢なのは、騎兵だけだった。

理論的には、ハンニバル軍が全滅する間に、ローマ兵が25,000死傷する。もちろん、全滅する前に兵士が逃げ出すので、実際は数千～１万ほど死傷した時点でハンニバル軍が崩壊して逃亡することになり、後はローマ軍がハンニバル軍の背中を、反撃を受けることなく攻撃することになる。

しかし、ハンニバルは、騎兵の優勢を局所優勢として利用し、敵を包囲殲滅することにした。

まず、初期配置を見てみよう。

ローマ軍は、中央に縦深に歩兵を配置し、左右に3,000ずつの騎兵を配置した。

ハンニバル軍は、中央に歩兵を配置したが、その中でも左右端に信頼のおけるカルタゴ歩兵を置き、中央にはスペイン・ガリア傭兵を中央が突出するように配した。その上で、中央の縦深を深くした。騎兵は、スペイン・ガリア騎兵7,000を左翼に、ヌミディア*[11]騎兵3,000を右翼に配した。

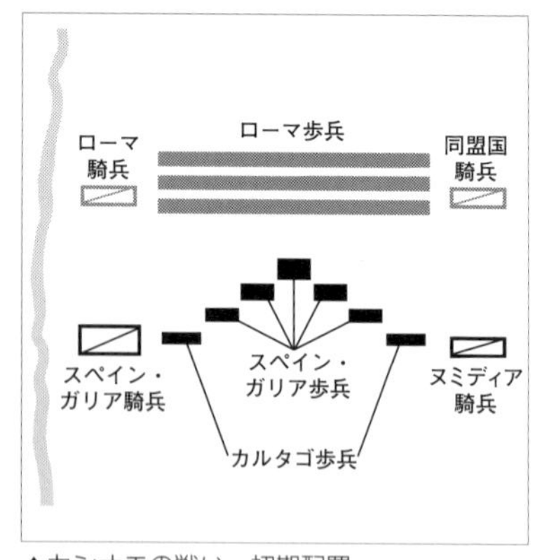

▲カンナエの戦い・初期配置

ここで、戦場のハンニバルの左翼・ローマの右翼には川があったことが重要になっている。

戦闘が始まると、歩兵は中央がまず接触した。ローマのファランクスに傭兵たちは押され、段々と後退する。中央が後退するということは、突き出していたハンニバルの歩兵陣がまっすぐになるということだ。

同時に、騎兵の戦いも始まる。ハンニバル軍右翼では、ほぼ同数の騎兵が拮抗している。互いに、時間稼ぎのような戦いが行われた。しかし、左翼では倍以上の騎兵がローマ騎兵を圧倒する。ここで、川の存在が大きくなる。ローマ騎兵はまともに戦ったのでは勝ち目はないので、機動力で敵騎兵を引きずり回して時間稼ぎをしたい。しかし、ローマ騎兵にとって、左は味方歩兵、右は川で、機動の余地は後ろしかない。だが、後ろに逃げると、それは味方の後背を敵に晒すことになる。このため、ローマ騎兵は戦うしかなく、当然のように敗退する。もちろんハンニバルは、川があるからこそ、左翼の騎兵を多くしたのだ。

戦闘は続く。

歩兵戦は、ローマが強く、スペイン・ガリア傭兵は、徐々に押されて後退する。だが、両端のカルタゴ歩兵は、ハンニバル立ち上げの時からの股肱であり、なかなか後退しない。このため、カルタゴ歩兵は段々と、中央が凹んでU字型になっていく。ローマ歩兵は、中央が突出する形になるが、これを中央突破の好機と考え、全く危険を感じていない。

*11 アフリカのカルタゴの南に住む部族で、カルタゴの傭兵として雇われることが多かった。

騎兵はというと、ローマ騎兵を追い散らしたスペイン・ガリア騎兵は、追撃をすることなく、またローマ歩兵を攻撃するでもなく、敵であるローマ歩兵の後ろをそのまま通過して、ローマ軍左翼の同盟軍騎兵の背後に突入した。ヌミディア騎兵と一進一退を続けていた同盟軍騎兵は、3倍の敵を相手にして、瞬時に粉砕された。

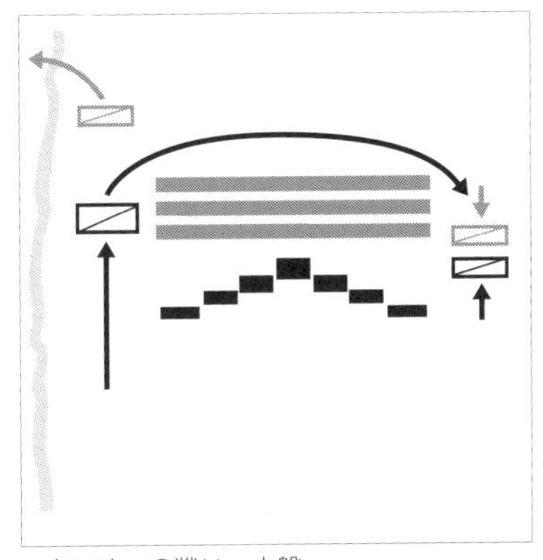

▲カンナエの戦い・中盤

そして、戦闘は最終段階に入る。

ローマ軍の騎兵を全て敗退させたハンニバル軍騎兵は、ローマ歩兵の真後ろから突入する。中央突破のチャンスと思わせていたハンニバル軍の中央の後退は、実は半包囲のための後退だった。そして、その開いていた後方に騎兵が蓋をしたことによって、ローマ軍歩兵は完全に包囲された。

▲カンナエの戦い・最終段階

恐るべきことに、この形を、ハンニバルは最初から計画していたようだ。

後は、包囲されたローマ歩兵を殲滅するだけだ。騎兵に背後を強襲されたローマ歩兵は、前へと逃げる。しかし、前はハンニバル軍歩兵と戦闘中なので進めない。結局、ローマ歩兵は狭いエリアに押し込められることになる。元々テストゥドで、他のファランクスより密集しているローマ軍だ。それがさらに狭い面積に押し込められてしまった。あまりの混雑に圧死した者までいたと言われる。こうなっては、どんなに勇猛な兵士も、何もできない。隙間が狭すぎて、手足を動かすのも困難なほどの混雑なのだ。

ローマ兵は、何もできないままで、ハンニバル軍に殲滅されるしかなかった。

ローマ軍70,000のうち、60,000が死亡し、10,000が捕虜となった。また、ローマ元老院議員も多数従軍していたため、当時の現役議員の4分の1ほどが死亡するなど*12、ローマとして最悪の敗戦となった。

ちなみに、ハンニバル軍の死者は6,000ほどで、それもほとんどがスペイン・ガリア傭兵であり、金で補充できた。

だが、後にローマは、ハンニバルにザマの戦い（紀元前202）で、お返しをする。騎兵の優勢を得たローマ軍は、ハンニバル麾下の騎兵を追い散らした後でハンニバル軍の後背に突入する。まさにカンナエの戦いを再現して、ハンニバルを破っている。

✔包囲殲滅戦

ハンニバルによって、**包囲殲滅戦**という、圧倒的な戦果を生みだす戦法が作られた。それまでも、包囲しての殲滅はあっただろうが、ハンニバルのように最初からその形に持って行く計画を立てた上で戦った人間はいなかった。

それまでの戦争は、敵の士気が崩壊して逃亡することを前提にしていた。敵にダメージを与えるのは、士気を崩壊させて逃亡させるためだ。そして、逃亡する敵を背中から攻撃することで敵兵を殺すというものだった。実際、死傷者の大多数は、逃亡時に出るのだ。

だが、包囲殲滅戦は、違う。敵を包囲して、逃げられなくなった敵を全滅させる戦法だ。実際には、ある程度のところで包囲された側が降伏してしまうので、捕虜を取ることになる。

包囲殲滅戦にも、大きく2つある。それは、白兵戦を行う包囲殲滅戦か、射撃戦を行う包囲殲滅戦かという問題だ。これは、包囲戦の効果が、両者で異なるからだ。

白兵戦を行う場合、包囲される側が、包囲を予期して準備していれば、

---

*12 日本で例えるなら、衆院参院合わせて、200人ほどの議員が一気に殺されるという大事件を想像してもらうと、イメージが近いかも知れない。

対処のしようはある。周囲全てに向けて兵士を配し、そのまま戦い続ければ良い。いわば、籠城戦と同じようなものだ。実際、フス戦争（1419～1434）などでは、装甲馬車によって陣地を作って戦い、包囲する敵を破った例もある。

では、なぜ白兵戦で包囲殲滅戦というのもが可能なのか。

それは、カンナエの戦いのように、包囲された側が、狭いエリアに閉じ込められるため、まともな戦闘行動ができなくなるからだ。ラッシュ時の電車の中のような混雑では、まともに戦えるはずがない。そこまでいかなくとも、狭くて白兵戦武器を自由に振れなければ、戦闘行動は大きく制限される。

逆に包囲する側は、包囲線の長さに合わせて、適切な人数を配置すれば良い。人員に余裕があるなら、時々交代して疲労を回復させることもできる。いったんこのような差ができてしまうと、後は動けない敵を淡々と倒していくだけだ。敵が減少したら、敵に隙間を与えるのではなく、前進して包囲を縮めることで、敵の混雑状態を維持する。

もちろん、弓や投げ槍、投石などで包囲陣の外から射撃して、包囲陣の中に閉じ込められた敵兵を殺して効率的に包囲戦を行うことも可能だ。狭いところで身動きしにくい敵は、射撃武器の良い的でしかない。

ハンニバルの包囲殲滅線は、こちらのパターンだ。

射撃戦の場合は、状況が異なる。

盾や塹壕のような射撃から身を守るものは、基本的に一方からの射撃を防ぐようになっている。このため、包囲されてしまうと、あちこちから射撃されるので、防御ができないのだ。少なくとも、防御に隙ができる。

攻撃する側は、目の前の敵を攻撃するのではなく、指揮官の指定するエリアを射撃する。するとそのエリアは、前

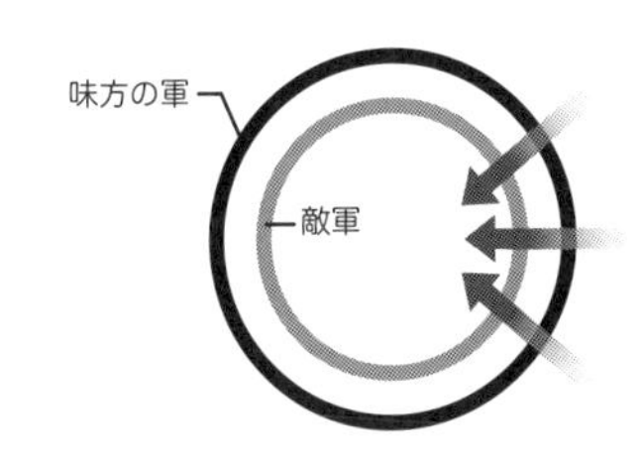

▲包囲陣と射撃武器

からだけでなく左右からの射撃を受けることになり、防御ができずやられていく。これを、次々とエリアを変えて行うことによって、任意のエリアを殲滅していくことができる。

そして、白兵戦でも射撃戦でも有効なのが、士気に対するダメージだ。いざという時の逃げ場がないという状況は、兵士の精神に大変な負担をかける。捕まって殺されてしまうかもという恐れが、腕の振り足の運びを萎縮させる。もちろん、そういう状況でますます張り切る人間もいないではないが、ごく少数だ。

こうして、包囲殲滅戦という、新しいカテゴリーの戦いが発明された。ハンニバルが登場する紀元前3世紀以前には、驚異的な用兵法として効果を発揮するだろう。

✔鉄床と金槌

ハンニバルは、確かに作戦の天才だった。現代でも通用するほとんどの作戦は、ハンニバルが既に行っているので、後世の人は、彼の戦績をまとめて、作戦として名前を付けたのではないかと思われるほどだ。

そのハンニバルがトラシメヌス湖畔の戦い（紀元前217）で使ったのが、**鉄床（アンヴィル）と金槌（ハンマー）作戦**だ。

鉄床とは、防御力の高い部隊（その代わり、機動力などは低い）のことで、ハンニバルは重装歩兵を用いている。金槌とは、機動力と攻撃力

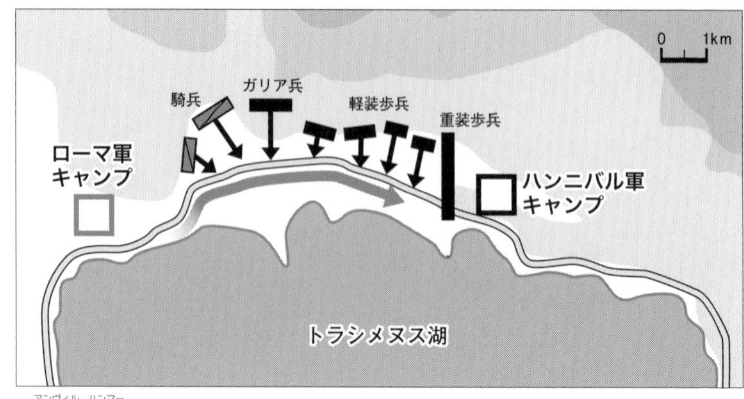

▲鉄床（アンヴィル）と金槌（ハンマー）作戦

の高い部隊のことで、ハンニバルは騎兵を用いている。

要するに、鉄床で敵軍が引っかかって移動できなくなっている間に、金槌が後ろや横から殴りかかって潰してしまうという作戦だ。

トラシメヌス湖畔の戦い（紀元前217）では、湖畔の道を通るローマ軍を、重装歩兵が足止めし、後ろから騎兵が攻撃した。

さらに、横の山からは軽装歩兵が伏兵として隠れており、遠距離攻撃を横から浴びせかける。ローマ軍の逃げ道は湖しかなく、多くの重装歩兵（そりゃ、そんな鎧を身につけて泳げるはずがない）が溺れ死んだ。

この戦術は、敵の足止めができる防御力に優れた部隊と、敵の後方や側面に回り込める機動力と攻撃力のある部隊があれば行える。

このため、近代～現代でも、鉄床と金槌作戦は何度も行われている。重装歩兵の代わりは、塹壕や鉄条網など敵の進軍を妨げる阻止線とそこを守る歩兵部隊であり、騎兵の代わりは、装甲部隊や乗車歩兵が担当する。

もちろん、転生者が使うにも便利な作戦だ。特に、ハンニバルのように、隘路などで敵が逃げ出せない場所で使うと有効だろう。

✔機動防御

ローマはその後帝国になり、軍制を変更する。

その最も重要な変化が、軍管区だ。

最初は、皇帝アウグストゥスが、ローマ軍団を縮小し、辺境地域に置いたことが始まりだった。３世紀には、駐屯地に属するローマ軍団は国境警備隊に近い役割を果たしていた。それだけでは戦力が不足する場合、ウェクシラティオ*13を送る仕組みになっていた。さらに４世紀のコンスタンティヌス帝の時代には、軍団はさらに縮小されて完全に国境守備隊となり、野戦機動軍（コミタートゥス）が戦争に行くという、システムになっていた。現代用語で言うなら、国境警備隊と陸軍の分離だ。

現代の用語では、陣地などである程度持ちこたえているうちに、機動力のある軍隊で敵兵力を打倒するという、**機動防御**という用兵だ。これは、２つの国防のうち、どちらの負担が軽いかという問題なのだ。

＊13 騎兵分遣隊。機動力が高く、土地に縛られていないので、どこにでも派遣できた。

1．国境のあらゆる場所に、敵国を追い返すだけの十分な兵力を置いておく。
2．国境には最低限の足止め兵力だけを置いておき、それで稼いだ時間で快速の打撃部隊を移動させて敵軍を倒す。

1．よりも、2．の方が兵力も予算も少なくてすむというのが、機動防御が採用される理由だ。兵力が少なくてすむのは簡単に理解できるだろう。だが、予算はどうか。快速部隊を編成するのは、同数の通常部隊を編成するより予算がかかる。しかし、それでも2．の方が安上がりなのだ。なぜなら、一番金がかかるのは、人間だからだ。

このため、機動防御の考え方は、現代でも生きている。歩兵師団が時間を稼ぐ間に、装甲師団がやってきて敵軍を撃破するという機動防御は、第二次大戦でも有効性が確認されている。

転生者が国王ならば自ら決断すれば良いが、将軍レベルの場合軍として元首（国王など）に提案することになるだろう。国家としては、この機動防御を上手く活用して軍事費用を節約し、その分だけ国内の発展に使えるだろう。

✔テマ制と屯田兵

ローマ帝国が東西に分かれ、東ローマ帝国がビザンツ帝国と名前を変えた4世紀頃、その軍制は、テマ制（軍管区制）と呼ばれるものになっていた。

その最大の変化は、**屯田兵**[*14]だ。

ビザンツ帝国では、国土を数十個のテマ（軍管区）に分け、それぞれの地域別に、軍の動員や管理を行っていた。外敵があった場合、テマの兵士が時間を稼ぎ、隣接テマの兵や中央軍（タグマタ）を送って反撃するというものだ。

機動防御の一変形だが、地方ごとの兵力を屯田兵にすることで、帝国の負担を軽くしようという工夫が見られる。

また、これによって軍費が浮きタグマタが強化できたのか、ビザンツ帝国は領土を広げていった。最盛期には、旧西ローマ帝国の大半をも併

＊14 平時は、国家から与えられた土地を農民として耕し、戦時には召集される兵士のこと。ただし、農民を強制徴集するのではなく、あくまでも兵士を部隊のままで農作業をさせるという形を取る。

呑し、ほぼ旧ローマ帝国全土を支配する時期すらあった。

屯田兵にも、2パターンある。

1. 農地を自分で耕し、空き時間に訓練を行う兵。訓練時間がどうしても短くなるため、残念ながらそれほど精鋭にはならない。しかし、戦争がない時期は、農地の上がりで生活できるため、費用があまりかからない。また、自分たちの土地を守ることになるので、士気は高くなる。つまり、そこそこの練度で士気の高い兵力を安上がりで揃えられるという利点がある。ただし、戦争が始まってしまうと、農地の面倒を見る暇がなくなるので、その分だけ農業生産が減る上に、屯田兵の給与を払わなければならない。
2. 荒れ地などを農地に開拓する作業を行い、合間に訓練を行う兵。こちらも、訓練時間は短くなる欠点は変わらない。開拓が終わった農地は、退役する兵士を優先に、農地が余れば農家の次男三男などを中心に移民を募る。兵士の給与は常に払い続けなければならないので、予算の節減にはならない。利点は領地の開発が行えることだ。しかも、農地開拓だけでなく、道路整備や治水工事などの、直接金にならない工事にも使えるので、使い勝手が良い。また、開拓した農地は、まず部隊の退役兵たちの土地になる(つまり自分たちが守るのは、先輩たちが耕す土地であり、いずれ自分も退役したらそうやって守ってもらえる)ので、士気も高い。

どちらにするかは、領土の状態による。まだまだ開拓の余地のある領土なら、2.の方が向いているだろう。開拓が終わって安定した領土なら1.にして、新たに占領した領土で2.の政策を続けるといった使い分けをすると良い。

屯田制度は、軍事と開発の両方を狙える有効な制度なので、まだ存在していない世界でなら、転生者が導入しても良い。ただ、これも将軍は提案することは可能だが、元首でない場合は、提案して認めてもらう必要があるだろう。

主力部隊の変遷

中世に入ると、それまで主力とされた歩兵の地位が揺らぎだした。それに変わって、騎兵の地位が上昇し、主力となった。これには、きちんとした理由がある。

・文明が衰え、生産力が下がったため、あまり多くの兵士を使えなくなった。そのため、少人数で広い土地を守ることのできる、高速移動可能な騎兵の重要性が高まった。

- 敵が馬を使う。中世、特にその初期、ヨーロッパに侵入する敵は、マジャール人のような騎馬民族と、バイキングだった。バイキングも、船に馬を載せてきて略奪行に利用していた。つまり、歩兵では素早く侵入して略奪を行い去って行く敵に追いつけないため、役立たずと見なされるようになった。そして、そういった敵と戦える騎兵の地位が上がった。
- こうした騎兵は騎士となって地位を確立し、上位の者は城郭を築くようになった。これら城郭は、農民がいざという時の避難場所に使うこともあり、また支配者の印ともなった。

つまり、主力部隊は、環境や敵によって変化する。中世が騎士の世界であり、兵力も騎士が主体に変化したのにも、きちんとした理由があるのだ。

これによって、戦争の規模は小さくなり、騎士個人の武勇が勝敗に影響するようになった。このため、騎士を主人公とした騎士物語という文学ジャンルが発達する契機ともなった。つまり、物語の主人公にしても良い程度には、個人個人の騎士は活躍していたのだ。

勢い、騎士の能力で最も重要な要素は、個人の武勇であるということになった。戦術作戦能力が低くても、それを補い無視できるほどの武勇があれば、優れた騎士と見なされる。当然ながら、戦術作戦面において、中世の発展はほとんどない。

ただし、転生者は、これを中世の欠点と見て馬鹿にしてはいけない。時代が要求している才能・資質が、異なっていただけなのだ。実際、作戦戦術に関する本はあまり出版されていないが、剣術や鎧を着たままの格闘術、ランスや槍での戦闘法など、当時必要とされた能力に関する研究書はちゃんと執筆されている。つまり、当時の人々は、当時必要とされる能力について、きちんと研究を行い、成果を出している。

だからこそ、この時代に作戦・戦術上の優位となる才能を示せば、普通の騎士が持っていない特別な才として評価される可能性はある。ただし、時代が個人の武勇を重視していることを忘れてはいけない。転生者がそれを否定するような言動をすれば、武勇にこだわる騎士たちを怒らせ敵を作るだけだ。個人の武勇を発揮できる舞台を整える作戦（例えば、味方の最強騎士が敵のトップと対決できるようにしてあげるとか）などなら、好意を得られるだろう。

しかし、中世も後半になると、騎兵の優位が揺らぎ始める。

1つは、遠距離兵器だ。イギリスの長弓兵が、フランスの騎士の部隊を撃破したクレシーの戦い（1346）やアザンクールの戦い（1415）では、長弓兵による連射によって、フランスの騎士団は敗北している。ただし、長弓兵は接近戦になると無力なので、接近されないように長弓兵を守る戦力が必要だった。イギリスは、下馬した騎士によって、長弓兵を守った。

次は、長槍兵だ。もちろん、騎兵の突進は恐ろしい。しかし、それに耐えて長槍の槍衾（やりぶすま）を維持する胆力があれば、騎士の突撃を防ぎ、逆に突進してきた騎士を串刺しにすることも可能なのだ。スイス長槍傭兵は、契約をきちんと守り、士気が高く、逃げない歩兵として、騎士との戦いにも投入された。そして、ナンシーの戦い（1477）のように、本来なら騎兵の独壇場である広い平原においても、騎兵の突撃を破って、敵の指揮官を討ち取っている。

そして、最後が小銃だが、これは、後ろの項で扱うことにする。

騎士の側でも、今までのように個人の武勇さえ優れていれば、戦術作戦能力が低くてもどうとでもなるという戦いはできなくなってきた。

つまり、時代が再び集団戦へと移り変わってきたのだ。

この時期の転生者は、時代の変遷の先駆けとして、個人の武勇よりも集団の力が重要であることを示しても良い。ただし、それでもまだまだ個人の武勇にこだわる騎士の力は強いはずなので、敵に回すと面倒だろう。昔ほどではないにせよ、個人の武勇は、まだまだ必要とされる能力だったのだ。

✔大砲の発達と旧式城塞の黄昏

中世も末期になると、科学技術が発展し始め、その影響で火器が発達した。そして、この変化が旧来の戦争を全く変えてしまうことになる。

意外かも知れないが、その変化は、まずは銃ではなく大砲によってもたらされる。

その変化にはいつか誰かが気付くだろうが、最初から大砲の力という解答を知っている転生者は有利なはずだ。

ただ、現代からの転生者が陥りやすい陥穽がある。それが、現代の大砲と、この時代の大砲の性能の違いだ。

- 現代の大砲は秒単位で次弾を発射できるが、この時代の大砲は分単位でしか次弾を発射できない。1発撃つと、その後砲身内部に溜まった火薬のカスを掃除し、その後火薬を詰め、その上に弾を詰めて、ようやく次弾が発射できる。これには、数分から数十分かかる。特に、火薬カスをきちんと掃除しないと、最悪砲身が破裂するので、大変危険だ。
- 現代の大砲には榴弾（火薬が中に入っていて、自分で爆発する弾）があるが、この時代の大砲の弾は単なる石や鉄の塊でしかない。
- 現代の大砲は、均一な火薬と精密な弾道計算によりほぼ狙ったところに着弾するが、この時代の大砲は、火薬の質もバラバラで、弾道計算など行われていない。このため、あっちの方へ飛ぶくらいしか当てにならない。弾道計算ができる転生者は、有能な砲術士官となれるはずだ。
- 現代の大砲は、冶金技術の発達によって砲身などもそれほど分厚くない。だが、この時代の大砲は、砲身の分厚さが、大砲の内径と同じくらい分厚かったりするので、威力に比して大変重たい。
- 現代の大砲は、トレーラーで牽引されたり、自走砲のように自力で動いたりするが、この時代の大砲は、せいぜい馬で引っ張るくらいなので、重たいことも相まって移動能力に著しく欠ける。

このような中世末期の大砲は、いったい何に使えるだろうか。

まず、野戦ではどうか。

第1に、数分から数十分に1発しか撃てないのは、戦線が動く野戦では遅すぎる。最初の1発を撃ったら、次弾は発射できないと考えた方が良い。このため、大砲は野戦では最初以外に活躍の場はない。

第2に、榴弾がないのも、困る。鉄の塊は爆発しないので、その速度と重量が攻撃力だ。だが、重すぎるので、地面に落ちたら最悪そのまま地面にめり込んでしまう。遠くに届かせようと仰角を大きくし過ぎると、敵陣に急角度で弾が落ちてくることになる。これでは、落ちてきたその場所にいるもの（人か馬かは分からないが）だけがダメージを受けて、周囲には影響がない。そして、落ちた弾は、そのまま地面にめり込んでお終いだ。これでは、せっかくの大砲が、ほとんど役に立たない。

このため、大砲は仰角を少なく、水平に近い方向に打ち出す。すると、地面に落ちた弾は、跳ね返って転がり出す。すると、その転がる方向にあるものに次々と命中することになるので、多少は役に立つだろう。
第3に、大砲が狙ったところになかなか飛んでくれないのも、野戦では困る。というのも、戦線が流動的で敵味方が近接している野戦では、着弾点がズレると最悪味方を攻撃することになってしまうからだ。
最後に、移動力に欠けるのも大いに困る。負けて逃げる時には、大砲は置いていくしかないので、敵に鹵獲されてしまう。勝ったとしたら、今度は追撃になるのだが、大砲の足の遅さは追撃では全く役に立たない。かといって、大砲だけ放置していたのでは、敵に奪われるかも知れない。大砲を守る守備兵を残しては、追撃戦力が落ちる。何より、大砲の守備兵にされた兵士が不満を持つ。何しろ、追撃は賞金首を得たり、敵の装備を奪ったりと、金儲けのチャンスなのだ。それをふいにされて我慢できる兵士がいるとは思えない。砲兵を普段から優遇して、追撃に加わらなくても良いと思わせるくらいの待遇を与える必要があるだろう。
しかし、これが攻城戦となると、全く事情が異なる。
第1に、攻城戦の的は動かない。しかも、攻城戦は、そもそも時間のかかるものだ。だから、数～数十分に1発でも、効果のある攻撃なら、十分に役に立つ。
第2に、弾丸が鉄の塊でも、目標が建造物なら意味がある。
仰角が大きく上から弾丸が降ってくると、建造物の屋根に衝突する。すると、屋根が崩れ、床が崩れ、中にいる人間や内装共々崩れていく。上手く梁などに命中したら、建物ごと崩れてしまうだろう。いかに精度の低い大砲でも、大きな建物の屋根に命中させるくらいは、可能だ。最初は外れても、何度か試し打ちをするうちに命中するようになるだろう。それに、中世都市や城塞は、中の面積が狭くて建物が密集しているはずなので、目標の建物を外しても他の建物に当たる可能性は高い。
また、中世の城壁は敵の侵入を防ぐために、基本的に垂直に立っている。この城壁に弾丸がほぼ垂直に当たるように大砲を撃つ。すると、城壁の石が砕けたり、石がズレたりして、城壁を崩す。多少命中位置が違っても、そこも城壁の一部である可能性は高いので、効果はある。つまり、中世の城壁に対して、大砲は非常に効果が大きいのだ。
最後に、移動力が低くても、何の問題もない。攻城戦での大砲は、いったん据え付けたら、当分動かすことはない。城壁や建造物に向かって撃つだけなので、移動能力に劣ることが、マイナスにならない。
　このように、大砲は攻城戦を行う側にとって、素晴らしい効果がある兵器だ。何よりも、城塞に籠もっていれば安全だという守備側の安心感を叩き潰せるという心理的効果が大きい。中に籠もっていても大砲にやられるかも知れないという不安感が、どれだけ守備側の士気を鈍らせるかは、考えるまでもないだろう。
　大砲は、籠城側でも、多少は役に立つ。
　第１に、籠城している側なので、大砲は全く移動させる必要がない。よって、移動力に劣ることは全く欠点にならない。
　第２に、精度の低さは、かなりカバーできる。ある程度の試射ができているだろうから、あの辺にいる敵には、このくらいで撃てば良いということが分かっている。
　第３に、射撃間隔の長さは、包囲軍の何を狙うかをきちんと考えておけば、それほど問題にならない。どうせ、城壁に攻め寄せてくるはしごなどを持った歩兵に対して大砲を撃つことはないのだ。撃つとしたら狙いは、敵の櫓、敵の本陣、敵の大砲や大型投石機などで、いずれも速度は遅い。
　最後に、榴弾でないのは、確かに籠城側としては痛い。なぜなら、包囲軍には建造物などないからだ。また、籠城側の大砲はどうしても敵軍より高い位置にあるので、敵陣に落ちる時は、どうしても急角度で落ちてくることになってしまう。だから、敵の歩兵などを攻撃することは最初から諦め、櫓・大砲・投石機などの攻城設備を狙うことに特化した方が良い。たまには、本陣を狙って、敵の大将をゾッとさせても良いだろう。
　このため、ある程度の役に立つが、包囲側の主戦力である歩兵を攻撃する役に立たないので、多少は役に立つというくらいしか言えない。
　このように、初期の大砲は、攻城戦には大いに役立ち、籠城戦にも多少は役立ち、野戦にはあまり役に立たない。これによって、それまでの中世型の城塞は、役立たずとなり、稜堡式要塞へと変化していくきっかけとなった。

稜堡式要塞

大砲の登場によって、中世型要塞は完全に役立たずになった。というか、中世型要塞では、大砲の良い的であり、守備の役に立つどころか、砲弾の命中によってガラガラと崩れて味方を殺す殺人城塞になってしまった。

ここで、転生者の知識が役に立つ。誰かが考えつく前に、大砲に対応した稜堡(りょうほ)式要塞の設計を行うのだ。

中世型城塞と稜堡式要塞の違いは、以下のようになっている。

- 中世型城塞の城壁は、基本は石材で垂直に立っている。だが、稜堡式要塞の城壁は、人間が歩けない程度の斜め（30度以上）で分厚く作られており、基本は土だ。これなら、砲弾が当たっても、地面にめり込むだけで、しかも斜めなので崩れたりしない。砲弾が当たって穴が開いたら、後でその穴を埋め戻すだけで良い。
- 中世型城塞は、人間が登るのに時間がかかるように、高い壁になっている。はしごなどで登っている間に、石や熱湯などで攻撃するためだ。だが、稜堡式要塞の斜めの土壁は、それほど高くない。敵兵が一気に上れない程度の高さがあれば十分だ。というのは、稜堡式要塞の防御は小銃の存在を前提にしており、登り切れずに途中で止まっている敵兵は、銃で撃ち殺せば良いからだ。
- 中世型城塞の壁は、できるだけ短くするために、円形もしくは多角形になっている。しかし、稜堡式要塞は、攻撃側に多方向から銃弾を浴びせるために、星形になっている。盾などで銃弾を防ごうにも、あちこちから銃撃を受けては、身を隠せない攻撃側兵士は次々とやられてしまうだろう。
- 中世型城塞の角にあった円塔は、死角があって、防御に不利であることが分かった。このため、角は、とんがった稜堡を作り、城塞内部から狙えるようにしてある。

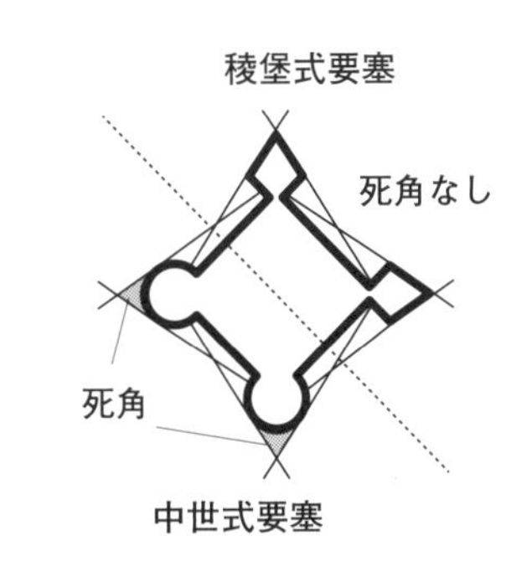

▲中世型城塞と稜堡式要塞

このような要塞を、**星形要塞**もしくは**イタリア要塞**と言い、15世紀半ばのイタリアで開発された。つまり、1400年頃までに、この星形要塞を発明できれば、天才と称えられるだろう。

✔小銃と歩兵の復権

小銃も、戦争の仕方を変えることになる。ただし、大砲は数門あれば、それだけで戦争を変えられたが、小銃は兵士の何割かが小銃装備になるくらいの数が普及しないと、戦争を変える力を発揮しなかった。

つまり、数を揃えないと真価を発揮しない兵器なのに、少数しか出回っていない。このため、数を揃えて運用したところを見た者が、誰もいなかったのだ。

このため、初期の少数の小銃が出回っていた時代には、ほとんどの人間が、大きな音で人を驚かせることができるが、それ以外は弓に劣る程度の兵器だと考えていた。だから、大砲の方が、先に戦争を変えることになった。

つまり、ごく少数の天才と、転生者以外は、小銃の真の価値を知らなかったのだ。つまり、ここに転生者の活躍の余地がある。

小銃が普及するにつれて、その辺りの知識も広まり、小銃部隊が軍の主力に近づいていった。そして、小銃部隊の援護なしの槍兵だけでは、段々と勝てなくなっていった。

銃の発達から始まる一連の変革、小銃の登場→訓練による戦力化→軍隊の常備軍化→予算の大規模化→近代国家の成立を、**軍事革命**という。

ここでミスをしたのが、スイス傭兵だ。スイス傭兵は、あまりにも士気が高く槍兵が強すぎたために、かえって火器の導入に遅れ、小銃を併用した部隊に敗北を喫している。中世末期のスイスに転生したら、スイス傭兵の銃装備を進めるのが有効だ。

✔テルシオの登場

そして、15世紀には小銃を組み込んだ歩兵部隊の決定版とも言える陣形が作られた。それが**テルシオ**だ。テルシオは、スペイン最高の名将と言われるゴンサーロ・デ・コルドバが作り出した陣形だと言われている。

ある意味、古代の歩兵方陣に逆戻りしたような陣形だが、小銃を使う

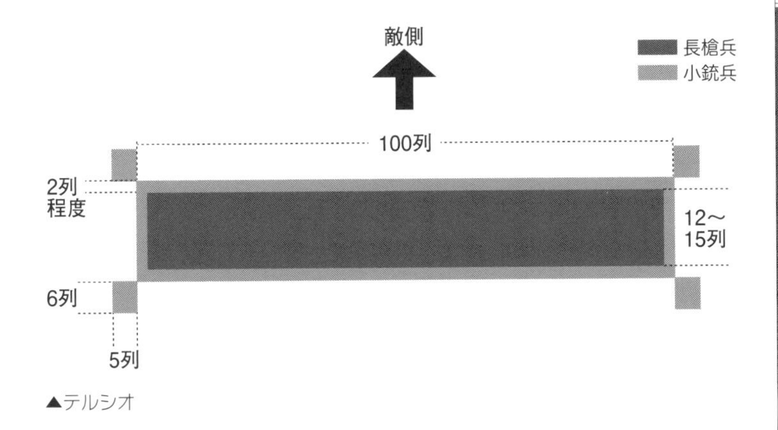

▲テルシオ

ための陣形にきちんとなっている。

上の図は、初期のテルシオで、小銃兵１人に対し、パイク*15兵４～５人と小銃編成の割合が少ない。この他に、周辺警戒や敵の突撃を邪魔するために、少数の騎兵を伴っている。

テルシオのコンセプトは、「動く城塞」だ。パイクの槍衾(やりぶすま)によって敵の接近を防ぎながら、小銃の攻撃力をもって敵を打破する。小銃兵が最前列にいるが、後ろのパイク兵が長い槍を突き出しているので、敵に接近されにくい。いわば、パイクの槍衾が城壁で、その城壁に守られた銃眼から小銃兵が銃撃をするという仕掛けだ。

見れば分かるが、方陣の全周囲に小銃兵を配し、４つの角には小銃だけの部隊がある。これは、星形要塞の稜堡に相当し、接近された場合、パイク兵の集団の中に逃げ込む。このようになっているのは、全方位からの攻撃に対応し反撃可能とするためだ。

このため、テルシオには基本的に包囲殲滅戦が効かない。後ろから攻撃しても、前から攻撃しても、横から攻撃しても、全く同じ対応ができるからだ。同じく、鉄床と金槌も、伏兵も、奇襲も、ほとんどの作戦が効かない。常に全周囲に警戒をしているので、どこから攻撃されても驚かないからだ。

*15 歩兵用の長い槍。

その代わり、移動力は大変低い。動く城塞というコンセプトから、ゆっくりでも動けるだけマシだと割り切った陣形なのだ。

また、正面の攻撃力も、それほど高くない。通常の陣形が側面や背面への攻撃力を諦めることで、正面攻撃力を強化しているのと、全く逆のことをしているからだ。一応、前列の小銃を大口径の強力なマスケット銃にして、正面火力を強化してあるが、行動自体は正面であっても側背であっても変わらない。

移動力という欠点はあるものの、ほとんどの奇策が効かず、ただゆっくりと押してくるテルシオの大軍は、敵にとって非常に厄介なものだった。何しろ、作戦や戦術は無駄なので、後はより大軍をぶつけるぐらいしか対応のしようがない。

このため、テルシオはその後100年ほど無敵を誇った。

15世紀以前にテルシオを発明できれば、それこそ100年以上にわたって圧倒的な優位を示すことができる。もちろん、それだけの小銃を揃えるという難題を解決しなければならないのだが。

✔対テルシオ陣形

スペインのテルシオに対し、各国は何とかこれを破ろうと対抗する陣形を考えた。その時に、有力な手法と考えられたのが、小銃の発達と量産だ。

テルシオの攻撃力（小銃）：防御力（パイク兵）＝１：４という比率だが、小銃の生産性が上がるにつれて、小銃の装備率を増やしていったのだ。小銃の装備率を増やせば、攻撃力が増えるからだ。幸いなことに、テルシオは足が遅い。このため、離れて行動している限り、パイク兵の多さは役に立っていない。

そこで、様々な戦術が試みられた。

スペインから独立しようとした16～17世紀オランダのオラニエ公の息子マウリッツは、**オランダ式大隊**という編成の陣形を作り、その大隊で行う**反転行進射撃**という戦術を編み出した。

槍兵を防御のために前に置いているが、基本は小銃による攻撃を行う陣形だ。小銃兵は、普段は槍兵の後ろに隠れていて、攻撃の時に左右に移動して銃を撃つ。

小銃兵を縦に10列並べ、先頭の１列が射撃したら、そのまま列の一番後ろに移動してから、弾込めを始める。これを全員が行うと、少しずつ後退しながら、連続して射撃できる。

槍兵は、小銃兵の射線の邪魔にならない位置にいて、敵兵が小銃兵に襲いかかろうとした場合、前に出て守る。

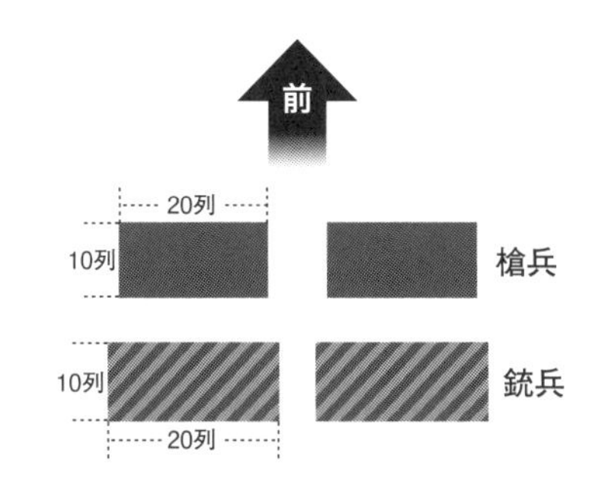

▲オランダ式大隊

反転行進射撃は、テルシオに比べて理論上は10倍のペースで射撃できるし、ゆっくりではあるが後退しているのでテルシオになかなか追いつかれない。

また、17世紀のスウェーデン王グスタフ・アドルフは、**スウェーデン式大隊**という陣形を生みだした。

スウェーデン式大隊は、オランダ式大隊をさらに簡略化・小規模化したもので、それだけに小回りが利く。

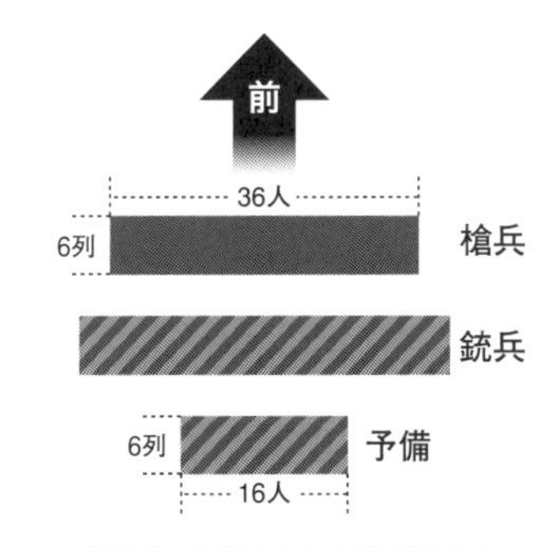

▲スウェーデン式大隊

槍兵も小銃兵も36人×６列であり、その分だけ、人数は少ない。ただし、このままでは小銃の発射間隔が開いてしまう。だが、スウェーデン軍では、弾丸と火薬を紙で包んでまとめるという手法で、弾丸の装填を早くした。これによって、６列でも10列並の間隔で射撃できるようになった。

また、１列を膝撃ち、２列３列を立ち撃ちにして、３列一斉に射撃して、通常の３倍の火力で撃つということもできるようになった。

スウェーデン式大隊の特徴は、一番後ろに16人６列の**予備**を置いているところだ。これによって、作戦の柔軟性と対応力を増している。

もしも転生者が、テルシオが使われ始めた頃にこの陣形を発明して対抗していたら、そもそもテルシオ自体が流行らないまま滅んでいたかも知れない。ただ、いずれの陣形も小銃の数が必要で、初期の頃は数を揃えるのに無理がある。やはりテルシオの流行は止められないだろう。

✔予備

戦争は、常に予期しないことが起こる。それは、敵がこちらを騙そうと作戦を練っているのかも知れないし、たまたまハプニングとして起こってしまうのかも知れない。いずれにせよ、予期せぬ出来事が起こったら、その時に対応するのが**予備**だ。

また予備は、緊急事態に対応するという防御的な使い方しかできないわけではない。攻撃的な予備の使い方もある。

敵を崩すのに攻撃力がもうちょっと欲しいとか、作戦が成立するまでもう少し前線を支えて欲しいとか、そういった欲求に応えてくれるからだ。さらに、敵味方が拮抗している時に予備を動かして、敵の側背を突くといった使い方もできる。このように、こちらの作戦のために攻撃的に予備を使うこともある。

どちらの使い方であっても、予備が必要なのか。例えば、そういう時に、前線から少しずつ兵を引き抜いて対応させれば良いではないかと考える人もいた。しかし、それは必ずしも役に立たない。これには、幾つかの理由がある。

1. 緊急事態には、前線から少しずつ兵を引き抜く時間、それを再編成して部隊にする時間がない。そんなことをしていたら、間に合わない。かといって、前線から部隊丸ごと引き抜くなど、できるわけがない。攻撃的に使う場合でも、時間がかかるとタイミングを逸してしまうので、やはり困る。
2. 戦闘中の部隊から兵を引き抜くほど危険なことはない。引き抜かれた部隊は弱体化する。勝っているのを引き戻されたり、均衡しているのが不利になったり、不利な状況が総崩れになったりしかねない。
3. 指揮官の精神衛生にも良い。いざという時の手札があるということが、どれほど指揮官の精神を楽にできることか。ギリギリの綱渡りのような精神状態で、何時までも正しい指揮が行えるはずがない。

だから、指揮官は予備を使う場合でも、全ての予備を使い切ることを避けて、予備の予備を残しておこうとする。

次に、予備の大きさはどのくらいが良いか。実は、全てのサイズが必要になる。なぜなら、予期せぬ出来事は、どんな大きさの部隊にも発生するからだ。1個師団に予備が必要になった場合、1個連隊くらいの予備が必要だ。だが、1個中隊に予備が必要になった場合には、1個小隊くらいの予備が必要なのだ。

だから、1個大隊には1個中隊、1個師団には1個連隊といった感じで、それぞれの部隊は、自部隊より一回り小さな予備を用意しておくことが多い。連隊や師団程度までの部隊の持つ予備を**戦術予備**、軍や軍集団レベルの大きな部隊や国軍そのものの持つ予備を**戦略予備**と言うこともある。

そもそも、軍隊では、下位部隊が3つで上位部隊になることが多い。例えば、3個小隊で1個中隊、3個中隊で1個大隊、3個大隊で1個連隊といった感じになっていることが多いのには、予備を作りやすくするという意味もある。

例えば、1個大隊の戦闘なら、通常2個中隊で戦っておく。そして、突然のハプニングがあったら残りの1個中隊で対応するのだ。もし何も起こらなかったら、予備の中隊を前線で戦っている中隊と交代させて、さっきまで戦っていた中隊を休息・補給などさせる。こうやって、時々交代することで、継戦能力は高まる。継戦能力のためにも、予備はあった方が良いのだ。

予備の重要性では第二次大戦のソ連軍が、良きにつけ悪しきにつけ、好例となっている。元々ロシア軍は予備を重視する軍隊で、後継のソ連軍も同様だった。全体の40%を予備にしていたとも言われている。

ところが、スターリンの粛軍によって、多くのベテラン士官が死刑やシベリア送りになり、特に下級士官の多くが未経験の素人ばかりになった。この素人士官は、予備の重要性を理解せず、正面戦闘力を強くしようと配下の兵士を全て前線に貼り付けてしまう。独ソ戦が始まった時、ドイツ軍は電撃戦で、ソ連軍を突破包囲した。予備のないソ連軍は対応できず、前線にいたほとんどの兵が殲滅もしくは捕虜にされてしまう。

このままではソ連敗北かと思われたが、そうはならなかった。というのは、軍団・軍集団という大部隊レベルの予備、さらにはソ連軍という国軍そのものの予備はきちんと確保されていたからだ。
　ソ連は、前線にいた部隊が壊滅したにもかかわらず、巨大な予備から、次々と部隊を送り出し、戦いを継続することができた。別の言い方で表すと、戦術予備の不足により戦術レベルでの敗北を喫したが、戦略予備の豊富さによって戦略レベルで耐えることができたというところだろうか。
　残念ながら、日本人の転生者は戦争に疎いことが多い。まともな軍事教育を受けていないので、それは仕方のないことだろう。そのため、作戦・戦術レベルにおいては、戦い慣れしたその世界の軍人に劣る可能性が高い。そこで、ソ連軍のように戦略予備を多くしておくべきだろう。どうせ戦術的には負けるのだ。ならば、戦術的に敗北しても負けない体制を作っておくのが正しいのではないだろうか。

✔傭兵の黄昏

　中世から近世（17世紀頃まで）の軍隊は、傭兵が主流だった。なぜなら、戦争の時のみ金を支払えば良いので、安上がりだからだ。しかし、雇い主にとって安上がりということは、傭兵はその不足分の稼ぎをどこかで得なければならない。
　このため、傭兵は**略奪**を行う。雇い主も、敵の領地内で略奪をしてくれるのなら、金がかからない上に、敵に地味にダメージを与えるので、そのまま許可してしまう。ただ、これには非常に無駄が大きい。略奪された地域は、傭兵の儲けの何倍もの損失を出してしまうからだ。
　しかも、略奪された地域は荒廃してしまうので、その後の収入が得られない。それどころか、食料すら満足に得られず、傭兵隊が飢えてしまうことすらある。このため、略奪後の傭兵隊は、余所に移動しなければならない。それも、軍事上の要求とは無関係にだ。
　例えば、本来なら軍事上の要衝Aに傭兵隊が居続けなければならないのに、Aで略奪してしまったので、このままでは傭兵隊が飢えてしまう。そこで、Aから移動することになった。雇い主の希望を無視することになるので、雇い主は文句を言うし、最悪戦争に負けてしまう。
　これでは、傭兵を雇っておく意味などない。

そこで、傭兵隊長ヴァレンシュタインが考えたのが、**軍税**だ。仕組みは単純だ。傭兵隊は、進軍先で略奪をしないと約束する。その代わりに、進軍先は傭兵隊に金を払うのだ。傭兵隊は手間をかけずとも収入が得られる。進軍先は、略奪されるよりはダメージが少ない。

もちろん、傭兵隊は略奪するよりはマシだろうと圧力をかけて、ギリギリまでむしり取ろうとする。進軍先は、できるだけ安く済ませようと抵抗する。とは言え、軍事力のある側がどうしても強く、軍税は略奪に次いで嫌われた。

そこで、ヴァレンシュタインは、さらに考えた。軍税は取る、しかしその地に傭兵隊が駐屯するのだから、そこで取った金を使えば良い。そうすると、取った金は再び進軍先に戻ってくる。代わりに、色々と買われてしまうわけだが、少なくとも金が動くので経済は回る。それに、傭兵隊がいると、それを相手にする商売（武器鍛冶、娼婦など）もやって来る。もちろん、彼らも生活するので、その地に金をいくらか落とす。こうして、経済サイクルを回すことで、進軍先を破滅させずに駐屯できるのだ。さすがに、ヴァレンシュタインも経済サイクルまでは考えていなかったとは思うが。

これによって、ヴァレンシュタインの傭兵隊は、移動の自由を得た。進軍先に駐屯し続けることもできるようになった。そのため、雇い主からも、勝手にいなくなったりしない安心できる傭兵隊として信頼されるようになった。

ヴァレンシュタイン以前に、このような傭兵隊を組織した転生者は、傭兵隊長として大いに成功が期待できる。そして、それを足がかりに出世も期待できるだろう。

とはいえ、そんな優秀な傭兵隊はごく少数であり、ほとんどの傭兵隊は、無頼で当てにならない部隊でしかなかった。

そこで、国王は傭兵ではない兵力を求め始めた。そして、スウェーデン王グスタフ・アドルフは、教会の名簿から10人に１人を召し出させるという**選抜徴兵制**を開始した。後の国民軍の萌芽と言われる。

ただし、この徴兵制度は、ポリスなどのように裕福な市民が自前で武装を揃えて参加するというものではない。武装などは、国が用意して貸し出す。現在の徴兵制度に似たシステムだ。

こうして、傭兵の需要は段々と少なくなっていった。

✔三兵戦術

グスタフ・アドルフは、軍編成にも手を出した。

そして、その中で**三兵戦術**という新たな戦術を生みだす。基本は、諸兵科連合の一種であるが、その当時に最も合っていたので、テルシオを打破することに成功した。

三兵とは、以下の3つであり、それぞれ全く異なる利点欠点を持つ。

兵科	利点	欠点
槍兵（歩兵）	防御が固い コストが安い	攻撃力が低い 移動力が低い
騎兵	突撃による衝撃力が高い 移動力が高い	コストが高い 大きいので的になりやすい
銃兵（砲兵）	火力が高い 弓兵より育成が簡単	白兵戦能力が非常に低い 射撃間隔が長い 移動力が低い

この3つの兵科の利点だけを活かし、欠点をカバーするように運用するのが、三兵戦術だ。

基本は銃兵（砲兵）から考える。彼らは、火力は高いが白兵戦能力が低い。また、歩いているので通常の槍兵（歩兵）と同じ速度でしか移動できない。このため、銃兵の防御に槍兵を充てると、全体として、火力が高く、しかも防御力がある部隊になる。

騎兵は、移動力が高く、しかも衝撃力もあるので、非常に強力だが、コストが高すぎる欠点がある。このため、彼らを危険な乱戦に放り込むのは避けたいし、銃兵の攻撃に晒したくもない。このため、騎兵の突撃は、敵兵力が銃兵や槍兵と戦って忙しくしている時が狙い目だ。忙しければ騎兵を狙っている暇がないし、忙しくて騎兵の動きに気付かなければ衝撃が激増する。

もちろん、時代の変遷と共に、三兵の構成は変化する。初期の三兵戦術は、槍兵・騎兵・銃兵の三兵だった。

17世紀には、ソケット式銃剣[16]によって、槍兵と銃兵が合体して銃剣付き小銃装備の歩兵に変わり、また騎兵も騎兵銃を装備している。さらに、技術の進歩で大砲の肉厚が減ったために、大砲に車輪を付けて牽引できるようになったので野戦にも使えるようになった。このため、三兵とは歩兵・騎兵・砲兵の三兵になった。

さらに、第二次大戦頃には、騎兵は役に立たなくなり、歩兵（全兵士が小銃装備）・戦車・砲兵の三兵になっている。

転生者は、時代の変化を理解しているはずなので、時期に合わせた適切な三兵戦術を選択できるはずだ。

倉庫と運動戦

近世の軍隊は、基本的に補給を現地調達していた。要するに、その土地の農村から奪い取っていたのだ。これは、傭兵軍だけがやったことではない。あれほど近代化を進めたグスタフ・アドルフの軍隊ですら、現地調達に頼らなければ進軍できなかったのだ。

これは、軍を率いる貴族や将軍が、物資を奪われる農民のことなど考えていなかったという倫理面の問題でもあるが、より大きな原因は輸送能力の不足だ。自動車などがなく、また道路事情の悪い時代には、後方から補給を送って軍を維持するということが困難だったのだ。

しかし、現地調達には大きな問題がある。

1. 現地調達を受けた農村が荒廃する。
2. 現地調達の可能な土地にしか軍隊を送れない。

特に、敵に攻められて国内で戦争をしている時、1.は非常に問題だ。自国の農村を荒廃させ、将来の収入源を潰しているのだから。

2.は、たいていの場合は問題にならない。というのは、戦争は基本土地の奪い合いであり、現地調達の可能な土地（＝税収の得られる土地）

＊16 小銃の発射口をソケットにして槍の穂先を差し込んで、小銃を短槍として使うもの。ただ、銃を発射する時と銃剣として使う時に、ソケットの着脱が必要になり面倒だし、最悪の場合には間に合わない。このため後には、発射口そのものではなく、その脇に銃剣を取り付けるようにして、銃剣を付けたままでも射撃できるものが主流になる。

でない限り、わざわざ奪おうとは思わないからだ。だが、農業に不適でも貴重な鉱物資源の採掘できる土地*17は、この方法で奪取・防衛できない。

そこで、17世紀フランスのル・テリエ侯親子は、国境地帯に整備した要塞群とそこに併設した倉庫をもって、防衛戦を行うようにした。倉庫に、常に食料などを備蓄しておき、その補給物資を使って戦争を行う。

この方法にも、利点と欠点は、ある。これは、同じことの表裏だ。

- 食料は備蓄されているので、集まらないで兵が飢えるとか、余所に移動しなければならないとか、そういう困りごとは起こらない。
- 倉庫から補給が届く範囲でしか行動できない。

また、敵軍も、個々の農村を襲って食料奪取をするよりも、こちらの要塞を奪って補給物資ごと得る方が効率的なので（農村と違って、弾薬などまである）、農村が襲われることが（なくなったわけではないが）多少は減った。

また、要塞（と倉庫）のない地域では、相変わらず現地調達で動き回る**運動戦**が行われた。

だが、さすがに銃弾などは現地調達できないので、18世紀プロイセンのフリードリヒ２世は、交通の結節点となる都市に倉庫を建てて、糧食や弾薬などを備蓄した。これによって、少なくとも国内で運動戦を行う場合、農村などから現地調達をあまり行わなくてすむようになった。

また、運動戦に砲兵を追従させるために、馬で大砲を引き、砲手も騎馬で移動する騎砲兵を創設している。

つまり、軍隊を動き回らせるためには、そこに補給を送らなければならない。だが、近世までのインフラでは、遠方にまで補給を輸送するのが困難だ。また、近世になると銃という、弾薬の補給をしなければ単なる棒になってしまう武器が主力になってしまった。このため、各地に物資補給所が必要になった。

転生者ならば、これにいち早く気付き、少なくとも弾薬の補給体制を

*17 石油の採れるアラビアの砂漠地帯とか、硝石の採れる南米のアタカマ砂漠とか。

整えることによって、戦闘能力の維持に成果を出すことができるはずだ。

ナポレオン以前

ナポレオンは、登場するやそれまでの軍事常識を次々と書き換えていったかのように思われている。確かに、それは事実でもある。しかし、ナポレオンが登場する前に、様々な軍事学者が、様々な研究を重ねて、幾つもの断片的な成果を出していたのも事実だ。それらの成果の上に、ナポレオンの輝かしい実績は存在している。ナポレオンですら、全くの無から新しいものを導いたわけではないのだ。

【騎兵の分化】

まず、騎兵の分化がある。かつては1兵科しかなかった騎兵だが、この時期には、幾つもの兵科に細分化されていた。逆に言えば、要求の細分化によって、それぞれの能力に特化した騎兵が必要とされるようになったということだ。つまり、他国が試行錯誤している間に、先にこのような分化を行えれば、戦争に有利だということだ。転生者なら、試行錯誤せずとも、最初から解答を知っているわけなので、有利なのだ。

まず、衝撃力を重視した**重騎兵**だ。彼らは、可能な限りの装甲をまとい、その重くなった重量共々突撃する。これも、初期にはランスなどを持った槍騎兵が主だったが、16世紀にはピストルとサーベルを装備していた。ピストルで敵歩兵を乱し、突入してサーベルで攻撃する。

軽騎兵は、装甲などを簡略化して軽いため、移動力が高い。偵察や伝令、逃亡する敵の追撃などを行う。こちらも、16世紀には小銃装備となっていた。

竜騎兵は、移動は騎馬だが、戦闘時は下馬して小銃で戦う騎馬歩兵だ。ただし、17世紀頃になると、騎乗したままで銃を撃つように変わっていった。

騎兵による突撃というと、古臭い滅んだ兵科だと思うかも知れない。しかし、騎兵突撃は、多くの人が思うより長く続いた。確かに、きちんと隊列を組んだ銃兵に何の工夫もなく突撃するような騎兵は、すぐに滅んでしまった。しかし、歩兵が混乱している時騎兵が突入すると、混乱が潰走になる。このように、とどめの一撃としての騎兵突撃は、19

世紀になっても有効だった。騎兵の突撃が本当に無謀になったのは、19世紀終わりから20世紀の初め、機関銃が配備されるようになってからだ。

転生者なら、機関銃陣地に騎兵突撃することの無謀を知っているはずだ。機関銃の配備を知ったなら、即座に騎兵の廃止（伝令や偵察を除く）を行うべきだろう。

だが、それまでは敵歩兵が混乱した時のために、騎兵の突入を用意しておくのは悪い手段ではない。もう一度繰り返すが、きちんと隊列を組み、銃を構えた歩兵に突入するのは無謀だ。しかし、混乱した歩兵に最後の一撃を加えるためには、騎兵の突撃が最も有効なのは、間違いではないのだ。

【散兵の利用】

銃火器の発達によって、戦列を維持して一斉射撃する戦列歩兵は段々と不利になっていった。そこで、散開してバラバラに行動し、物陰に身を隠したままで敵を狙撃する軽歩兵が必要とされるようになった。後に散兵戦術へと発展し、さらには現代の歩兵戦術の直系の先祖にもなった。

転生者は、もしも現代の歩兵教典を知っているのなら、早めに教えておいても良いだろう。

オーストリア継承戦争（1740～1748）で、オーストリアは、元々はトルコとの戦いのために国境付近に配備されていたクロアチア人のグレンツァ（辺境兵）をヨーロッパ諸国との戦いに投入した。対するプロイセン軍も、イェーガー（猟兵）を投入して対抗した。

アメリカ独立戦争（1775～1783）では、独立軍は、正規兵からなるコンチネンタル・アーミー（大陸軍）と、武装した一般人からなるミニットマン*18（民兵）の２つの兵を作った。元々、植民地アメリカの田舎の白人たちは、ほとんどが少年になると親から銃を与えられて狩猟などに使っていた。そのため、ミニットマンたちは、特に訓練をしなくても、物陰から狙撃してさっさと逃げ出したり、輸送中の物資を襲ったりくらいはできた。

*18 アメリカ独立戦争の民兵、名前の由来は召集されれば１分(minute)で駆けつけるからだと言われる。

これらの変化をまとめて、18世紀後半の元プロイセン軍将校のディートリヒ・ハインリヒ・フォン・ビューローは、決まり切った規律に縛られた軍ではなく自由な個人が自発的に戦う**大衆軍**という概念を提唱した。現在の、ゲリラや民兵の祖先に当たる考えだ。

【砲兵の進歩】

18世紀のフランスでは、大砲と砲兵の利用に関して、数々の進歩があった。この進歩を利用できたために、ナポレオンは大陸軍で勝利を掴むことができた。

まず、王立鋳造所所長のジャン・マリッツが、砲身と砲弾の隙間を少なくすることに成功し、威力を維持したままで砲身長を短くし、大砲の軽量化に成功した。

次に、砲兵将校のフロラン＝ジャン・ド・ヴァリエールが大砲の口径を整理した。これによって、多すぎた砲弾の種類を減らし、補給を楽にした。

さらに、こちらも砲兵将校のジャン＝バティスト・ド・グリボーヴァルは、大砲の口径の体系を見直し、さらに大砲の部品を交換可能なものにすることを提唱した。さらに、砲架や砲車を軽量化することで、牽き馬の数を減らすなど、改良を進めた。

これらによって、フランス軍は、砲兵の能力上昇に成功する。転生者がフランス人なら、他国が真似する前に使っておこう。逆に、フランス人以外なら、この大砲の進歩に遅れないように情報収集を急がないといけない。

【師団の創設】

同時期のフランス軍は、砲兵だけでなく、数々の改革を行っていた。

軍教官のピエール＝ジョゼフ・ブールセは、現在の**分進合撃**に相当する概念を考え出した。

ブールセは、山地戦において、１本の道だけを通って進軍するのは危険であると考えた。

1. 山道は狭いので多くの補給物資を運べない。そのため、補給可能な人員には限界がある。
2. 峠やトンネルなど、敵に抑えられたら通れなくなる箇所が幾つもある。幾つもの道を利用していれば、敵に1つの道を占領されても、他の道が利用できて安心だ。
3. 山岳を越えた向こう側で合流すれば、大きな部隊として運用できる。

そこで、複数の道を通って進軍することを考えた。

しかし、例えば、ある道は銃兵だけ、ある道は騎兵だけといった通り方をすると、兵科の弱点を突かれて敗北してしまう。そのため、それぞれの道に、単独で戦闘できる諸兵科連合部隊を送ることを考えた。そして、諸兵科連合部隊の最低サイズを、**ディヴィズィヨン（師団）**[*19]と名付けることにした。つまり、ディヴィズィヨンとは、山道を通して補給できる最大兵力を意味していた。

1760年代には、フランス軍は、このディヴィズィヨンという編成単位で構成されるようになった。

これが、現在でも陸軍の基本単位として使われ続けているディヴィジョン（師団）の始まりだ。

これを受けて、ギベール伯爵は、この考えを山地以外にも広げ、さらに自軍の倉庫からの補給ではなく、敵地に進軍して補給を現地調達することで、高速移動可能な運動戦を提唱した。

こうして、色んな道を通ってそれぞれの師団が進軍し、敵を誘導する。そして、戦場では合体して巨大な軍隊となり敵を倒せると主張した。

まさに、諸兵科連合部隊による分進合撃を提唱したのだ。ナポレオンが、これを完璧に行う前に、その概念だけは既に考えられていたのだ。

【国民軍と混合隊形】

そして、フランス革命（1789～1799）が起こった時、周囲の国家は革命が広がることを恐れ、フランスを攻撃することにした。これがフランス革命戦争（1792～1802）だ。

数々の進歩を成し遂げていたフランスは、攻めてくる国々を次々と撃破……できなかった。というのは、革命によって、軍の指揮官だった貴

---

*19 現在の師団のように1～2万人ではなく、数千人の小規模師団だ。自衛隊の師団がそのくらいの人数なので、ある意味で先祖帰りと考えられなくもない。

族の多くが殺されたり亡命したりしていたため、まともな指揮が執れずに敗北を重ねていたのだ。小競り合いでプロイセン軍が後退した程度のヴァルミーの戦い（1792）を、市民軍の勝利と宣伝しなければならないほど、フランス軍は弱かった。

これは、武器や組織が優れていても、指揮官が無能では敗北してしまうということを教えてくれる。武器の差だけで勝利するためには、よほどの圧倒的差がなければならないのだ。

1793年に第一次対仏大同盟が成立すると、革命政府は100万人の兵士を徴兵して対抗することにした。だが、大軍ではあったが、あまりにも未熟な新兵が多かった。何しろ、1794年には、革命前からの兵士は、全軍の５％しかいなかったという。そこで、革命政府は正規兵１個大隊と民兵２個大隊を融合させ、准旅団に再編しなおした。

こうして、フランス軍は、封建貴族の騎士を中核とする**封建軍**でも、金で雇われた**傭兵軍**でもない、一般国民から集められた**国民軍**へと変貌した。国王ではなく自分たちの国を守るために、勇敢に戦ったと伝えられている。しかし、実体は素人に毛の生えた程度のお粗末な軍隊だった。

革命初期には、射撃に適した横隊と突撃・運動戦に適した縦隊を使い分けて戦おうとしたが、素人の集まりであるフランス軍に、そんな高度な隊列変更などできなかった。隊列変更に混乱しているうちに敗北するのが落ちだった。

そこで、准旅団の作成以降、各大隊の役割を完全に分けてしまった。この新しい隊列を、**オルドル・ミクスト**（混合隊形）という。

まず、散兵（スカーミッシュ）を散らばらせて、狙撃によって敵兵を減らす。散兵は、正規兵でも民兵でも良く、射撃の腕が良いものが選ばれた。

次に、中央に正規兵を横隊で置いて、一斉射撃で敵の士気を砕く。合図と共に一斉射撃を行うのは、訓練を受けた正規兵でないと無理なのだ。

最後に、左右の民兵の縦隊が突撃して、敵を分断する。素人の民兵でも、ひるんだ敵に何も考えずに突撃するくらいはできたのだ。

後ろの擲弾兵は、擲弾*20を投げる部隊で、近接してから敵部隊に後

---

*20 手榴弾のこと。擲弾を敵陣まで投げるには、強い力が必要だ。さらに、多くの擲弾を運ぶのも大変だ。このため、擲弾兵は基本的に力持ちの大男で構成される。

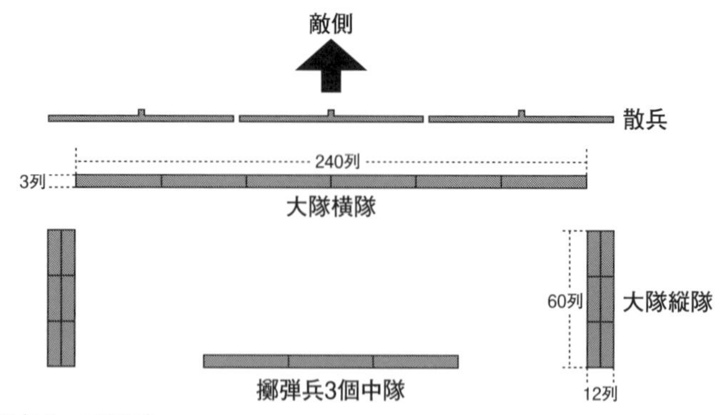

▲オルドル・ミクスト

一押ししたり、とどめを刺したりするのに使われた。

この新しい隊列は、旧来の薄い横隊のみで構成された敵を、しばしば圧倒した。実は、フランス軍は、大隊縦列の分だけ、同じ横幅に多くの兵士を配置していた。このため、民兵であっても大人数の突撃を止めることは敵軍には難しかったのだ。

転生者は革命側に付くことが多いだろう。すると、どうしても人数こそ多いが未熟な軍隊を指揮する羽目になる。だが、そんな場合でも、完全に悲観することはないことを、この事実は教えてくれる。経験を積んだ兵には一斉射撃のような訓練の必要な任務を与え、未熟な兵には突撃のような単純明快な任務のみを与える。

こうすることで、未熟な兵の損害を増やして、熟練兵の損害を減らす。これによって、軍隊の練度は維持され、継戦能力も高まる。もちろん、これによって多くの未熟な兵が死傷するだろう。しかし、どうせ未熟な兵なので、いくらでも徴兵できる。冷酷かも知れないが、敗北すればもっと酷いことが待っているはずなので、ここは冷徹になるべきだろう。

✔ナポレオン

以上のように、当時のフランスでは軍事的進歩が多数行われていた。その集大成として登場したのが、戦争の天才ナポレオン・ボナパルトだ。

ナポレオンは、1799年のクーデターで第一執政となり*[21]、1804年

*21 これによって、フランス革命は終了した。

に国民投票で皇帝となった。世界初の民選皇帝である。

ナポレオンのやったことは、当時の軍事レベルと比較すると、ほとんど転生者が知識チートを発揮しまくったのと同じくらい隔絶している。ナポレオンの登場した18世紀末より前に行えば、完全な軍事チートであることは間違いない。ただし、そのチートを実現するための前提を作るのは容易ではない。

【常備軍団】

ナポレオンが行った最大の改革が、**常備軍団編成**だ。

通常、戦争になると、最高指揮官（普通は国王か名代の王族）が全軍を指揮する。そして、そのほとんどがまとまって行動する。その理由は幾つかある。

- 早い連絡手段がないので、離れて行動する部隊を指揮することができない。
- 別行動の部隊が、裏切るかも知れない。
- 別行動の部隊が、手柄を奪ってしまうかも知れない。

このような理由から、普通の国では軍はまとまって行動する。

しかし、ナポレオンはその常識を崩した。

巨大になったフランス軍を、それぞれ軍団という単位で運用することにしたのだ。

まず、歩兵連隊（准旅団が1803年に改称）２個で１個歩兵旅団、２個歩兵旅団で１個歩兵師団とするが、師団の中には３個旅団編成もある。１個歩兵師団は、4,000～8,000人くらいからなる。

１個騎兵師団は、２～４個の騎兵連隊からなり、2,000～4,000人くらいだ。

師団が３～６個で軍団となる。軍団には、兵站部が付属しており、軍団独自に兵站の供給が可能になっている。

歩兵軍団には、伝令や偵察に軽騎兵連隊が、攻撃の補助に軍団砲兵が付いている。騎兵軍団にも、軍団砲兵がついていて、その多くは騎馬砲兵だ。軍団の兵員は20,000人くらいだが、大きな軍団だと50,000人くらいのものもあった。

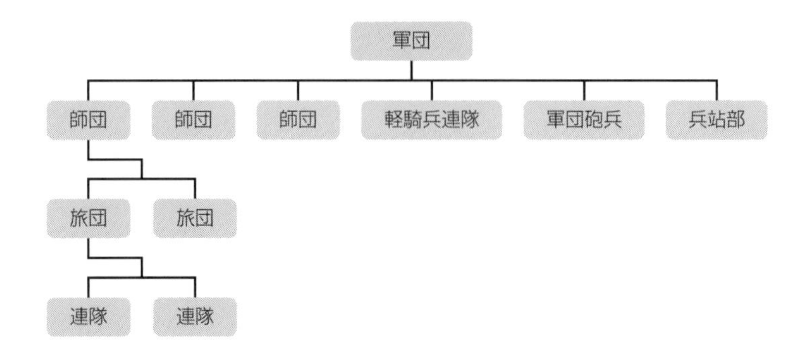

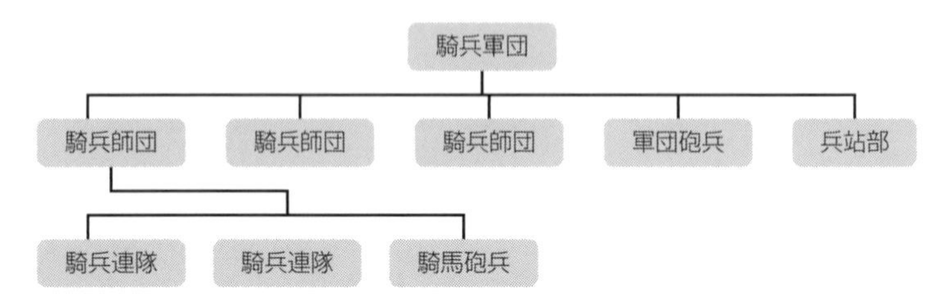

軍団は、基本的に別の進軍路を通って進軍する。というのも、物資の現地調達によって移動を高速化していたフランス軍は、同じ道を幾つもの軍団が通ると、補給が足りなくなって飢えてしまうからだ。だから、何とか１本の道でまかなえる程度の大きさに軍隊をまとめる。

かといって、あまりにも小さくすると、今度は敵軍とぶつかった時に鎧袖一触で負けてしまう。しかし、ナポレオンの軍団は、１国の敵軍と戦っても、１日や２日は戦えた。そして、それぞれの軍団は、急げば１〜２日で駆けつけられる程度に離れた道を進軍していた。

このため、飢えることなく別個の道を進軍し、なおかつ敵に攻撃されたら共同して戦うことができ、最終的には目的地に集合して大軍となることができるのだ。

つまり、ナポレオンは、ブールセが思い付いたが実現には到らなかった**分進合撃**を、実現できる軍隊を作り出したのだ。

そして、ナポレオンの最大の強みは、この軍団を率いる将軍たちに、有能な人物が揃っていたことだ。ルイ＝ニコラ・ダヴー、ミシェル・ネイ、ジャン＝バティスト・ジュール・ベルナドットなど、綺羅星のような将星たちだ。

分進合撃は、予定通りの時間に、予定通りの場所に、全軍（とは言わないがほとんどの軍団）が到達していないと絵に描いた餅に終わる。しかし、基本は徒歩で移動する当時の軍隊、しかもろくな地図も持っていない軍隊が、予定通りに行動できるというのは、指揮官がよほど有能でなければ不可能なのだ。

当時の交通事情は、現代とは全く異なることを転生者は知っていなければならない。予定通りに進軍できるのは、奇跡に近い僥倖なのだ。

幾つかの部隊に分かれて行動した場合、半分くらいは予定通り行動できないと思っていなければならない。最悪、ほとんどの部隊が遅れるということすらある。

ところが、ナポレオンの軍隊では、ほとんどの軍団が、遅れずに予定地点までやって来るのだ。これが、どれほどありがたく、しかも作戦を予定通り進めてくれるのかは、言うまでもないだろう。

もちろん、ナポレオンがフランス軍を、分進合撃がしやすい軍隊に作ったのも事実だ。しかし、それでも不意のハプニングは起こる。雨が降るだけでも、進軍は遅れるのだ。そのような遅れを吸収しつつ、予定通りに進軍してくれる将軍が無能なはずがない。

軍隊では、予定通り進軍できない例など、山ほどある。

- 道を間違えた。
- 敵の妨害で、道の案内板などが故意に書き換えられている。
- 案内人が逃げた。
- 案内人が敵に買収されていたり、敵の送り込んだ兵や間諜だった。
- 雨が降って、道がぬかるみになって進軍が遅れる。
- 雪が降って、進軍が困難になる。
- 川が増水して、渡河地点が使えない。
- 森の中で、倒木があって道が塞がれている。
- 峠が土砂崩れで通れない。
- 進軍予定路を他の軍隊が進軍していた（どちらかの軍団が進軍路を間違えた可能性もある)。そのため、道沿いの村は現地調達で物資を取り上げられ、これ以上調達できない。そのため、補給のある都市から軍隊が進軍できない。
- 現地調達先の村が反抗して、物資を寄越さない。強制的に取り上げるが、時間がかかる。

・現地調達先の村が逃げ去って、調達できない。替わりの調達先を探すのに時間がかかる。

このような、一見どうということはなさそうな問題で予定が遅れ、戦争に負けた例も幾つもある。その意味では、戦う場所にちゃんと来るナポレオンの将軍たちは、有能なのだ。

逆に言うと、このような将軍たちがいなければ負けてしまうほど、当時のフランスは不利だったわけだが。

転生者は、分進合撃を目指すのならば、進軍路の前調査と、進軍前の整備に手を抜いてはいけない。有能な将軍を揃えられるとは限らないのだから。

【作戦機動】

ナポレオンはまた、戦場での戦術的包囲でなく、戦場に向かう移動レベルにおいて、敵軍の背後へと回り込んだり、包囲を行ったりしている。

それまでの戦争における包囲や背後からの攻撃は、あくまでも戦場での戦術レベルでの采配だった。ハンニバルの芸術的な戦いも、あくまでも戦場において味方部隊を指揮して、包囲に持っていくものだった。

ナポレオンは、戦術レベルではなく作戦レベルにおける機動で、包囲や背面攻撃を行えるようにした。この軍団の移動レベルによる包囲は、本来ならば、正確な地図と電信のような高速通信が実現した18世紀半ばまで不可能なはずだった。ところが、ナポレオンは、自らの天才と、予定通りの進軍をしてくれる有能な軍団長、当時フランス国内だけに整備されていた腕木通信*22という高速通信網を利用して、実現してしまった。

逆に言えば、ナポレオンの天才がなくとも、正確な地図と高速通信手段があれば、ナポレオンのような作戦機動が可能になる。そこは転生者の腕の見せ所といえるだろう。

作戦機動のやり方は、こうだ。

１つの軍団が敵軍と戦う場合、それは必ず街道沿いになる。というの

*22 腕木の組み合わせを望遠鏡で見て通信する通信網。電信などに比べれば遙かに遅いが、それでも騎馬伝令などに比べると圧倒的に速かった。『現代知識チートマニュアル』参照。

は、ある程度以上大きな軍隊は、荒野を進軍することなどできない。どうしても街道沿いに進軍することになる。街道沿いだけでなく広がって陣形を取るのは、会戦を行う時だけだ。

そこで、敵軍と会戦をする以前、もしくは敵軍が自国の軍団と会戦をしている時に、他の軍団を移動させて、敵軍がやってきた街道を塞いでしまう。そして、その街道を通って、会戦が行われる戦場へと向かう。こうなると、敵軍は、補給路・退路を塞がれてしまったことになり、戦場の外において、実質的に包囲されてしまったことになる。

戦場で多少有利であっても、退路を塞がれていると知ってしまった兵士は、それだけで士気を崩壊させかねない。腰が据わらず、何かあれば逃げようとしてしまうのだ。だから、退路を塞いだら、できるだけ早く、敵軍の末端にまでそれを知らせた方が良い。

具体的には、後方に自軍の旗を立てるとか、鬨の声を上げるとか、単純に姿を見せるとか、そういったことで良い。進軍が間に合わず、味方の援護に駆けつけられないのなら、それこそ敵の偵察をわざと見逃して、敵の司令部に後方遮断を察知させても良い。司令部で、そんな話があること、偵察の人間が大慌てで帰ってきたことなど、あっという間に兵士に広まってしまうだろう。

✔ジョミニ

ナポレオンの戦争から、様々な戦争に関する問題が明らかになった。そして、多くの軍事学者がその理論化に取り組んだ。彼らのうち、最も重要なのが、ジョミニとクラウゼヴィッツだ。

アントワーヌ=アンリ・ジョミニは、ナポレオン時代のフランス軍人で、その後ロシア皇帝にも仕えた。彼の著作が『戦争術概論』だ。この本では、戦争の原因となる政治や経済については置いておき、まずどうやったら勝利できるかについて研究した本だ。恐らく、フランスは最終的に敗北したため、そこを研究せずにはいられなかったのではないかと、著者は考えている。

ジョミニは、戦争には不変の原則があると主張した。

1．戦略的運動によって大兵力を自軍の連絡線を危険に晒すことなく、可能な限り敵の連絡線もしくは戦地に投入すること。
2. 我が全力で敵の分力と戦うよう機動すること。
3. 戦闘が行われる時には、戦術的運動によって大兵力を戦場の決勝地点もしくは前線の最も重要な地点に投入すること。
4. これら大兵力は決勝地点にただ存在するだけでなく、活発かつ一斉に戦闘に加入すること。

ちょっとややこしい書き方なので解説しておく。

1.は、要するに敵の補給路や後退路を潰せと言っている。つまりは、**包囲**を狙えと言っている。ただし、その時、自軍の補給戦や後退路を危険に晒してはいけない。

2.は、敵を分割して、少数になった敵を、全軍で攻撃すれば、自軍にほとんど損害を受けずに撃破できる。いわゆる、**各個撃破**を主張している。

3.は、勝敗を決する重要地点に自軍の兵力をできるだけたくさん送り込めと言っている。それは理解できるのだが、重要地点の位置を判定する方法については、教えてくれない。困ったものだが、もしかするとジョミニ自身にも、理論的に解明できなかったのかも知れない。ただ、これだけは言える。兵力の逐次投入は失敗の元なのだ。

4.は、送り込んだ兵力を遊ばせるのではなく、ちゃんと戦力を発揮させろと言っている。遊兵を作るなということだ。

そして、フランス軍出身らしく、**内線作戦**の優位を主張している。

内線作戦と外線作戦の有利不利はともかく、上の4つの主張には、誰もが賛成するだろう。ただ、ある意味当たり前のことなので、あまり感心してもらえないかも知れない。

✔内線作戦

内線作戦とは、敵に外側を取らせて、一見不利に見えるかも知れないが、実は戦力移動を考えると有利だという主張だ。

- 部隊が策源地（補給や休息を行うところ）から近いので、補給が簡単。
- 部隊同士が近いので、連絡がやりやすく、援軍も送りやすい。このため、統一した指揮の下で戦闘を行いやすい。

- 移動距離が短いので、部隊の疲労が少ない。
- 会戦の行われる場所への距離も短いので、敵に先着できる。その分、野戦築城とかも行いやすい。

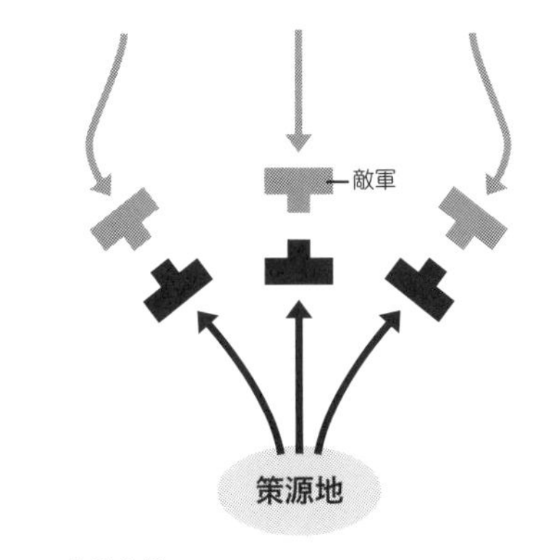

▲内線作戦

このような利点を、内線の利という。この内線の利を利用して戦争に勝とうというのが、内線作戦だ。

なぜフランス軍人が内線作戦を主張するかというと、対仏大同盟を組んだ国々に対し、ナポレオンが内線の利を利用して勝利したからだ。当時は、複数の敵国が軍を動員して、フランスを攻撃しようとしていた。この時、フランスとしては、敵国奥深くまで攻めていかなくても、待っていれば敵国はフランスへと向かってくる。この敵国の、兵員動員の時間差や、進軍路の違いなどを利用して、敵を各個撃破したのがナポレオンだ。

そして、内線作戦をとっている間、ナポレオンは勝利を重ねていた。ナポレオンが敗北したのが、内線作戦を捨て、ロシアへの遠征を選んだ時だ。それ故、フランス軍人だったジョミニは、内線作戦の優位を説きたかったのかも知れない。

ただし、内線作戦にも、弱点はある。

- 外線作戦を行う側は、包囲を狙っている。包囲されてしまうと、内線作戦は敗北する。このため、早めにけりを付けないといけない。
- 内線作戦は、外線側の敵全てに対応していたのでは敗北してしまう。それでは、敵に包囲されてしまうだけだからだ。内線側は、兵力配置に濃淡を付けて、集中した兵力で、外線側の敵を１つ１つ各個撃破していく。それに失敗すると、負けが確定する。
- 内線作戦では、策源地は１つしかない。そのため、破壊工作などによって策源地を破壊されてしまうと、どうしようもなくなる。

この内線作戦を戦術レベルで適用して非常に格好良く描いた創作が、『銀河英雄伝説』第1巻のアスターテ会戦だ。この世界では、以前に外線作戦の完全な成功を見ていたので、内線作戦が忘れられていたのだろう。

転生チート主人公なら、このくらいの成功を見せてほしいものだ。

✔クラウゼヴィッツ

カール・フォン・クラウゼヴィッツも、フランス革命戦争に参加した軍人だ。ただし、彼はプロイセン軍、つまりナポレオンの敵として戦った。

ジョミニと違って、クラウゼヴィッツはなぜ戦争が起きるのか、その政治的社会的要因は何かといったところまで考えた。戦争とは何かという、ある意味より根源的な質問に答えようとした。それが、『戦争論』だ。プロイセンはフランス革命戦争で勝利したので、勝つためにガツガツする必要がなく、戦争とは何かという根源的な問いを考える精神的余裕があったのかも知れない。

そして、戦争の定義を「戦争とは、相手にこちらの意志を押しつけるために行う力の行使である」としている。これは、現代のアメリカの軍事ドクトリンでも内容の同じ文章が使われているほど、汎用性に富んだ説明だ。

そして、そのようなものなので、ジョミニと違って、戦争には勝利のための不変の原則などないとする。なぜなら、戦争は、以下の3つの不確実な要素があるからだ。

1. 人間の精神ははっきりと決められない。戦争を決めるのは、兵士たちの士気だったり、敵意だったり、勇気だったりする。このために、確定した結果がなかなか出ない。
2. 敵も味方も、相手を出し抜こうとして知恵を絞るので、どこまで考えたら勝てるのか分からない。特定の活動に特定の結果は得られないのだ。
3. 情報が不確実。敵の情報どころか、味方の別働隊の動きすら分からない。この戦場独特の情報の不足と不確実性を、**戦場の霧**という。

クラウゼヴィッツは、戦場において指揮官の思い通りにならないことを、ひっくるめて**摩擦**と呼んだ。

上のような、不確実性だけではない、雨が降ってぬかるんだために進軍が遅れたとか、糧食が腐っていて兵士が腹を下したとか、ともかく指揮官の予定を狂わせることは全て摩擦なのだ。もちろん、敵の抵抗は最も激しい摩擦だ。

現代のような、軍事情報が発達した時代ですら、戦場の霧はあるし、摩擦は発生する。

そして、クラウゼヴィッツが考えたもう1つの重要概念が、**重心**だ。こちらは、将軍のための知識というよりは、王のための知識だが、同じクラウゼヴィッツの理論の一部なので、ここで扱っておく。

重心とは、戦争を行う力の源泉である。力とは、物質的な力も、精神的な力も含む。これを破壊すれば、その国は戦争を続ける力を失ってしまう。

過去の戦争では、重心は軍隊だったり、国王だったりする。しかし、必ずしも、重心がそのような分かりやすいものとは限らない。

例えば、織田信長と今川義元が戦った時、今川家の重心は明らかに今川義元個人に存在した。だからこそ、桶狭間で義元が討たれた時、今川軍は崩壊して逃げ去ったのだ。

しかし、ベトナム戦争（1955～1975）中のアメリカでは、重心は大統領にも軍隊にもなかった。また、北ベトナムの重心もベトナム軍ではなかった。だからこそ、アメリカがいくら北爆を繰り返しても北ベトナムは負けなかった。逆に、北ベトナムはアメリカの重心であった米国世論を攻めて、アメリカを窮地に追い込んでいった。

つまり、敵の重心を見抜き、それを的確に攻撃すれば、敵を窮地に追い込むことができる。しかし、重心を見誤れば、いくら戦術的成功を繰り返しても効果がない。圧倒的な米軍が、貧乏国でしかなかった北ベトナムに敗れたのは、重心を全く攻撃できず、逆に敵の攻撃で重心をやられたからだ。

第二次大戦の日本も、当時のアメリカの重心が、ベトナム戦争時期ほど圧倒的ではないにせよ、アメリカの世論であることを理解し、アメリカ世論に戦争反対を言わせるにはどうすれば良いかという観点で戦争をしていれば、勝つのは無理でも痛み分けくらいには持っていけたかも知れない。

つまり、現代においても、摩擦と重心という概念は古びていない。もちろん、クラウゼヴィッツ以前なら、非常に良い説明であり、士官教育を刷新し、敵国より優れた士官を生みだすことができるだろう。

もちろん、転生者がクラウゼヴィッツ以前に、摩擦と重心という概念を提示し、敵の戦争の重心がなんなのかを考えて、そこを上手く摩擦を減らして攻撃することができれば、勝利はより容易いものになるだろう。

✔参謀本部

参謀本部の萌芽は、17世紀に遡る。当時、常備軍を作るに際して、その兵站管理を行うために兵站幕僚という部署が作られた。これが兵站総監部へと発展していった。

ナポレオンとの戦いに敗れたプロイセンは、陸軍省を創設し、参謀制度を改革した。そして、1825年には軍務省から独立した参謀本部へと発展した。ただし、参謀本部自体は権限もなく、いつ廃止になるかと言われる弱小部署だった。だが、これが、後のドイツ陸軍参謀本部となる。

なぜ、このような組織が作られたのか。それはナポレオンが天才だったからだ。

どうあがいても、個人の才能ではナポレオンの天才に勝てないプロイセンは、秀才の集団によって天才に対抗することにした。参謀本部は秀才の集団であり、また経験を調査・記録する場でもあった。

だから、権限は弱いままだった。当時の参謀本部は、現在で言うところの、シンクタンクのようなものだった。天才のひらめきではなく、秀才*23なら誰でも可能な戦訓を作ろうという調査研究機関だ。

軍の他の部署の人間にとっての参謀本部は、頭の良い秀才が集まって、色々研究しているところだ。そして、たまに良い提言をすることもあるので、指揮官によっては参考にすることもある。そういった存在だったと考えれば良い。

---

*23 現代日本に住んでいると間違えやすいが、軍人、特に高級軍人は、その国の超エリートがなるものだ。身分制の強い時代は高い身分のもの（貴族など）がなるものだったし、身分制が弱まった後は学識で決まった。士官学校に合格するのは難関大学に合格するのと同等だし、参謀本部に属する軍人なら東大に入るレベルの人間が参加していると思えば間違いないだろう。

だが、1858年、ヘルムート・カール・ベルンハルト・フォン・モルトケ（大モルトケ）が参謀総長に任じられて、その価値が変わっていった。といっても、当時のモルトケは何人もいる陸軍少将の１人でしかなかったし、そもそも少将程度がトップなのだから参謀本部もその程度の部署に過ぎなかった。

モルトケの登場する少し前、プロイセンはデンマークを主敵として、第一次シュレスヴィヒ・ホルシュタイン戦争（1848～1851）を戦った。その時、同時にオーストリアとも緊張が高まり、プロイセンは49万人を動員した大規模演習を行って、オーストリアを牽制しようとした。

そして、とんでもないことが分かってしまった。プロイセンには、兵士の動員計画や動員した兵士の展開計画を決める部署が存在しなかったのだ。

動員は陸軍省が行うが、その命令は郵便などで送られた。だが、近世以前のように、徴兵された兵士は、ちょっと歩いたところにある領主様のお城まで行けば良いというわけではない。遠い場合、鉄道に乗って軍隊の駐屯地まで自分で行かなくてはならない。

兵力の移動展開は発達しつつあった鉄道を利用しようと考えていたが、軍部にはそれを検討する部署すらなく、鉄道省の役割だった。だが、鉄道省には、軍隊輸送計画など存在しなかった。

つまり、誰も、兵士の動員や輸送について考えておらず、それどころか誰が決めるのかすら決まっておらず、当然のことながら何一つ計画など存在しなかった。領主が、自分の領地から適当に徴兵して戦争に連れて行く時代の感覚のままで、近代戦争を戦おうとしていたのだ。

おかげで、演習をしようにも、兵士を動員して輸送するだけで２ヶ月もかかるという無様な状況だった。

モルトケは参謀総長になると、鉄道省と交渉して展開計画を作る鉄道班を設置するなど、改革をすすめていった。

そして、その努力が、1866年の普墺戦争で花開く。

モルトケは、開戦の前に、兵站のための輸送網や、連絡のための電信網を整備していた*24。そして、各部隊の参謀部に、参謀本部から参謀

*24 もちろん、鉄道路線や電信網自体はモルトケが作ったわけではない。ただ、戦時にそれらをどう利用して、兵站をどう運び、どういう連絡をつけるかを決め、各部署に了解をとっておいた。

将校を送り込んだ。これによって、前線部隊は参謀本部の調整によって必要な兵站を受け取ることができ、参謀本部から全体の情報を得ることができ、参謀本部は前線部隊の行動調整を行うことができた。

これによって、プロイセン軍全体を有機的に結びつけ、統一された戦争指導が行えるようにした。これが戦争を行うためにどれだけ役に立つかは、現代の我々ならば分かるだろう。実際、わずか7週間で、プロイセンはオーストリアに勝利した。

つまり、大モルトケがプロイセン参謀本部をそのように活用する以前には、天才の才能以外には、戦争のグランドデザインを描く能力を持った国はなかったのだ。そして、モルトケは、参謀本部というシステムによって、天才がいなくても戦争のグランドデザインが描けることを証明した。その意味では、モルトケは組織編成については天才だったのかも知れない。

これによって、プロイセン参謀本部は絶大な権威を得た。そして、それが僥倖でなかったことを、続く普仏戦争（1870～1871）の勝利で証明した。

ここに至り、各国は参謀本部の必要性を痛感し、相次いで参謀本部を設立して、有能な参謀将校の育成へと舵を切った。ちょうど明治維新（1868）と重なった日本政府も、それまでのフランス軍制からプロイセン軍制へと切り替え、モルトケの弟子の1人であるクレメンス・ヴィルヘルム・ヤーコプ・メッケルを陸軍大学校の教官として招聘している。

逆に言えば、1866年以前は、戦争のグランドデザインを描く組織は存在しなかった。天才の才能があれば可能かも知れないが、転生者は基本的に知識チートを持っていても天才ではない。ならば、転生者はその権限を得たなら即座に、参謀本部の設立と参謀将校の育成を始めるべきだ。こうすることで、自国だけが、きちんとした戦争計画を立てることができ、勝利しやすくなるだろう。

余談ではあるが、モルトケは歴史学の教授になるのが夢で、名声を得た後でも、たびたびそう語っていた。『銀河英雄伝説』の主人公、ヤン・ウェンリーのモデルの1人がモルトケであることは、間違いないだろう。

✔外線作戦

ナポレオンによって、内線作戦の有利な面が見せられた。そして、ジョミニなど、内線の利を説く軍事学者もいた。しかし、残念ながら外線作戦の利点は、見えないままだった。

外線作戦とは、敵の外側を囲ってしまうことで、作戦もしくは戦略レベルで包囲殲滅を狙う。しかし、外線作戦は、敵の外側を移動しないといけないので、どうしても移動距離が長くなるという欠点がある。つまり、作戦を成立させるまでに時間がかかるのだ。このため、内線作戦を行う側が先手を取り、そのまま勝利してしまう例が多かった。

しかも、外線作戦側は、敵を囲う部隊の連携が重要なのだが、中世近世世界の通信能力では、連絡に時間がかかりすぎて、とても有機的連携を行うことができなかった。それこそ、ファンタジーに遠距離通信魔法でもあれば、外線作戦も可能だったかも知れないのだが。

つまり、中世～近世世界においては、内線作戦の方が実用的だったし、実際成功していた。

そこで、モルトケは、電信網と鉄道網を利用した外線作戦を考えた。

電信網が張り巡らされていれば、そこまでならほぼリアルタイム*[25]で通信が可能だからだ。また、鉄道は、きちんと計画さえ立てれば、多くの人員や物資を高速に運ぶことができる。

この２つによって、外線の不利になる通信と輸送の問題をカバーできると考えたのだ。

実際、普墺戦争（1866）では、プロイセンは、第１軍、第２軍、エルベ軍の３軍を鉄道輸送で、ベーメン地方*[26]を囲むように配置し、そこから一気に攻略を開始した。これが可能だったのは、プロイセン側には鉄道網が５本もあったのに対し、オーストリアには１本しかなかったからだ。先にオーストリアが動員を開始したのに、動員が終了したのはプロイセンが先で、動員の終わっていないオーストリアに対し先手を取って攻撃できたのだ。

---

*25 実際には、モールス符号化と復号化、最前線までは電信が引かれてないだろうから、そこまでの連絡などあるので、リアルタイムとはいかない。だが、それでも何百kmも離れたところに数時間程度で連絡可能なのは、それまでとは完全に違った。

*26 オーストリアのプロイセン国境地域。

ただ、外線作戦を行う場合には、1人の指揮官が全てを指揮することができない*27。ナポレオンの分進合撃と同じ問題が発生する。つまり、それぞれの部隊の指揮官が自律的に行動しなければならない。そこで、モルトケは、**委任戦術**という指揮法を軍に正式導入した。それまでも、指揮官に独自裁量権を認める総指揮官はいたが、きちんとした軍規にはなっていなかった。

モルトケは、指揮官には、訓令*28を与えるが、具体的な行動は、軍規と訓令の範囲内ならば自由に決めて良いとする訓令戦法を定めた。

そして、このような時に、個々の指揮官があまりにもバラバラな行動をしてしまうのを防ぐものとして、**ドクトリン***29が重要になる。同じドクトリンに則って行動していれば、あまりにも異常なことをして他部隊に迷惑をかけることはない。さらに、突然のアクシデントで、ある部隊が本来あり得ない行動をした時、他の部隊の指揮官も、ドクトリンを共有しているならば、その部隊の事情を推察することもできる。そして、推察できれば、その時に隣接部隊はどうするか、そのまた隣接部隊はどうするかも、お互い理解できるので、特別に連絡をしなくても（もちろんした方が良いのだが）全体として適切な対応ができる。

✔ドクトリン

上のように、モルトケは、ドクトリンという、軍組織を動かす新たな仕組みを考え出した。

これは、軍組織が大きくなるにつれ、最高指揮官が見るべき問題が多くなりすぎたことへの解答でもあった。

それまでの軍とは、最高指揮官が各下級指揮官に具体的な行動まで命令する、**集権指揮**をするものだった。そして、それはある程度までは上手くいった。それは、以下のような理由だ。

- 軍組織が大して大きくなかった。
- 人数こそ多くても、大きな塊のまま指揮できるほど、組織が単純な構造だった。

---

*27 現代のRMA（軍事における情報革命）によって、1人の指揮官（の率いる司令部）が多数の部隊を統括指揮することも可能になっている。

*28 全般的な企図と達成すべき目標のこと。

*29 基本原則のこと。ここでは、軍事における決断の指針となる原則。

- 指揮官が下す命令も、単純なものだった。
- 軍隊が基本的に一カ所に集まっているため、最高指揮官の命令に従えた。

ところが、軍組織が大きくなり、さらにまとまって動けないほど人数がいるようになった時代には、もはや集権指揮は困難になった。しかも、軍の行う行動も、段々と複雑になって、単純に「○○を攻撃せよ」とかではすまなくなった。

だが、古いシステムにこだわる軍組織は、相変わらず最高指揮官の下に報告を寄越し、そこから具体的命令をもらって行動しようとした。これは、3つの問題で無理があった。

- 何か事が起こり、報告をして、命令をもらって、実行するまでに、時間がかかりすぎる。
- 最高指揮官に集まる情報と、出すべき命令が多すぎて、最高指揮官の能力を超える。
- 最高指揮官が、直接見ていないので、具体的な命令を行いにくい。最悪、実情と合わない命令を出してしまう。

このように、大きすぎる軍組織を、旧態依然とした方法で指揮しようとして、様々な問題が発生していた。

ナポレオンは、これを才能で対処した。自分の才能と、自分に従う将軍たちの才能で、何とかしてしまったのだ。これはこれですごいことだが、残念ながら誰でもできることではないし、何時までもできることでもない。

モルトケは、軍組織を改革することで、対処できる組織を作ろうとした。全体で**分権指揮**を行うようにしたのだ。分権指揮だと、以下のようになる。

- 最高指揮官は、絶対に必要なことのみ命令し、それ以外は下級指揮官には訓令を行う（方針・目的を命令する）。
- 方針や目的ならば、命令の想定状況と、現実が合わないという困った状況になりにくい。命令と現実が噛み合わないと、その命令を受けた下級指揮官は動揺し、部隊には疑念が生じる。
- 戦場の不確定要素があっても、最終的目的さえ分かっていれば、それに合わせた行動を下級指揮官自身が考えて行うことができる。

つまり、戦場の霧や様々な摩擦への対処を、いちいち最高指揮官が判断するのではなく、その場に存在する、その問題の大きさに適切なレベルの指揮官が対応し、最終的に軍全体が目的を達成できれば良いというのが、分権指揮の考え方だ。

だが、各下級指揮官が、それぞれ全く違う考え方をしていたのでは、戦場の霧や摩擦への対応が、各自で全然違うということになってしまう。それでは、軍全体が整合性をもって動くことができない。

そこで、軍事組織の指揮官に同じドクトリンを共有させることによって、互いに何を考えているか推察できるようにする。推察できれば、軍全体が整合性をもって行動できる。

つまり、ドクトリンの共有と分権指揮とは、表裏一体のものなのだ。ドクトリンを共有できていないと、分権指揮をしても他部隊が何をしているのか理解できないため、上手くいかない。ドクトリンを共有できていても、集権指揮しかしないのなら、意味がない。

このドクトリンと分権指揮というシステムを構築できれば、転生者は他国よりもずっと大きい軍組織を、そう破綻なく運用することができる。

✔シュリーフェンの誤謬

モルトケが死んでドイツ*30参謀総長になったのがアルフレート・フォン・シュリーフェンだ。第一次大戦のドイツの戦略であるシュリーフェン・プランの作成者として名高い。

モルトケは、普仏戦争におけるフランスを見て、次の戦争は七年戦争*31か三十年戦争*32かと警告していた。国民戦争になると、戦争が長引くことを理解していたのだ。

しかし、残念ながらシュリーフェンは理解していなかった。もしかしたら、理解してはいたが、ドイツの状況がそれを許さなかったのかも知れない。

---

*30 プロイセンを盟主とするドイツ帝国が1871年に成立したため、プロイセン参謀本部は、ドイツ参謀本部へと横滑りした。

*31 1754～1763年まで、ヨーロッパ各国を巻き込んで起こった戦争。イギリス・プロイセン対他のヨーロッパ諸国という戦い。

*32 1618～1648年まで、プロテスタント諸国とカトリック諸国の間で起こった宗教戦争。ただし、後半になるにつれ、宗教とは無関係になり、フランスブルボン王朝とハプスブルク家の勢力争いとなった。

ドイツは、ヨーロッパの中央に位置し、東にポーランドかロシア、西にフランス、南にオーストリアという強国に周囲を囲まれている、非常に戦略的に苦しい位置に存在する国だ。

このため、モルトケの言う通りに戦争が長引くと、他国が介入してくる可能性が高く、それはドイツの敗北を意味する。このため、シュリーフェンは、速攻で西のフランスと東のロシアを連続して倒すプランを作り上げた*33。それがシュリーフェン・プランだ。

だが、シュリーフェンは、先輩であるクラウゼヴィッツの定義した戦場の霧や摩擦という概念を理解していなかったようだ。というのは、シュリーフェンの計画は、敵国が参謀本部の予測通りの行動をし、それをドイツ軍が予定通り撃破するというものだったからだ。

当時のドイツ軍の演習を見た他国の観戦武官は、ドイツ軍が決まった通りにしか行動できないことに驚いたと記録している。モルトケによって、統一したドクトリンの下、分権指揮によってその場で最適の行動を選択できるドイツ軍はなくなってしまっていた。

シュリーフェン・プランは、第一次大戦のドイツの戦略として考えられた、以下のような計画だ。

1. フランスとロシアに宣戦布告する。
2. ロシアは広大で、しかも交通の便が悪いので、動員に時間がかかる。
3. ロシア側の備えは最小限にして、ほぼ全力でフランスを攻撃する。
4. 独仏国境で、フランス軍を拘束する。
5. 主力の右翼は、中立国であるベルギーを通過して、フランス北部に侵攻する。
6. フランス北方に侵攻した軍は、パリ西方を通過して、大きく左旋回する。
7. 独仏国境のフランス軍を、後方から包囲殲滅する。
8. フランスは、降伏する。
9. プロイセンの鉄道網を利用して、急速に東方へと軍を再展開する。
10. ロシア軍と戦う。1国相手なので、勝利する。

シュリーフェンは、フランスとの戦争を、大決戦によって一気に片付けようという計画を立てた。しかし、それは官房戦争時代の常識であって、国民戦争の時代には成立しないことを、シュリーフェンは理解して

*33 当時は、オーストリアは敵ではなかったし、弱体化していた。

いなかった（官房戦争と国民戦争についてはp.199を参照）。

前の普仏戦争で、ナポレオン３世が捕虜になった後でも、フランスは新たな政府を作って何ヶ月も抵抗を続けていた。このことを、シュリーフェンは忘れてしまったらしい。

実際に第一次大戦時のシュリーフェン・プランを実施したのは、シュリーフェンの次に参謀総長になったヘルムート・ヨハン・ルートヴィヒ・フォン・モルトケ（小モルトケ）で、大モルトケの甥に当たる人物だった。

シュリーフェンの計画は読者の予想通り外れ、フランスでもたもたしている間にロシアの動員が完了した。二正面作戦を余儀なくされたドイツは、紆余曲折はあったにせよ、結局は第一次大戦に敗北することになった。最初のグランドプランの誤りが、最後まで足を引っ張ったのだ。

つまり、初期計画の失敗は、後々まで影響がある。グランドデザインを立てる時は、よく考えて行うこと。特に、その戦争中に行われるであろう技術的進歩を、転生者は知っているはずだ。ならば、それをグランドデザインに取り入れた上で計画を立てるべきだ。

✔塹壕戦

強力な砲兵と、遠距離まで届く小銃を、生身で相手にしなければならない歩兵は、やむを得ず穴を掘り始めた。これが発展したものが**塹壕**だ。

塹壕とは、人間が立てるくらいの深さの溝を前線に長く延ばしたものだ。

塹壕の敵側の壁には、台か段差があって、その上に立つと、敵方からは頭と銃くらいだけが見えるくらいになる。この状態で、敵に射撃するのだ。

▲塹壕

敵歩兵から見ると、こちらの胴体以下は最強の盾である地面そのもので守られているので、射撃しても絶対に当たらない。敵に見えているのは頭（防御のためにヘルメットなどを付けている）と銃くらいなので、大変的が小さく、なかなか命中しない。そして、命中してもヘルメットで防がれてしまうことも多い。

こうなってしまうと、塹壕に籠もった敵を歩兵で倒すには、塹壕まで近づき、中に入って接近戦をするくらいしかない。そして、塹壕に籠もった側は、近づいてくる敵を撃ち放題だ。しかも、塹壕が発達した時期は、機関銃が発達した時期でもあった。銃弾をばらまく機関銃にとって、近づいてくる敵は、まさに鴨が葱背負ってやってくるようなものだった。

しかも、当時新たな歩兵の天敵が使われ始めた。**鉄条網**だ。

鉄条網は、鉄でできているため、簡単には切れない。しかも、とげが付いているため、雑に扱うと手を怪我してしまう。そして、何よりも単なる鉄線なので、銃弾を止めてくれない。つまり、歩兵が鉄条網に引っかかっている間に、その向こうにある塹壕から銃弾が飛んでくるのだ。

歩兵だけで突破するには、まず匍匐前進で鉄条網まで近づき、鉄切りバサミや大きなニッパーなどで鉄条網を切断して突破口を作る。鉄条網は、地面ギリギリだけでなく、身体を起こさないと切れないような中空にも張るので、どうしてもある程度身体を起こさないといけない。当然のことながら、塹壕にいる人間は、鉄条網を切りに来る敵を狙って射撃する。つまり、これらの作業は、銃弾を浴びつつ行わなければならないのだ。しかも、突破口が一カ所では、そこを通過する味方が狙われて死者が増えるだけなので、このような突破口を幾つも作る。つまり鉄条網を切るだけで、何人もの戦死者が出てしまうのだ。いや、戦死者ならまだいい。戦死者は回収を待ってくれるからだ。負傷者の場合、負傷者が死ぬ前に、そこまで行って回収してこなければならないのだ。そして、今度は回収班が銃弾を浴びることになる。しかし、危険だからと負傷者を放置しておくわけにもいかない。そんな非情なことをしたら、その後で、誰が鉄条網を切りに行ってくれるだろうか。

このように、鉄条網と塹壕と機関銃の組み合わせはとんでもなく厄介で、単なる歩兵では突破は不可能だった。

もちろん、騎兵が鉄条網と塹壕を越えることは不可能だ。鉄条網は騎馬で飛び越えられないような高さと幅で作られる。だから飛び越えて突破はできない。

また、馬は臆病で痛みに弱い生物だ。鉄条網などに触れたら、痛みに耐えられず逃げ出してしまう。もちろん、騎馬を降りて、歩兵として鉄条網を解除することはできるだろうが、その間に馬を射殺されてしまうだけなので、騎兵が行く意味は全くない。

塹壕を歩兵だけで突破できない。まして、騎兵では絶対不可能。となると、砲兵の出番となる。砲兵ならば、特に曲射弾道*34で撃つ場合、上から砲弾が降ってくるので、塹壕は効果がない。ただし、塹壕の前後に落ちた場合、兵士は塹壕にしゃがんでいれば、ほとんど被害を受けないので、塹壕にきっちり落とさないと、意味がない。その意味では、塹壕にいれば、砲兵の攻撃を受けても、今までよりずっと安全なのだ。

これは、大砲だけでなく、擲弾砲*35や手榴弾のような簡易な爆弾でも、同じことだ。塹壕の中に落とさなければ効果はない。

ただし、大砲は塹壕内の敵の頭を下げさせるという効果はある。そして、大砲によって敵の頭を下げさせている内に、歩兵が近寄って鉄条網を切断し、塹壕に突入するというものだ。もちろん、味方歩兵を砲撃に巻き込むわけにはいかないので、歩兵が近づくと大砲は砲撃中止するしかない。この場合、擲弾や手榴弾など、歩兵自身が着弾位置を調整できるもので頭を下げさせる。

このように、砲兵は役に立つものの、頭を下げさせる以外は、塹壕にぴたりと落とさないといけない。そのためには、今までよりもずっと多い砲弾を撃ち、塹壕に落ちる確率を増やさなければならない。

▲塹壕と爆発

---

*34 放物線を描くような弾道で撃つ場合を曲射、ほとんど直線になる弾道で撃つ場合を直射という。

*35 グレネード・ランチャー。手榴弾ないしは同程度の爆発物を、発射する銃。もしくは銃に取り付けるアタッチメント。本来は小型の砲だが、歩兵装備となっている。歩兵にとって、即座に使える便利な火力として使われている。

▲ジグザグの塹壕

そして、塹壕内での砲弾の爆発に対抗するために、塹壕の作り方が少し変化した。ジグザグに塹壕を掘るようになったのだ。

これは、一直線の塹壕の場合、爆発力がどこまでも到達する。溝の中なので、本来の爆発範囲よりも、さらに遠くまで到達してしまうのだ。だが、ジグザグの場合、曲がった先の部分には、爆発力が到達しない。もちろん、爆風くらいはやって来るかも知れないが、それも角を曲がっているので、弱まっている。角を2つほど曲がってしまえば、影響はほとんどなくなる。

また、手榴弾などのように、ポンポン投げてこられる爆弾への対策として、塹壕の床は傾けてあり、一番低い位置には、穴が開いている。

こうすると、手榴弾は転がって穴の中に落ちてから爆発し、爆発力は真上にだけ広がるので、横にいる人間は無事だ。棒付きの手榴弾のように転がらない場合、逃げるよりも拾って穴に投げ込んだ方が、安全だと

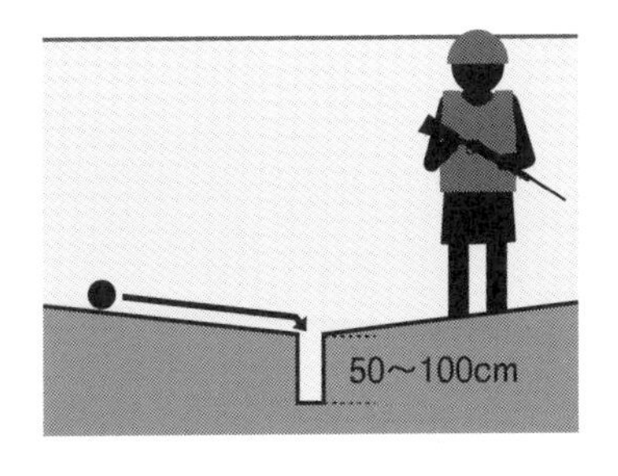

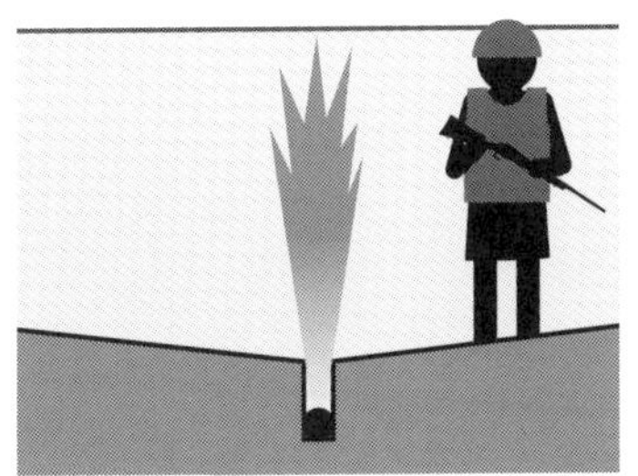

▲塹壕の床と爆発

言われている。塹壕の曲がり角を越えるより、穴に投げ込む方が短い時間でできるからだ。

塹壕が、このように発展するのには、時間がかかる。転生者なら、最初から正しい塹壕の掘り方を知っているし、それを適用すべきだ。幸いにして、なぜそのような掘り方をすべきなのかも、説明できるだろう。

✔対塹壕戦術

塹壕が作られることで、今度は対塹壕戦術が色々と考えられるようになった。しかし、それらの戦術は、ほとんどが失敗した。

【対壕作業】

塹壕に対して、塹壕で対抗する。

敵塹壕の近くまで、塹壕を掘り進める。といっても、図の①のようにまっすぐ掘っていったのでは、敵の射撃が、塹壕の中をまっすぐ通ってしまい、全く遮蔽になっていない。ちょっと斜めでも、斜めの場所から射撃すれば結局は同じことだ。

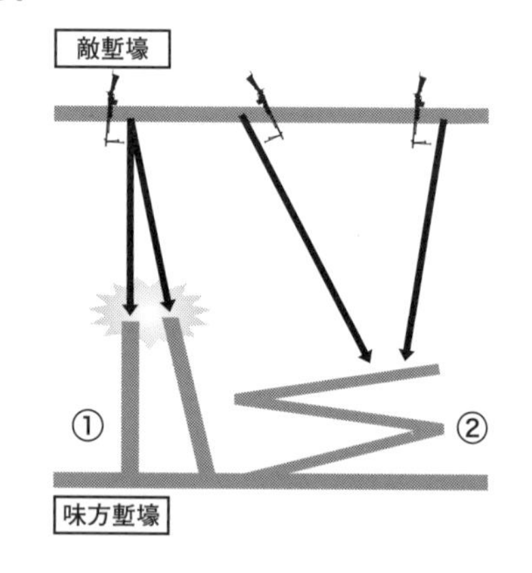

これでは、役に立たないので、②のようにすごく緩い斜めに掘り進んでいく。これならば、敵の射撃から遮蔽されたままで前進できるのだ。

ここまでは上手くいった。

だが、ここからは鉄条網がある。

そこで、砲兵がその前方に砲撃して敵が頭を下げている隙に、工兵隊が鉄条網を切断し、歩兵が（鉄条網を啓開した部分は狭いので）縦隊で突入する。

だが、実際にはなかなか上手くいかない。

砲撃を受けながらも警戒していた敵は、味方歩兵が鉄条網の狭い隙間を通過しようとした時、機関銃の射撃や小銃の一斉射撃をするので、味方は大損害を受けて攻撃に失敗するというのが、通常の結果だった。

機関銃陣地は、確かに幾つかは砲撃で破壊されるが、必ず幾つかは残ってしまう。その残った機関銃が、歩兵を殺すのだ。

【準備砲撃】

それでも塹壕は抜けない。そこで、フランス軍が考えたのが、徹底した砲撃だ。大量の火砲を集中し、塹壕とそこに籠もった兵士を皆殺しにするくらいのつもりで準備砲撃を行った。

しかし、それでも塹壕は耐えていた。

ドイツ軍の塹壕地帯は、生き残った機関銃陣地などを活用して、激しい抵抗を行い、予備隊の投入もあって、突破はできなかった。

【制圧射撃】

ドイツ軍は、フランス軍と異なるアプローチを取った。

砲兵によって敵兵を殺すのは諦める。しかし、それでも砲撃を受けた敵兵は身を守るために頭を下げるし、砲撃を受けた直後の敵兵は混乱している。

15分ほどの猛烈な疾風射*36によって、敵が頭を下げ、混乱している内に塹壕に接近し、塹壕内に突入して白兵戦により塹壕を奪取するというものだ。

確かに、この方法は効果があった。しかし、敵が制圧射撃に慣れてしまうと、制圧射撃の次には敵の突撃が来ると分かってしまい、段々と効果が失われていった。

【移動弾幕射撃】

理論的には完璧な方法と思われたのが、移動弾幕射撃だ。

1. 砲兵は、味方歩兵の少し先を目標地点として砲撃を行う。
2. 歩兵は前進する。
3. 砲兵は、歩兵の前進に合わせて、砲撃地点を先へ先へとずらしていく。

---

*36 疾風のように次から次へと大量の砲撃を行うこと。敵は、塹壕から顔を出して観測する暇がない。

このように、予定通り進めば、素晴らしい戦術なのだが、戦争には摩擦がつきものなのは、クラウゼヴィッツの言う通りだ。

実際には、弾着位置は予定通りに前進しているのに、歩兵の進軍が色々な問題で間に合わなくなって間が開いてしまうことが多い。そして、塹壕の奥に身を隠した敵兵が、砲撃が通り過ぎるのに合わせて姿を見せて、味方歩兵を攻撃するということになった。

しかも、歩兵の前進が遅れていることを、後方の砲兵に伝えるのに時間がかかってしまい、砲兵の前進を待たせておくということができない。

要するに、この時代の通信技術と観測技術では、後方の砲兵が、前線の歩兵に、きめ細かい火力支援を与えることは無理だったのだ。

転生者が、科学技術なら気球や飛行機による観測、ファンタジーなら空飛ぶ魔法使いや遠見の水晶玉による観測を行い、無線通信やテレパシー魔法などによって高速通信が行えるのなら、この移動弾幕射撃も成立し得た可能性はある。

【消耗戦】

小モルトケの後にドイツ参謀総長になったエーリヒ・フォン・ファルイケンハインは、消耗戦という戦略を考えた。

どちらも塹壕に籠もって突破できないのなら、突破を第1目標にするのは止めよう、その代わりに敵に味方より多い損害を与えることで、敵を先に消耗させて敗北させる。

しかし、当然のことながら、敵もこちらに損害を与えようと必死であり、大した効果はなかった。ファルケンハインが指揮したヴェルダンの戦い（1916）でも、フランス軍の死傷者が36万人、ドイツ軍が33万人と、確かにフランス軍の死傷者が多かったが、大差はない。それどころか、複数の国を敵とするドイツにとっては、戦力の比率からしてマイナスであった。

残念ながら、消耗戦戦略は、失敗した。消耗戦で勝利するためには、戦術レベルもしくは兵器技術レベルなどで、敵を圧倒していなければならない。当時のドイツには、その能力が欠けていたのだ。

【ペタン戦略】

フランス軍の総司令官であったフィリップ・ペタンは、塹壕戦に勝利するために、消耗戦略を改良して、敵の予備をなくすことを目的とした。

というのは、無理をして第1塹壕線を突破しても、その向こうにある第2塹壕線に予備が移動して、突破部隊を止めてしまうからだ。つまり、敵に予備がある限り、塹壕線を突破してもその先がない。

そこで、ペタンは塹壕戦を2期に分けた。

1. 消耗戦期：長大な戦線において攻勢を行い、敵の予備選力を消耗させる。
2. 決戦期：敵の予備選力がなくなったのを見計らって、戦線の一点に決勝攻撃を行い、突破する。

実際の指揮を行った連合軍西部戦線の総司令官であったフェルディナン・フォッシュは、第一次大戦末期、消耗戦期が終わったと見るや、西部戦線全域で攻勢をしかけた。予備戦力が少なくなっていたドイツ軍には、それら攻勢全てに対応するだけの戦力がもうなかった。

これが、**飽和攻撃**である。つまり、敵が予備を持っているのは当然であり、消耗戦期が終わった頃でも、意地でも最低限の予備は確保し続けているはずである。しかし、その予備は本当にギリギリのはずだ。そこで、多くの箇所で戦線突破を図ると、その全ての箇所に予備を配置することが、もはや不可能になる。つまり、予備を配置した箇所の攻勢は止められるが、配置できなかった何カ所かでは、突破できるということなのだ。

第二次大戦の時には、アイゼンハワーの**広正面戦略**へとつながる。

✔塹壕の発展

塹壕対策も、色々と考えられた。その中には、完全ではないにせよ、ある程度の効果のある戦術もあった。さらに、力ずくであっても塹壕を突破しさえすれば、こちらの後方に出て後方遮断による勝利が狙える。

そこで、塹壕も様々な進歩をして、対塹壕戦術に備えることとなった。

【反斜面陣地】

砲兵が戦場で活躍するようになるまでは、陣地と言えは、敵から見た場合に上り坂に設置されるのが普通だった。

その理由は、上り坂では敵の前進の勢いが減るからだ。特に、衝撃力に優れた重騎兵は、その分だけ鎧が重く、上り坂を登っていると、どんどん速度が落ちてしまい、終いには歩くような速度になってしまう。これでは、騎兵突撃が台なしだ。

さらに、上り坂の上にいれば、進軍してくる敵を見下ろすこともできる。敵の陣容が分かれば、戦いもより容易なものになる。

しかし、砲兵が遠距離砲撃を行うようになって、事情が変わった。

遠距離であっても、上り坂の上であっても、砲撃が届くようになってしまったのだ。

そこで敵から見て、斜面の向こうに曲射砲を配置するようになった。敵の砲撃が届かない。正確に言うと、砲撃自体は届く。ただ、敵から見ると、稜線の向こうなので、砲がどこに配置されているか分からないのだ。これでは、こちらを狙うことができない。砲弾が落ちたところに偶然部隊がいれば撃破されるが、それは確率でしか発生しない。また、敵は、こちらの部隊がやられたかどうか知ることができないので、いつまで砲撃をすれば良いのか分からない。

もちろん、機関銃のような直射射撃を行うものは、上り坂側に置いて

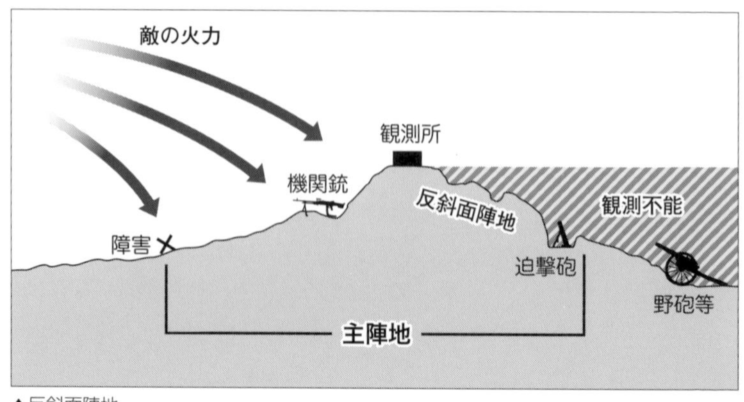

▲反斜面陣地

おく。これを置いておかないと、稜線上に敵の観測班が現れて、こちらを砲撃してしまうからだ。また、稜線には、観測所を設けて、反斜面側にある曲射砲群に、観測データを伝える。

このように、曲射砲群を稜線の向こうに置く反斜面陣地は、こちらだけ敵の配置を知って砲撃を行い、敵には砲撃させない（正確には、機関銃陣地などは砲撃の対象になる）。その意味で明らかに有利である。

ファンタジー世界においても、多くの魔法は視線の通らないところに魔法をかけることはできないので、反斜面陣地を作ることには大きな意味がある。

ただし、反斜面陣地は、上空から観測されたら何の意味もない。第一次大戦時期は、まだ飛行機の数も少なく、とても全戦線に観測を行うことなどできなかったが、現代ならドローンなどもあって、簡単に観測されてしまう。ファンタジー世界でも、空飛ぶ魔法使いや鳥の使い魔、千里眼の呪文など、反斜面陣地を無効にする手段は幾つも考えられる。

【数線陣地】

塹壕およびそれを使った陣地は、段々と強力なものになっていった。それでも、色々な方法で、塹壕を突破することは不可能ではない。特に、大きな損害を覚悟の上なら、塹壕は突破できた。

そこで、1本の塹壕からなる一線陣地では守り切れないことが分かったため、前線陣地、主陣地、予備陣地（もちろん、それぞれの陣地は塹壕と鉄条網で守られている）からなる**数線陣地**が作られるようになった。

【陣地帯】

塹壕を何本も引くのなら、総合的にそのエリアを防戦のためのエリアとして設計した方が良いのではないかということで、数kmの縦深のある**陣地帯**が作られるようになった。

そのエリアは、幾つもの塹壕だけでなく、人間が1～数人隠れるだけの散兵壕や、ベトン*37で固めた拠点を塹壕でつないだものなどで構成

*37 コンクリートのこと。ベトンはフランス語やドイツ語での表現。軍事関係では、なぜかベトンということが多い。日本がプロイセン軍制を使っていること、実際に戦った最初のコンクリート作り要塞がロシア軍の旅順要塞だったこと（ロシア知識階級はフランス語を話す）などが、理由と思われる。

される。

【数帯陣地】

陣地帯であっても、突破することは可能である。

しかも、砲兵の射程が伸びて、数kmも砲弾が飛ぶようになった。このため、陣地帯全域が敵の砲の射程内に入ってしまうようになってしまった。

そこで、陣地帯そのものが多重化された。第1の陣地帯が突破されても、第2第3の陣地帯がある、突破された陣地の後方の第2陣地帯には、予備から部隊を送り込んで、第1陣地帯突破によって弱体化された敵を阻止する。そして、第1陣地帯にいる他の部隊も、突破した敵が後方で蠢動するのを避けるために、順次第2陣地帯へと後退する。すると、無理して兵力を消耗させて塹壕線を突破したはずが、わずか数km前線を進めただけという結果になる。これでは、全く割が合わない。

このように、塹壕はあらゆる攻撃に耐えられるように進化していき、数帯陣地にまで拡大した。もはや、数帯陣地を突破することは、どんな兵科にとっても、とてつもない被害を覚悟して無理矢理突破するしかないと思われた。

しかし、どんな戦法にも対処法は発明される。塹壕も、また例外ではなかった。

✔対塹壕戦の決定版

塹壕対策は幾つも発明され、幾つかは効果があったし、幾つかはなかった。そして、ついに塹壕線およびそれを組み合わせた陣地を越える方法が、3つ発明された。1つは武装による方法、1つは戦術による方法、そして最後は科学による方法だ。

【戦車】

武器によって物理的に、塹壕を越える。そのために作られた武装が、戦車だ。

塹壕を越える場合の障害は、以下のようなものだった。

- 塹壕そのものが、大きな溝であり通行しにくい。
- 鉄条網が通行を阻害する。
- 機関銃や銃で撃たれる。
- 砲撃によって、地面が掘り返されており、普通の車両は通れない。

このような問題を解決するため、イギリスは、不整地でも通行できるキャタピラー*38で、機関銃弾を防ぐ装甲を付けた車両を製作した。これが、1916年に完成したマークⅠ戦車*39だ。

マークⅠは、現代の戦車とは大きく異なる。砲塔は、キャタピラーの左右についており、横から見ると車体は菱形をしていた。また、装甲は6～12mmと、分厚い鉄板程度でしかない。菱形をしているのも、前方の鉄条網を踏み潰して進むためだ。現在の戦車に比べて全長が長いのも、塹壕をまたぎ越えるためだ。装甲は、機関銃に耐える程度しかない。あくまでも、機関銃の銃撃に耐えて、鉄条網と塹壕を突破する機械として製作されているからだ。

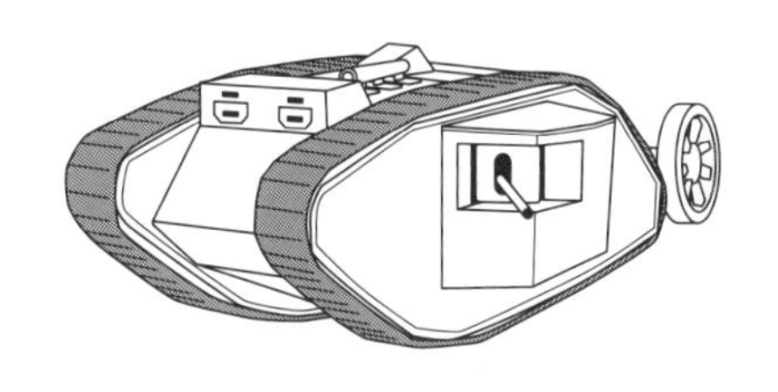

▲マークⅠ戦車

もちろん、最初の戦車であるマークⅠは欠陥だらけの車両だった。1916年のマークⅠ完成から翌1917年までに、マークⅡⅢⅣⅤⅥⅦⅧⅨと、装甲兵員輸送車であるマークⅨも含めれば、8回も改良されている。それだけ、需要と、改良要求がたくさんあったということだ。

しかし、戦車という物理的兵器によって塹壕を突破するという方法は、イギリスが初めて成功したことは、紛れもない事実だ。

*38 正確には、キャタピラーはキャタピラー社の商標で、正式にはクロウラー、日本語で履帯もしくは無限軌道という。

*39 戦車は、英語でtankというが、これは開発の秘匿のために、水槽という名目で予算を出していたからだと言われている。

【浸透戦術】

残念ながら、ドイツは戦車のようなハードウェアを作ることはできなかった。代わりに、戦い方というソフトウェアによって、塹壕を突破することに成功した。それが、**浸透戦術**だ。

浸透戦術は、大規模な塹壕突破を諦め、代わりに少数でも良いから塹壕の向こう側に味方兵士を送り込む。そして、塹壕そのものではなく、敵の後方支援システムを破壊することで、実質的に塹壕を機能しなくしてしまおうという戦術だ。

1. 砲兵により敵歩兵の頭を下げさせ、混乱させる。
2. 突撃部隊は、小規模部隊に分かれる。
3. 防衛拠点などを可能な限り無視して、後方へと浸透する。
4. 後方で、補給・指令の妨害を行うことで、敵軍の運用能力を破壊する。
5. 上級司令部などからの連絡を失った部隊は士気を喪失し、後続の大規模部隊の集中攻撃に降伏・逃亡などする。
6. 敵の前線に大穴が開き、さらに多くの部隊が敵後方へと進軍できる。

浸透戦術の素晴らしいのは、何一つ新しい兵器の開発も必要なく、ただ兵士に戦法を教え込むだけでできる、非常に安上がりな方法だという点だ。

ただし、その代わりに、浸透戦術は、以下のような高度な素養を兵士に要求する。

- 敵に見つからずに敵後方へと進出できるだけの技量。
- 上位指揮官の命令がなくても、独自の判断で戦闘を行う作戦能力。
- 味方の援護も補給も得られない敵後方において、軍事行動を続けられる士気。
- いざとなれば、敵から鹵獲した武器で戦いを継続できる、幅広い武器の知識。

こんな兵士を数多く育てる困難さは、誰の目にも明らかだ。

しかし、貧乏国に生まれた転生者なら、試してみるべきかも知れない。

【毒ガス】

塹壕を突破する、最も安易かつ確実な方法が、毒ガスだ。

近代になって、シーリング技術の発達によって、高圧高温をかけることが可能になった。そして、アンモニア合成が可能になったので、高分子化学が発達し、様々な有機化学物質の合成が可能になった。

第一次大戦までに実用化された毒ガスには、以下のようなものがある。VXガスなどは、20世紀後半の開発なので、本書では挙げない。

名称	発明国	年	特徴
マスタードガス	ドイツ	1859	薄黄色いためマスタードガスと言われるが、実際には辛子とは何の関係もない。皮膚や粘膜を冒し、発がん性もある。
サリン	ドイツ	1902	神経を麻痺させる神経ガスの一種。呼吸器だけでなく、皮膚からも吸収されるため、ガスマスクでは防げない。ナチスドイツですら、大量に製造したものの、使用には到らなかった。 ちなみに、オウム真理教が1995年の地下鉄テロで撒いたのが、サリンである。
ホスゲン	イギリス	1812	化学工業でも多用される原料だが、毒ガスでもあり、第一次大戦で大量に使用された。目鼻喉などの粘膜に触れると、塩酸を生じて、強い刺激を与える。低濃度だと、最初は症状が生じないが、24時間ほど経過してから突然症状が発生することがある。

毒ガスは、以下の点で塹壕に隠れる敵を倒すのに、非常に役に立つ。まさに、塹壕戦を制するために発明された兵器だ。

- ガスなので、着弾地点が多少ずれていても、広がって敵兵を殺してくれる。
- 多くの場合、空気より重いガスなので、塹壕のような低い場所に集まりやすい。
- 1発のガスで、多数の敵兵を殺すことができる。
- ある程度の化学合成技術があれば、作成可能。少量ならば、実験室レベルでも作れる。

しかし、毒ガスは以下のような点で、大変なマイナスがある。

- 卑怯な兵器として悪評が高く、使用した国の名誉ががた落ちになる。

- 敵が毒ガスを使う大義名分ができてしまう。
- 貧乏国でも作れるので、国力で勝る側としては、使うと損。
- 化学薬品なので、後遺症があることが多い。
- 風向きによっては、ガスが自軍の方に流れてきて、被害を受けてしまう。

このようなマイナスがあるため、毒ガスの使用は忌避されるようになった。実際、1925年にはジュネーブ議定書の改正で化学兵器が禁止され、戦争の主要兵器としての毒ガスは廃れていった。

これは、ガスマスクなどの普及によって、正規軍相手には、毒ガスの効果が限定的になったこともある。あまり効果がない割に、条約を守らないならず者国家として名が広まってしまうからだ。

それでも、小規模な戦いや、内戦、特に市民を弾圧する手段としては、かなり後まで使われたし、現在でもおおっぴらにではないが、使われている。

第2節 現代対中世ファンタジー

日本もしくは同レベルの現代国家自体が転移して、過去の世界やファンタジー世界に行ってしまうというタイプの物語も数多い。

この場合、日本は現代戦を戦うのに対し、相手側は当然中世世界やファンタジー世界の戦いを行おうとする。ここに大きな齟齬が発生し、日本に都合の良いことも、悪いことも起こるはずだ。

以下では、地球の昔の時代のような魔法のない世界にのみ相当する話については「中世世界」として説明し、ファンタジーのような魔法や魔物の存在する世界を「ファンタジー世界」として記述する。どちらにも当てはまる場合は、「中世ファンタジー世界」と書くので、区別して読んで欲しい。

✔軍事レベルの差

軍事においては、現代が圧倒的に進歩している。しかし、その差を有効利用できるか、また進歩していると過信するが故の見落としはないかは、きちんと考える必要がある。

中世世界の住人は、技術にこそ遅れているが、決して馬鹿ではない。技術的に遅れているなら、遅れているなりの工夫をして、現代側を苦しめるだろう。

さらに、ファンタジー世界の住人には、魔法やモンスターといった現代には存在しない別の技術・方法論がある。それこそ、対艦ミサイルを防御できるマジックシールドや、巨大隕石を落として数キロ四方を更地にするメテオなんて魔法も、存在するかも知れないのだ。

つまり、どんな中世ファンタジー世界なのかによって、現代側が簡単に勝てたり、苦戦したり、完敗したりするのだ。

○全軍

陸海空、全ての軍において、現代と中世ファンタジー世界では差が存在する。

【指揮権継承】

現代の軍隊においては、指揮官が戦闘中に死亡などによって指揮が執れなくなる可能性を考え、指揮権継承というシステムを作っている。

これは、非常に単純なもので、指揮官Aが指揮を執れなくなった場合、副指揮官Bが指揮を執る。Bも指揮を執れない場合、下級指揮官Cが指揮を執る。このように、組織の誰が指揮を執れなくなっても、即座にその代役が決まるようになっている。これによって、軍隊はどのようなダメージを受けても、軍務を継続することができるのだ。

このようなシステムができた原因の1つは、現代の戦争が、命中率が高すぎ、攻撃力が大きすぎることだ。このため、指揮官や司令部を狙った攻撃が可能で、なおかつ命中させてしまえる。しかも攻撃力が高いので、指揮官が戦闘不能になってしまう。

このため、誰が死んでも軍隊が維持できるように指揮権継承というシステムが生まれた。

では、中世の戦いに指揮権継承が存在しないのは、なぜなのか。それは、昔の人間が、愚かだったからではない。中世ファンタジー世界の住人は、科学技術にこそ疎いものの、決して愚かではない。戦争に関しては、平和ボケの日本人より、遙かにまともな考えを持っている。単に、必要なかったから、発達しなかっただけなのだ。

第一の理由は、軍隊が指揮官のものだからだ。中世ファンタジー世界では、軍隊は貴族が自分の領地の人間（もしくは他の種族）を徴兵して作る。このため、軍隊はその貴族のものであり、他の貴族は指揮する権利はない。貴族が、自ら貸し出すなどしない限り、他の貴族が指揮することはできない。そして、中世ファンタジー世界の戦いでは、それでほとんど支障はない。

というのは、中世の戦いでは、指揮官は滅多なことでは死なないからだ。密集陣形の後ろにいるので、そこまで敵が来られない。弓などなら届くが、指揮官はたいてい貴族なので、立派な鎧を着ていることが多く、また周囲は護衛が守っている。ファンタジー世界なら、魔法による攻撃も来るが、その分だけ魔法による防御もあるだろうから、安全度は変わらないだろう。この状況では、多少の負傷はすることはあっても、指揮が執れなくなるほどの重傷はなかなか受けない。

このため、指揮権の継承などを考える必要がなかったのだ。指揮官が指揮を執れなくなるほどの負傷をするような状況では、既に戦いに敗北し軍は崩壊しているので、後は逃げるだけで、その時の指揮官など考える必要がなかった。

この認識の差を現代戦側は利用できる。

砲やミサイルなどで、敵の指揮官をピンポイントで攻撃し、指揮不能にすることで、中世ファンタジー側の軍隊はあっさりと崩壊する。なぜなら、指揮を執る者がおらず、しかも次席指揮官もはっきり決まっていないからだ。

こうなっては、後は下級指揮官が自分の配下だけを指揮して、絶望的な抗戦を行うか、上手く逃げるかくらいしか手がない。

だが、中世世界では無理だが、ファンタジー世界なら、現代の認識を知ることができれば、それを利用できる。

つまり、指揮官が存在する限り、次席指揮官は指揮を執れないということだ。指揮官のいる司令部を急襲して、魔法で指揮官を洗脳するなり、指揮官と同じ姿に変身するなりして、敗北させるような下手な指揮を行う。現代側は、指揮官が一瞬で洗脳されたり、指揮官に変身したりといった魔法の存在は仮定していないので、対応できない。

唯一可能性があるのが、指揮官がおかしくなったとして司令部の人間が指揮権を剥奪することだが、司令部が急襲されている以上、司令部の人員も殺されているか捕虜になっているか洗脳されているか偽物に入れ替わっている。つまり、通信によって命令を受けているだけの下級司令部は、抗命罪を覚悟して逆らうくらいしか手がないのだ。

【通信速度】

現代と中世の最も大きな違いは、実は武器でも指揮権でもない。通信速度と通信距離にある。

現代では、無線通信により、前線と司令部が離れていてもリアルタイムで通信可能だ。GPSとの組み合わせにより、兵員一人一人の位置まで把握することができる。

だが、中世世界では、最も早い通信が伝書鳩だ。近世になっても、腕木通信までだ。しかも、伝書鳩は巣箱のある位置へ連絡するしかできないし、腕木通信は固定した連絡網でしか働かない。つまり、どちらも進軍中の部隊には連絡できない。結局、進軍中の軍隊に通信を送るには、騎馬伝令が最も早い。もちろん、途中まででも、伝書鳩や腕木通信を利用できるなら、利用した方がマシだろう。

伝令などの移動速度は、以下の表を参考にすると良いだろう。

移動方法	1日当たりの移動距離
騎馬	50km
替え馬を利用した騎馬	60km
駅ごとに馬を乗り継ぐモンゴルの騎馬飛脚	375km
インドの早飛脚	300km
インカの早飛脚	240km
教皇急使（平野部）	100km
教皇急使（山岳部）	50km

つまり、飛脚システムを整備した街道を利用しても、伝令の速度は1日300km程度。そのようなシステムがなければ、1日50～60kmが限界なのだ。

もちろん、短距離を無理して急ぐことは可能だ。例えば、20～30km離れた場所へ、馬を駆って1時間ほどで到着するとかだ。

これは、海軍でも同じことで、通信は船で送るしかない。地球の裏側などに通信を送る場合、何ヶ月もかかってしまう。ヨーロッパ本国で戦争中だった国が講和したとしても、その連絡が世界中に広まるには何ヶ月もかかる。本国で戦争が終わって何ヶ月も経ったのに、東アジアの辺りではまだ戦争が続いていて、戦いがあったりする。

特に世界を股にかけた海運を行っていたスペインやポルトガル、後にはオランダやイギリスなどは、連絡に時間がかかりすぎることに大変な困難を負っていた。

また、海戦でも同じことだ。海戦を行うためには、敵艦隊を見つけなければならない。しかし、広大な海で艦隊を見つけるのは、砂浜で砂粒を見つけるようなものだ。レーダーも監視衛星もないどころか望遠鏡すらない。直接目視では、最大でも水平線までだ。

水平線は、海面からの距離で決まる。目の位置が海面から1.6mだと(身長で1.7mくらい)、約4.5kmだ。この人が、20mの高さに立っている(つまり、視点の高さは21.6m)と、水平線は16.6kmだ*40。

つまり、20mのマストの上から監視していて、同じく水平線の向こうにいる敵艦のマストの天辺(やはり、22mくらいはある)が水平線から見え始めるのが、33kmくらい離れたところだ。つまり、水上から目視できるのは、最大で33kmくらいが限界だし、通常はもっと短い。夜間だとさらに短くなる。第二次大戦の時に、日本海軍の夜間見張り員*41が9km先の船を発見したという記録があるが、これなどは異常な好記録であって、通常は数km先を見るのも困難だろう。

このため、各国の艦隊には、通報艦と呼ばれる見張り専門の高速小艦艇が付属していた。敵艦隊の位置を探るために、艦隊から離れて偵察に出る船だ。しかも、発見したからといって終わりではない。無線機がないので、発見したら即座に自国の艦隊のところまで航行して戻り、発見を知らせるのだ。だが、敵艦隊も航行しているので、発見したままの位置にはいない。それどころか、通報のために戻っても、自国の艦隊ですら、予定通りの場所にいるとは限らない。

このような状況では、そもそも海戦をしようにも、敵艦隊と遭遇するだけで大騒動だ。

日露戦争の日本海海戦が評価されるのは、T字戦法だけではない。本来ならロシア艦隊は、どのコース*42を通るか分からないので、分散配置せざるを得ない(そして、各個撃破の対象となる)。ところが、それを同盟国イギリスの嫌がらせによって艦隊を疲弊させて、最短コースの日本海コースを通らざるを得ないという気分にさせた。そして、そのコースに全戦力を投入するという賭けに出て、それに成功したからなのだ。

*40 もちろん、これは惑星の直径が地球と同じであるという仮定での計算だ。もっと大きな惑星では、水平線の距離は遠くなる。それこそ、地面が球体ではなく平面である世界なら、大気によって光線が散乱するため無限とはいかないが、非常に遠方まで見えるはずだ。

*41 昼間は暗い部屋で待機していて、夜のみ外に出るという徹底した夜間対応訓練を行うことで、夜間視力を確保していたとされる。

*42 歴史通りの日本海コースの他に、太平洋を通って津軽海峡や宗谷海峡を通るコースなど、ウラジオストックに向かうコースは色々あった。

ちなみに、通報艦は、船舶無線が発達する20世紀初頭まで存在していた[*43]。大日本帝国海軍では、1912年まで通報艦が艦種区分に存在した。また、英国海軍のように、通報艦という区分はなくとも、コルベットなどの小艦艇を任に充てる海軍もあった。第一次大戦後には、艦載水上機による捜索が一般化するため、敵艦隊を捜索する艦は使われなくなった。

現代側は、中世側の通信能力と捜索能力の不足を利用し、敵通報艦を沈めて、艦隊の目を奪うことが有効となる。こちらはレーダーで敵艦隊の位置を常時把握しているのに、敵はいつ何処にこちらがいるのか分からない。この状況で敵を疲弊させ、こちらに有利な側から接近して、攻撃を行うことによって、より有利な戦闘が可能になる。

ただし、ファンタジー世界では、魔法によるリアルタイム通信が可能になっているかも知れない。それどころか、会話どころか、精神がつながるような、より強力なコミュニケーションが可能になっているかも知れない。こうなると、逆にファンタジー世界の方がコミュニケーション的に有利になって、現代が通信能力で圧倒される可能性もある。ファンタジー側の通信能力の調査が、現代側に必須であることが分かるだろう。

【非人間軍】

中世世界は良いとして、ファンタジー世界には、非人間種族が存在する可能性が高い。彼ら、非人間種族に、人類の軍事力が通用するのかという問題が発生する。

例えば、現代の軍組織で使用される小銃の口径は、5.56mmが主流だ。しかし、日本では口径5.9mm以下の小銃は狩猟に使用してはならない。また、口径10.5mm以上の銃は、威力が大きすぎるとして使用禁止となっている。

つまり、現代の軍隊で使われている小銃は、狩猟には使えないのだ。これは、野生動物が、人間よりも遙かに丈夫であることが理由の１つである。5.56mm弾を受けた人間は、多くの場合戦闘不能になる。しかし、野生動物はそのくらいの弾丸を受けても、活動を継続できる。熊とかラ

*43 その後も、通報艦という艦種が存在した海軍もあったが、海路警備用の小型軽武装艦の名称として使われていただけで、本来の通報艦ではなくなっている。

イオンとかが相手では、最悪、反撃で人間が殺されてしまいかねない。
　さて、ファンタジーに登場する非人間種族は、人間に競べて物理ダメージに対する耐性はどうだろうか。イメージとしては、エルフなどは、人間並か人間以下と見て良さそうだ。しかし、ドワーフはどうだろう。人間よりも頑健とされる彼らを、5.56mm弾で止めることができるだろうか。
　人型モンスターはどうだろうか。ゴブリンやコボルト程度なら、人間と大差ないと考えることができる。だが、ホブゴブリンやオークは、5.56mmで倒せるかどうか怪しい。さらに、オーガやジャイアントなどは、どう考えても無理そうだ。
　さらに、ファンタジーに登場するモンスターはどうだろうか。ライオンを止められない5.56mmで、ミノタウロスやキマイラを倒せるだろうか。どう考えても無理に思える。
　そこで、より強力な武器が必要となる。だが、どのくらいが必要だろうか。有名どころの銃弾の持つエネルギーを表で見てみよう。エネルギーはジュール換算である。

銃弾	解説	使用例	エネルギー
.22LR	反動の少ない小型銃弾	S&W 317	160
8mm南部	日本独自の拳銃弾	南部拳銃	340
.38スペシャル	日本の警察官が使う	ニューナンブM60	350
.30トカレフ	犯罪組織などでよく使われる安物	トカレフ	580
.357マグナム	拳銃弾の中では非常に威力が高い	コルト・パイソン	1000
.44マグナム	拳銃弾の中では最強の一例	S&W M29	1600
6.5mm	旧日本陸軍の銃弾	38式歩兵銃	2600
7.62mm×63	第二次大戦の米軍の銃弾	M1ガーランド	3500
7.62mm NATO弾	第二次大戦後のNATO標準弾	M14	3300

5.56mm NATO弾	現代のNATO標準弾	M16	2100
12.7mm×99 NATO弾	第二次大戦期の重機関銃弾	ブローニングM2	17000
14.5mm	旧ソ連の対物ライフル	シモノフPTRS1941	30000
20mm機銃弾	戦闘機の機銃や20mmアンチマテリアルライフルなど	MG151 ダネルNTW-20	50000
37mm機銃弾	P39エアコブラが搭載した	アーマメントM4	110000

人間を戦闘不能にするエネルギーが2100Jだとして、他のモンスターを戦闘不能にするエネルギーはどのくらいだろうか。これは、作者が決定するしかないが、猛獣を相手にする場合の銃弾が基本7.62mmであることを考えると、人間型種族で最低7.62mm NATO弾、モンスターなら最低12.7mm重機関銃弾くらいは必要なのではないだろうか。

○陸軍

軍隊の基本は、やはり陸軍だ。現代対ファンタジーの戦いであっても、基本は陸軍同士の戦いになるだろう。

【対軍戦闘】

中世世界の陸軍は、密集陣形でまっすぐ進軍してくる。このような敵に対しては、近世から近代にかけて多くの対策が編み出され、ほとんど無意味になるほど完全に時代遅れになってしまった。

このため、初期の戦いで現代側が無双するのは簡単だ。また、通信能力の不足により、初期の無双状態は現代側が考えるよりは長く続く可能性は高い。ただし、中世側だって対策はとるので、何時までも通用すると考えていてはいけない。

▶機関銃

機関銃陣地があるだけで、中世世界の軍隊は、ほぼ壊滅する。なぜなら、彼らは銃弾に身を晒した状態で密集進軍してくるからだ。これは、機関銃の良い的でしかない。
　これに加えて野砲から迫撃砲までの大小の砲が加われば、中世型の密集陣形をした軍隊など、全く無意味だ。
　ファンタジー世界も、中世世界に似た世界なら、似たような軍隊を持っている可能性が高い。
　中世ファンタジー側も、すぐに密集陣形の不利に気付くだろうが、それまでに膨大な損害を出しているだろう。
　ただし、ファンタジー世界には、オーガなどの丈夫なモンスターがいて、5.56mmNATO弾では、威力が不足する可能性もある。現在多くの軍隊で使われているミニミ機関銃も、5.56mm弾を共通して使用しているので、威力が足りないかも知れない。人間より大きく丈夫なモンスターには、旧型の7.62mm弾、さらには12.7mm機関銃弾などが必要になるかも知れない。

▶塹壕と弓矢

　弓矢と銃弾はその飛行経路が異なっている。銃弾は、多少の降下はあるものの、基本的にはほぼまっすぐ飛ぶ。だが、ある程度以上の距離に向けて放つ場合、矢は放物線を描いて到達する。このため、塹壕があまり防御の役に立たない。なぜなら、矢は斜め上から降ってくるからだ。
　中世ファンタジー世界と戦争をする場合も塹壕は有効だ。ただし、屋根が必要になる。小銃の射程を考えると、長弓なら射程範囲内なので射返してくる可能性は十分にあるし、その場合矢は上から落ちてくるからだ。

▶鉄条網

　鉄条網は、少なくとも騎兵突撃を止めるのに、非常に有効だ。歩兵に対してよりも、騎兵に対しての方が有効なのは、馬は臆病で苦痛に弱い生き物だからだ。しかも手がないので、鉄条網を取り除くこともできない。なんとかするとしたら、結局人間が馬から降りて鉄条網を片付けるしかないが、それでは騎兵の利点はゼロどころかマイナスでしかない。
　ファンタジー世界なら、鉄条網を破壊するのに最も有効なものは、同じく金属や石などでできたゴーレムによって引きちぎることだろう。

ゴーレムは痛みを感じないし、不器用ではあるものの、針金を引きちぎる程度の馬鹿力はある。

▶対人地雷

対人地雷も、異常なほど有効だ。なぜなら、隊列を組んで進軍してくるので、設置した地雷は誰かが踏んでしまうからだ。しかも、現代の散兵戦では対人地雷で倒せるのは１人だが、密集している中世ファンタジー世界の軍隊では、１個の地雷で何人もの敵兵を殺すことができる。しかも、現代戦側にとっては兵員が必要なく、非常に安い*44。現在、対人地雷は世界的に禁止の方向に向かっているが、今ならまだ廃棄前の地雷が大量に残っているし、必要ならノウハウも分かっているから、簡単に製造再開できる。

中世世界の軍隊にとって、地雷地帯は、何が起こっているのか理解もできないし、手に負えないだろう。可能性があるとしたら、戦いの役に立たない民衆を前に歩かせて、地雷をわざと踏ませるくらいしかないが、それは凄惨な光景となるだろう。

また、ファンタジー世界には地雷が存在しないだろうから、もしかしたら魔法使いによる狙撃と考えられるかも知れない。とすると、敵にとっては、進軍している先に魔法使いがいる→脆弱な魔法使いが護衛を連れていないはずがない→進軍先には魔法使いの援護を受けた歩兵がいるということになり、進軍が困難になってしまう。

ネタが割れてしまえば、ファンタジー世界は弱いモンスター（ゴブリンなど）を先頭に歩かせて、力尽くで地雷地帯を啓開するだろう。いくらでも増える雑魚モンスターなど、使い捨てでしかないからだ。

だが、人間に対しては対人地雷を使うのを躊躇ってしまう現代側も、ゴブリン相手なら平気で使えるだろう。しかも、圧倒的に安いので、大量発生のゴブリンvs.大量生産の対人地雷という、ろくでもない戦いが発生するかも知れない。

---

*44 地雷1個数百円程度だ。紛争地帯で安物や古い在庫を購入すると百円を切ることもある。

【特殊作戦】

少人数による特殊戦においては、必ずしも現代側が有利とは限らない。音を立てないために、銃器の類があまり使えないからだ。そして、刃物などの白兵戦兵器を用いるのなら、中世ファンタジー側に一日の長がある。さらに、ファンタジーには有利になるポイントが幾つもある。

▶レベルアップ

ファンタジー世界には、レベルアップによって能力が上昇する世界もある。強敵と戦い倒すことによって、いくらでも強くなっていけるというものだ。もちろん、そんな高レベルキャラクターが大量にいるとは思えないので、大規模戦闘で兵士が高レベルばかりというのは考えにくい。しかし、少人数なら高レベルキャラばかりのチームを作ることも可能になるだろう。

もし、このようなチームを編成できるなら、小部隊の戦闘、特に特殊作戦などにおいて、ファンタジー側の優位は疑いない。常人には不可能な速度、パワー、防御力を持つ特殊部隊は、現代の軍隊を脅かす存在となるだろう。

特に、司令部を攻撃された場合、防ぐのは不可能になる。現代側は、司令部のバックアップと、その位置の隠蔽に、今よりも遥かに手間をかけなければならなくなるだろう。

▶魔法・スキル

魔法やスキルのような現代側の予期しない技術によって、侵入ミッションの成功率を上げることができる。

- 音を消去できるなら、集音マイクによる索敵が不能になる。それだけで、侵入ミッションの成功率は跳ね上がる。透明化の魔法があれば、さらに成功率は上がる。もちろん、現代側もいずれ気がついて、風音や草の揺らぎなど不自然に無音になっているエリアを検知するとか、ソフトウェア的に対策はとるだろう。透明化に対しても、赤外線を探知したり、逆に赤外線や紫外線などのビームを張り巡らせて、それを遮断する存在を検知するなど、対策を立てるに違いない。
- 変身・幻覚の魔法によって、警備兵に化けられるなら、堂々と入り込むことができる。これも、現代側はいずれ気がついて、合い言葉を言わせるとか、パスワードやPIN

コードなどを入力させるとか、網膜や掌静脈による個人識別とか、個人識別用発信器を持たせるといった対策をとるだろう。
・洗脳・支配まで可能になると、合い言葉やパスワードすら対策にならない。こうなると現代側は、前線には裏切り者がいるという前提で、組織を編成するしかない。離れたところにいるサブ指揮ユニットの承認がないと指令を決定できないとか、完全にネットワーク化して前線には一切指揮ユニットを置かないとか、そういった難しい対応を迫られることになるだろう。

○海軍

海軍は、技術の差が最も大きく出る。陸軍なら、多少の技術の差など、数の差で押しつぶすことも可能だが、海軍はそれすら困難だ。

そもそも、中世世界にはまともな軍艦は存在しない。我々が中世の海軍と思い込んでいる帆船に大量の大砲を乗せたガレオン船などは、全て近世になって発明された船だ。ファンタジー世界も中世世界と同じ基準なら、同様だろう。

そのため、海軍に関しては、現代対中世ではなく、現代対近世の比較を行ってみる。

【速度】

何よりも、帆船と動力船の違いが大きい。動力船は風向きを気にせずに好きな方向に向かって進めるし、しかも低速の貨物船ですら、ほとんどの帆船より速い。

下の表で、動力船においては、巡航速度とは、経済的に最も有利な速度のことで、普段はこのくらいの速度で移動している。最高速度は、その船で出せる最大の速度で、その代わり燃料を大量に使用するので、航続距離が半分以下になることが多い。

ヨットを含む帆船では、巡航速度とは、風が都合良ければ、長時間にわたってその速度で移動できるという意味だ。最高速度は、最高記録がそのくらいで、滅多なことではその速度は出せないデータだ。

船種	巡航速度	最高速度
現代の軍艦	20～25ノット	30～50ノット
現代の客船	20～25ノット	30ノット
現代の貨物船	15～16ノット	20～25ノット
現代のヨット	10～20ノット	45ノット
高速クリッパー（速度優先の帆船）	10～15ノット	17ノット
通常の帆船	5～10ノット	13ノット

ちなみに、帆船の速度は、最も速度の出る角度（後ろ～斜め後ろ）から風を受け、風速も適切であった場合のデータなので、風上に向かう場合は、この７割以下だと考えて良い。

つまり、風上に向かって走る場合、現代の船が追いつかれる可能性はゼロだ。動力船側が不調で速度が出なくなっている場合を除き、追いつかれてどうこうという物語は発生しない。

ただし、魔法などの影響は無視できない。風の魔法で、都合の良い風を吹かせて最高速で追いかけてくる帆船（風魔法に適応して、より速度が出る帆を張っているかも知れない）なら、貨物船や客船に追いついてくるかも知れない。

つまり、よほどのことがない限り、動力船で構成されている現代の軍艦は、敵艦に対して好きな距離で戦うことができる。もちろん、背後に守るべき港や漂流中の民間船がいるなど、制約があってそれができない場合もあるが、そうでない限りは、敵の攻撃が届かず、こちらの攻撃だけが届く距離を取って戦うことで、完全勝利も可能だ。

【砲門】

近世の帆走軍艦では、船の左右に大量の大砲を載せている。最大140門艦という、化物のような船まである。しかし、なぜ、この時代の船は大量の大砲を載せているのか。それは、あまりにも命中率が悪いからだ。命中率は１％もない。100門撃って、１門当たるか当たらないかというくらいなのだ。

さらに射程も短い。限界いっぱいで500m、普通は200～300mくらいで撃つ。ガレオン船やキャラック船の全長は40～50mくらいなので、船の全長の5～6倍くらいの距離で撃ち合うことになる。イメージとしては、図で表したくらいの距離だ。相手の顔すら見えるし、怒鳴り声くらいなら聞こえるかも知れない。

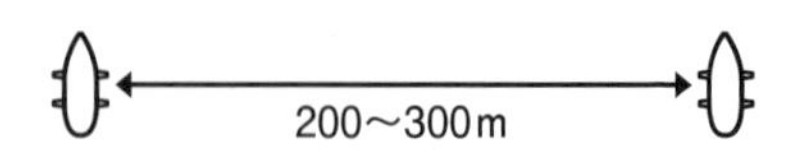

▲大砲の射程距離

しかも、こんな近距離で撃ち合って、命中率が1％以下なのだ。

このような近距離での砲撃戦に、現代側が付き合う必要はない。かといって、対艦ミサイルは高価である。自衛艦で採用されている対艦ミサイルはシースパローだが、このミサイルは1発1億円ほどする。たかが帆船1隻を沈めるのに1億円かけていてはコストパフォーマンスが悪すぎる。最悪の場合、帆船の価格よりも、ミサイルの価格の方が高いという本末転倒なことになる。

その点、自衛艦に装備されているオートメラーラ62口径76mm砲*45の砲弾は、1発10万円以下なので、大変お安い。しかも精度が大変高いので、低速の帆船相手なら百発百中とはいかなくても、大半は命中するので、数発も撃てば沈没してもおかしくない。しかも、砲塔も砲弾もライセンス生産されているので、砲弾だけでなく砲門すら日本国内で増産できるのだ。日本が異世界転移したなら、もはやライセンス料を払わないですむので、さらに安上がりになる。

注意しなければならない点は、徹甲弾*46では木造帆船は柔らかすぎて突き抜けてしまうので、意外と小さな穴しか開かないということだ。非装甲対象用の通常弾を使用しなければならない。

そして、現代の海戦では、1km程度の距離は至近距離でしかない。

---

*45 イタリアのオートメラーラ社の製品で、自衛艦だけでなく、多くの西側艦艇で採用されている、ライセンス生産も含めれば1,000基以上生産された西側海軍の標準装備と言える。オリジナルのコンパット砲は毎分85発、改良版のスーパー・ラピッド砲は毎分120発の速射性能を持つ。砲弾の重量は、カートリッジを含めれば12.5kg、砲弾だけなら5～6.5kgほどだ（砲弾の種類によって異なる）。通常弾の最大射程は16km（有効射程は8km）であるが、射程伸延型のSapomer弾なら20km、Vulcano誘導砲弾（開発中）を使えば40kmになる予定である。また、DART対空用誘導弾を使えば、5km以内の空中の敵を射撃できる。

*46 装甲のある乗り物（戦車や戦闘艦など）の装甲を突き破って中にダメージを与えるために、装甲破壊効果のある非常に固い砲弾。

このため、自衛艦は1km以上離れたところから、76mm砲を、敵艦1隻あたり数発ずつ撃つことで、反撃を受けることなく敵帆船を撃破撃沈できる。速度も圧倒的に速いので、敵が近づいたり遠ざかったりしても、距離を調整するのは容易である。

ちなみに、1990年代以降に建造された護衛艦*47は、オートメラーラ54口径127mm砲*48が搭載されている。こちらは、砲弾1発15万ほどと、多少高価になっているが、その代わり1発当たれば、帆船に大穴が開いて、戦闘不能になるだろう。

注意すべきは、ファンタジー世界の魔法だ。敵の魔法攻撃がどのくらいの距離まで届くのかを確認する必要がある。時には、海鳥などを使い魔にして、その目から見える敵を攻撃できる魔法使いもいるかも知れない。ダイオウイカなどの巨大な海棲生物を支配して、船を襲わせる魔法使いもいるかも知れない。近づく海鳥や海棲生物を排除するシステムが必要になる可能性もある。

○空軍

そもそも、中世世界には空軍など存在しない。空を利用するとしたら、伝書鳩がせいぜいだろう。つまり、中世世界には、空で現代に対抗する手段は一切存在しない。あるとすれば、鳥を射落とす狩人の弓くらいで、パラシュート降下中の歩兵には多少の効果があるかも知れないが、それ以上の役には立たないだろう。

ファンタジー世界には空軍が存在する可能性があるが、その利用の度合いは少ないだろう。空飛ぶ騎乗モンスター、空を飛ぶ魔法、空が飛べるマジックアイテム、空が飛べる種族、いずれも希少な存在で、数を揃えるのは難しいからだ。

このため、ファンタジー対現代でも、ほとんどの場合、空は現代側が支配することになるだろう。

しかし、ファンタジー世界には、現代にない利点も幾つか存在する。それを利用すれば、現代側に一泡吹かせることも可能だろう。現代側は、

---

*47 こんごう型とたかなみ型が127mmを採用している。
*48 76mm砲の拡大発展型。発射速度は毎分45発と低下している。有効射程は、水上15km（最大射程は23km）と伸びている。

これらの点に注意しないと、足元をすくわれることになる。

【対レーダー】

ステルス戦闘機が活躍し始めた現代でも、やはり対空索敵の基本はレーダーだ。

だが、ファンタジー世界は、対レーダーに関して、かなり優位に立っている。

なぜなら、ファンタジー側で空を飛ぶものは、全て生物で、しかも航空機よりずいぶん小さいからだ*49。もちろん鳥もレーダーには映る。だが、何しろ小さいので、通常のマイクロ波レーダーで何百kmも先の航空機を検出するようにはいかない。空飛ぶものの中で最強と思われるドラゴンですら生命体なので、戦闘機よりもレーダーには映りにくい*50。実際、鳥などの調査には、検出範囲数kmの短波レーダーを利用することが多いようだ。

このため、近距離でないとレーダーで検出できない、もしくは検出しても鳥と同レベルで、その辺の鳥と区別できないといったことが起こる。

レーダー誘導ミサイルが、人間サイズの小型目標*51を追尾するようになっているのかは、調査してもはっきりしなかった。全長10mくらいの小型ヘリに反応することは確実なので、グリフォンに乗った人間などには反応する可能性がある。ただ、あまり小さいものまで追尾すると、鳥*52などを追尾してしまって困るので、ある程度以上レーダーにはっきり反応する物体を追尾するようになっているはずだ。すると、人間サイズのファンタジー生物だと、追尾しない可能性もある。現代側は、ファンタジー世界と対峙する時は、この調整を行う必要があるだろう。

【赤外線】

ファンタジー生物は、ジェットエンジンを動かしているわけではない

*49 現代の戦闘機は最低でも全長20mくらいある。そこまで大きいのは、ファンタジーではドラゴンくらいだろう。通常の知的飛行生物は人間くらい、人間を乗せて飛ぶ生き物でも数mくらいで、小型ヘリより小さい。

*50 鳥の群れがレーダーに映るように、大きい固まりになっていればレーダーにもはっきり映る。ただ、金属に競べるとどうしても反射は少ないので、検出が難しく、その分近距離でないと映らない。

*51 空飛ぶ魔法使いや、ハーピー、翼人など。

*52 大型のアホウドリや鷲など、翼長2m以上ある鳥も多い。

ので、ごくわずかな赤外線しか放出していない。現代航空機なみに赤外線を出すとしたら、火を吐いている時のドラゴンくらいだろう。

このため、赤外線誘導ミサイルが、ファンタジー生物を追尾することは、まずないと考えるべきだ。そんなことをしていたら、その辺の鳥を追尾してしまうからだ。

残念ながら、ファンタジー世界と戦う場合、赤外線誘導ミサイルは役に立たないと考えるべきだろう。

【飛行】

航空機の推力と翼を別にした飛行と、鳥などの羽ばたき飛行では、飛び方が全く異なるので、その飛行経路も全く異なる。多くの鳥は、羽根の形状を変えることによって、急激な進路変更を可能にしている。また、一部の鳥は、ホバリングも可能だ。その意味では、飛行経路に関しては、ヘリコプターに近いかも知れない。

ファンタジー生物も、(一部魔法を使っているのかも知れないが) 羽ばたき飛行をしているので、同様のことが可能だと考えられる。

このため、戦闘機などが、ファンタジー生物の急激な進路変更に追従できない可能性は大きい。レーダー誘導ミサイルのセミアクティブホーミング方式*53は、離れたところからでないと有効ではない。

現代側は、離れたところから急速に近づいてファンタジー側が気付く前に一撃し、そのまま離脱するという一撃離脱を基本として戦う必要があるだろう。しかも、敵は小さいので、機銃の命中率は高くない。外れるのが基本と覚悟するべきだろう。巴戦などをしていたら、ファンタジー生物の機動性に勝てないと考えるべきだ。その代わり、生物なので速度は、現代の戦闘機のようなマッハで飛んだりはしていないと思われる。実は、第二次大戦の頃の爆撃機の機銃座のようなものの方が、有効かも知れない。機銃座をレーダーと連動させたら、それが最も強いのではないだろうか。

ファンタジー側は、現代の戦闘機の高速性、および機銃の射程の長さに注意し、基本的には敵戦闘機の真正面にはいないようにする必要があ

*53 発射母体（ミサイルを発射した戦闘機など）がレーダー波を反射し、その反射をミサイルが受けて追尾する方式。

るだろう。常に進路変更をし続けて、一直線に飛び続けるのは避ける。

【音】

ファンタジー側の航空戦力は、基本的に生物なので、エンジン音がしない。現代は、音速で飛ぶことによって、エンジン音よりも先に敵地に到着するという手段があるが、ファンタジー側はそれは難しいだろう。しかし、ファンタジー側で発生するのは、せいぜい風切り音や羽ばたきくらいだ。このため、エンジン音で襲撃に気付くということも発生しない。それこそ、敵基地の近くではグライダー飛行をするという手もある。こうなると、ほとんど音がしないだろう。

このため、ファンタジー側は、奇襲には向いていると考えるべきだろう。

【歩行】

ファンタジー生物も生物なので、地上を普通に歩くこともできる。つまり、数kmまでは徒歩で近づいて、そこから急に飛行して攻撃するという、航空機には不可能な奇襲が可能になる。

現代でそれに近いことが可能なのは、戦闘ヘリだが、それでも、地上10m以上の高さで飛行しなければならないし、その場合は速度が遅いので、エンジンやプロペラの音が聞こえる。

この点でも、ファンタジー側は、奇襲に向いていることが分かる。

以上の利点を考えると、夜間に徒歩で近づいて、最後の数kmだけを飛行し、無音飛行で攻撃を開始するという方法は、ファンタジー側の利点を最も活用した奇襲と考えられる。これによって、敵司令部などを急襲すると、現代側は混乱するだろう。

このように、ファンタジー世界は、空軍力において全般的に劣っている可能性は高い（もちろん、ファンタジー世界の設定によるのだが）。しかし、奇襲性能はファンタジー世界の方が高いと思われるので、現代側の全般的航空優勢と、ファンタジー側の奇襲という戦いが続くと考えるべきだろう。

第3節 戦闘と体調

戦争を行う場合、戦闘時の兵員の体調維持は、軍の能力を完全に維持・発揮するためには、必須の要因だ。だが、それを可能にするには、様々な条件が必要だ。

✔ウォームアップ

スポーツにおいて、適切なウォームアップが良い記録を出すために必要なことだ。とするならば、身体を動かす戦闘においても、適切なウォームアップは是非とも必要だ。それこそ、本人および戦友の生命そのものという、記録などよりもさらに重要なものがかかっているのだ。

だが、スポーツのウォームアップも、どれも同じではない。スポーツによって、適切なウォームアップは異なっている。これは、基本的に運動能力を発揮する時間と、その負荷によって決まる。

そもそも、ウォームアップとは、その名の通り、体温を上昇させることで、より体内での化学反応を激しくし、高いパフォーマンスを出すことにある。しかし、体温を上げすぎると、今度は肉体疲労（筋肉内の高エネルギーリン酸の消耗）によってパフォーマンスが下がる。このため、適切な温めが必要になる。

意外にも、ごく短時間（数～十数秒程度）でハイパフォーマンスを行う運動（100m走とかハイジャンプとか）をする前のウォームアップは、比較的軽い負荷の運動をある程度の時間行って全身を温めると良い。次頁の図Ⓐでも、最大酸素摂取量の60％くらいの負荷の運動を行った時が、最も高いパフォーマンスを出している。そして、それを超えるウォームアップを行うと、パフォーマンスは急速に下がってしまう。このため、過度のウォームアップを行わないことが重要だ。

これは、軽い運動なので、体温上昇はあるものの、筋肉内の高エネルギーリン酸が消耗しない、もしくは消耗しても補えるからだ。だから、ごく短時間の運動を行う時に、筋肉内に満タンになっている高エネルギーリン酸を使うことができるのだ。

それに競べて、5分ほどの運動（中距離走）になると、より高い強度でウォームアップした方が、パフォーマンスを上げている。次頁の図Ⓑ

でも、最大酸素摂取量の70％くらいのウォームアップが最大パフォーマンスとなっている。

これは、少し強めのウォームアップによって、短い時間でウォームアップを終わらせることが重要だからだ。これによって、筋肉を少し酸性化しておく。多少酸性になった方が、筋肉がより酸素を使いやすくなるからだと言われている。

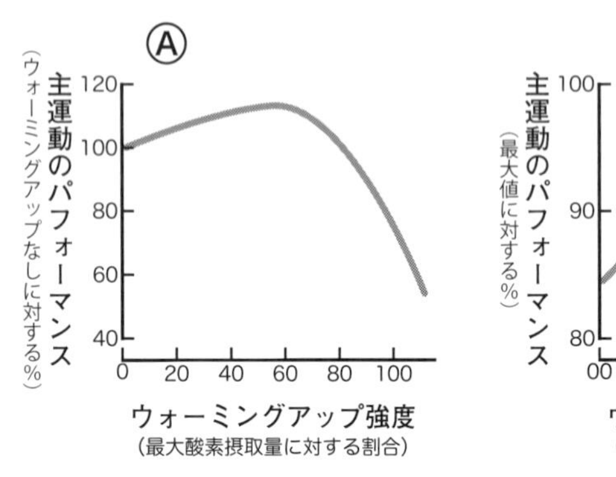

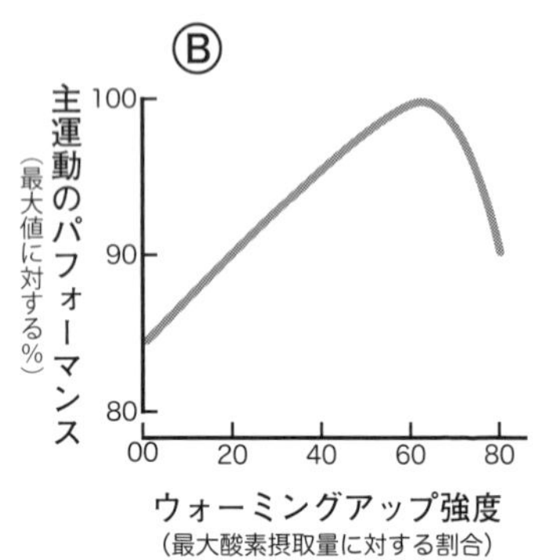

▲ウォームアップとパフォーマンス

戦闘は、多くの場合、数分の戦闘としばらくの待機が繰り返される傾向にあるので、後者の運動のウォームアップを真似ると良いであろう。

だが、最初の一撃に全てを賭けるつもりなら、前者のウォームアップを行うのにも、意味があるだろう。

✔クーリングダウン

運動をした後、即座に休息するよりも、クーリングダウンと言われる軽い運動を行った方が、休息の効果が高い。

これは、筋ポンプ作用の消失がまずいからだ。

激しい運動を行った場合、心臓は血液を送り出すのに必死に働く。しかし、心臓のポンプ作用だけでは、血液を循環させるのには不足なのだ。このため、運動している筋肉の収縮と弛緩を利用した筋ポンプ作用と静脈の弁によって血液を運び、心臓の働きを補佐している。

激しい運動を突然止めてしまうと、この筋ポンプ作用が停止してしまうため、身体は血流の調節に失敗してしまう。最悪、脳が血液不足になってめまいや失神することすらある。

さらに、筋肉の血流も滞り、酸性化した筋肉に疲労物質が滞留してしまう。

クーリングダウンは、運動後も筋ポンプ作用を維持し、血液循環を保つため、筋肉に溜まった疲労物質を速やかに排出し、筋肉の回復までの時間を短縮することができる。

ただし、ジョギングのような、元から運動が激しくない場合には、クーリングダウンは必要ない。

また、激しい運動でも、そのまま強度を緩めていくことができるなら、ことさらクーリングダウンを行う必要はない。例えば、懸命に走るのを終えてから、ジョギングに移り、さらにウォーキングに移って止まるとしたら、それは十分クーリングダウンを行ったことになる。

同時に、ストレッチングを行うと良い。ただし、反動を付けて身体の可動範囲を超えるように動かすバリスティックスストレッチングは、かえって筋肉や腱を痛める。反動を付けないで、ゆっくりと関節可動範囲の限界近くまで筋肉や腱を引き伸ばすスタティックストレッチングを行うこと。

これを勘違いして、かえって腱などを痛めて可動範囲を狭くしている人が多い。中世ファンタジー世界なら、ますます多そうなので、注意しておいた方が良い。

✔休息

スポーツにおいても、１日に何回もパフォーマンスを行わなければならない場合も多い。そのような場合、２回目以降のパフォーマンスの成績は、休息の取り方によって大きく変化する。

戦闘も同じだ。会戦が１日１回だけとは限らない。断続的に何回も戦闘が発生することは多い。冒険者の戦いも、１日にモンスターと１回しか戦わないなんてことはあり得ない。少しの休息の後に、いや最悪の場合休む暇もなく戦うことだってある。

休む暇がないのではどうしようもないが、少しでも休息が取れるとしたら、戦闘などで身体を動かした後は、どのように休息を取るべきだろうか。

人間の身体は、運動後45～90分間ほどは、高体温が続く。しかし、高体温とはいえ、やはりじりじりと体温は下がり、能力は落ちていく。

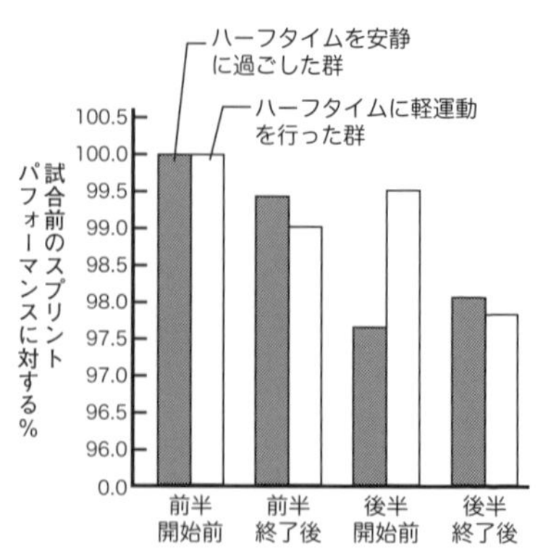

▲休息とパフォーマンス

サッカーを例に取れば、45分戦って、ハーフタイム15分で休息し、45分戦っている。このような、わずか15分の休憩でも、完全に安静に過ごすよりも、ウォームアップを行った方が、パフォーマンスが上昇している。ただし、1回目の前のようなちゃんとしたウォームアップをすると、やり過ぎになるので、クーリングダウン兼用の軽いものにしておいた方が良い。

ただし、サッカーのような短い休息ではなく、数時間経ってから次の運動を行う場合は、既に完全に体温は平常に下がっているので、きちんとしたウォームアップをした方が良い。

運動中

運動を続けていると、体温が上昇し続ける。40℃以上になると、もはや運動を続けることはできない。そこで、体温を効果的に下げる必要がある。特に、脳は温度変化に弱く、また脳の機能が低下すると、まともに運動を続けることはできない。

そのため、高等生物は、脳を効果的に冷やす仕組みを身体に備えていることが多い。犬が走り回った時に、ハァハァと浅い息を連続して行うのも、脳を効果的に冷やすためだと言われている。また、汗腺は年とともに衰えていくが、その老化の程度は頭が最も少ない。つまり、老化しても、脳だけは冷やす仕組みを維持している。

そこで、脳を効果的に冷やす方法だが、人間だと手っ取り早い方法が、鼻孔を大きく開くことだ。マラソンやクロスカントリーなどの長距離競技で、選手が鼻にテープを貼っているのを見たことがある人もいるだろう。あれは、鼻孔をできるだけ大きく開けて、空気を多く流すことで、頭を冷やしているのだ。

鼻孔を1.5倍[*54]に広げて運動を行った場合（図の●)、45分後の体温上昇が、通常時（図の○）に比べて0.2℃抑えられたという実験結果もある。0.2℃というと少ないようだが、体温が1℃上昇するところを0.8℃に抑えられたと考えると、決して無視できる差異ではない。

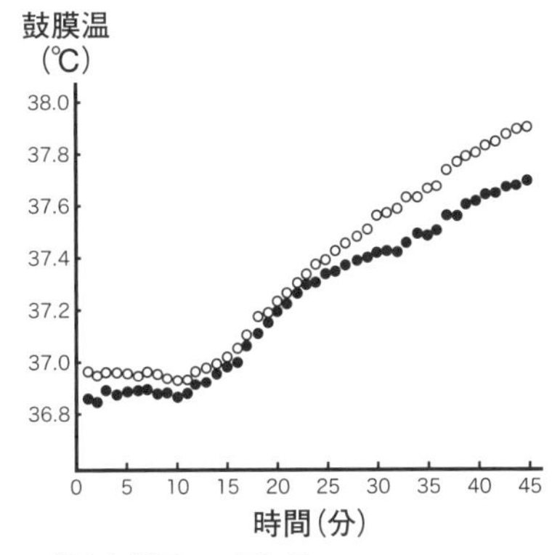

▲鼻孔とパフォーマンス

同じグラフを横に比較するなら、鼻孔を1.5倍に広げれば、45分後の体温が、通常の35分後の体温に等しくなると見ることもできる。もしも、45分経った後で、通常時の35分後に近い動きができるのならば、その効果は大きいと考えるべきだろう。それは戦いでの生死を分けることもあり得るのだ。

＊54 鼻の穴の直径を1.22倍にすると、鼻孔の広さが1.5倍になる。

第4節 科学哲学

戦争は、同時に科学技術の勝負でもある。より進んだ軍事技術を持つ側が、勝利する可能性が高い。そして、軍事技術を支えているのは、科学である。それはなぜなのだろうか。

科学とは、何か。一般には科学の産物（鉄鋼や化学物質やコンピュータなど）を科学と考える人が多いが、それは正しくない。

科学とは、一種の価値体系である。世界を、その価値体系の元で観察し、理解しようとする。その意味では、神学や神秘学と変わらない。

では、なぜ神学や神秘学ではなく、科学が人類に採用され、神学や神秘学は退けられたのか。それには、きちんとした理由がある。そして、その理由こそが、人類を発展させることに成功した原因でもある。残念ながら、我々の世界の神学や神秘学では、人類を現在のような豊かさに導くことはできなかった。

神学では、物事は神の意志によって生じる。事象に対する解釈は、それはいったいいかなる神のどんな意図なのかを理解することにある。このため、事象そのものよりも、神の意志を解釈することが何よりも重要となる。

神秘学は、物事は隠された秘儀によって生じる。事象に対する解釈は、秘儀と事象との関係を考えることにある。また、秘儀を理解している者と理解していない者では、事象の発生や形象が異なる。このため、秘儀を学ぶことが最も重要となる。

このように、神学や神秘学は、属人性が強い。これは、同じ事象を起こしても、人によって結果が異なることを意味している。正しく理解している人のみが正しい結果を得られ、そうでない人は正しい結果を得られない。これは、エリート主義であって、誰もが使える価値体系ではない。このため、神学や神秘学による世界認識は、広く使われることなく、人類社会全体の発展に寄与しない。

逆に言えば、神学や神秘学的価値体系しかない世界に、科学的価値体系を持ち込むことができれば、それは個々の科学技術がどうこうといったレベルを遥かに超えた、圧倒的なチートとなるのだ。

その科学と、神学や神秘学との違いは何なのだろうか。

✔科学であるものの範囲

あるものが科学であり、別のあるものは科学ではない。では、科学であるかどうかは、どうやって判断できるのだろうか。

簡単に言って、反証可能性と再現性にある。

○反証可能性

科学は他の価値体系と、明白に異なる部分がある。それが、**反証可能性**だ。反証可能性があるにもかかわらず、反証されない仮説が、基本的に正しいものとされる。これが科学的態度と言われる。

逆に言うと、以下のような行為は非科学的もしくは似非科学的態度とされる。

- 反証された説を、反証を無視して唱え続ける。水素水のような無意味なサプリメントや、代替医療などの、ニセ科学に多い。
- 反証可能性のない説を、反証がないからと言って正しいと主張する。神学のような、信念によって立つ説に多い。

反証可能性とは何か。

反証とは、ある理論が間違っていることを証明することだ。つまり、反証可能性とは、仮説が実験や観察によって、正しいか誤りであるかを判定することができることを意味する。反証可能性のない仮説は、科学の対象ではない。つまり、科学ではない。

例えば、「神は存在する」という仮説、これは神学では仮説ではなく当然の理だ。だが、神が存在しないことを証明することは不可能である。つまり、反証可能性がない。よって、「神が存在する」という説は、科学ではない。ただし、科学でないから悪いというわけではない。ただ、その部分は科学ではないので科学的方法論が使えないというだけだ。

逆に、「水は100℃で沸騰する」という仮説は、実際に100℃にしてみて沸騰するかどうかを確認することができる。つまり、反証可能である。よって、「水は100℃で沸騰する」という仮説は科学である。

ただし、科学であることと、正しいことは必ずしもイコールではない。時には間違った仮説が出て、その誤りを発見することも、科学の一部だからだ。例えば、水が100℃で沸騰するという科学理論を確認してみよう。実際に様々な条件で実験してみると、高山などでは80℃くらいで沸騰する。つまり、その仮説は正確ではなく「水は、1気圧において100℃で沸騰するが、気圧の上下によって沸点も変化する」というのがより正しい科学理論である*55。

このように、科学理論であるならば、反証できても、反証できなくても、科学は進歩する。

結論としては、反証できないものは科学ではない。本来、社会科学なども、科学を称する以上は、この反証可能性を持たない説を唱えてはならない。しかし、残念ながら、社会科学者の中には、このことが分かっていない人間もいる。

例えば、この世には「ないことをないと証明せよ」などという、反証可能性のない発言を平気でする人間もいて、困ったものである。この手の「悪魔の証明（絶対に証明できないこと）」を求める人間は、人を騙そうとしている人間、もしくは非論理的なことを主張する頭の悪い人間なので、どちらであっても信用してはならない。

ただし、話す相手が愚かだと分かっているなら、最初から騙すつもりで、この手の悪魔の証明手法を用いて敵対勢力を攻撃することは、詭弁の一種として成立する。

○再現性

科学が、他の価値体系と異なるもう1つの面が、**再現性**だ。

同じ条件下で、同じ行為をすれば、同じ結果が得られる。これを再現性という。これによって、科学は普遍性を得ている。条件さえ整えれば、何度でも同じことを行えるのだ。これは、2つの利点がある。

- その説が正しいかどうかを、多くの人間が確認することができる。このため、説の正否を誰もが検証できる。こうして多くの人によって検証された説は、正しい可能性が非常に高い。
- 科学的方法で行う行為は、毎回同じ結果を出す。つまり、科学的方法で生産すれば、毎回同じものを製造することができる。これは、人間の経済的営みにとって、非常

*55 厳密に言うと、現在は温度の定義が変わったため、標準気圧における水の沸点は、99.974℃である。

に有効だ。

この科学の再現性を利用することで、人類は進歩してきた。

同じことをしているのに、ある時は食べられる食事が作れて、別のある時は毒物が作られる。このような状況では、安心して食事すらできない。再現性のある科学的方法は、非常に有効である。

✔科学的方法論

物事を研究する場合、科学的方法論を使うと、その研究結果が正しくなることが多い。少なくとも、根拠なしに勝手な妄想を唱える疑似科学などに比べれば、何万倍も正しい。

その方法論は、大きく分けて２つある。

○枚挙的帰納法

数多くの例を集めることで、それが普遍的に正しいことを主張するというもので、実は絶対的に正しい方法論ではない。

例えば、

- カラスAは黒い
- カラスBは黒い
- カラスCは黒い

　　：

- 全てのカラスは黒い

つまり、カラスを次々と調査していって、黒いものばかりが連続して続くことから、きっと次に調査するカラスも黒いだろう。つまり、全てのカラスは黒いだろう。そう予測するのが、枚挙的帰納法だ。

これは、古代より博物学などで主に用いられてきた手法で、科学的予測ではあるものの、科学的に正しいわけではない。今まで観察してきた全てのカラスが黒かったとしても、以下のどちらの場合もあるからだ。

- 本当に全てのカラスは黒い。

・今まで観察したカラスは黒かったが、この世には黒くないカラスもいくらかいる。

もちろん、調査したカラスの数が多い場合、前者である可能性が高まる。しかし、例え1匹でも白いカラスが存在していたら、「全てのカラスは黒い」という予測は崩壊する。

では、枚挙的帰納法には意味がないのか。そんなことはない。

枚挙的帰納法は、以下の2つの意味で役に立つ。

・正しい可能性のある仮説を提出できる。
・正しい可能性が高い仮説がどれなのか分かるので、優先して検証すべき仮説が何かを教えてくれる。

数多くのカラスが黒いことが確認できれば、全てのカラスが黒いという仮説は正しい可能性が高い。また、数多くのカラスが黒いなら、全てのネコが黒いという仮説よりも、全てのカラスが黒いという仮説の方を優先的に検証すべきだ。それが正しいことを確認できれば、正しい科学理論となる。

○仮説演繹法

ある仮説が正しいかどうかを確認するため、演繹法を用いて、仮説から様々な結果を求め、それが正しいかどうかを確認する方法。

仮説：雨が降れば、全ての人は傘を差す。

この仮説が正しいかどうかを確認するために、色々なデータを集める。

条件１：ジョーンズは雨の日に出かけた。
予測１：ジョーンズは傘をさす。

条件２：ジェーンは雨の日に出かけた。
予測２：ジェーンは傘をさす。

こうやって、幾つもの条件データを集めて、予測が正しいかどうかを確認する。そして、全ての予測が正しいのなら、仮説「雨が降れば、全ての人は傘をさす」が正しい可能性が高まる。

もちろん、仮説演繹法も、科学的に正しいことを保証してくれない。ジェーンが傘を差し、マイケルも傘を差し、ベスも傘を差したとしても、調べていってジャックが傘を差さなかったら、やはり仮説は誤りなのだ。

○帰納的推論

枚挙的帰納法も仮説演繹法も、帰納的推論の一種である。これらは**斉一性原理**というものを仮定している。つまり、「これまで観察してきたものと、今後観察することになるものは、相似である」という仮定だ。

今まで観察してきたカラスと、今後観察するカラスが相似だからこそ、枚挙的帰納法は成立する。また、今までの傘の扱いと、明日からの傘の扱いが似ているから、仮説演繹法を使うことができる。

これらの考え方は、論理的には正しくない。今後白いカラスが登場するかも知れないし、それを否定することは不可能だからだ。

しかし、それでも、これは科学的方法論として正しいとされる。

つまり、より正しい仮説が登場するまでの妥当な仮説を提供してくれるからだ。

ニュートンの運動法則は、現在ではアインシュタインの相対性理論によって否定され、厳密な意味では正しくないことが分かっている。

では、ニュートンの運動法則には意味はないのか。

そんなことはない。

アインシュタインの相対性理論が登場するまで、ニュートンの運動法則は最も正しい仮説として、様々な運動計算を行い、正しい結果を出してきた。ニュートンの法則から仮説演繹法によって求めた運動する物体の位置や速度などの計測値。太陽の回りを回る惑星の位置。その他の様々な運動計算を行うと、実際のデータと非常に良く一致したからだ。

このため、運動する物体の位置や速度を運動法則によって計算することで求めても良いと、人々は信じるようになった。18世紀頃には、ニュートンが物理法則を完全に解明してしまったので、もはや物理学者のやることは、細々した問題を解くことしか残っていないとまで言われていたほどだ。

ニュートンの運動法則が信用できなくなったのは、光速もしくはそれに匹敵する速度で移動する物体の運動を計測できるようになったからだ。

特に、光の運動の計測を行うと、実測値と計算値が合わない。これによって、ニュートンの法則を包含する、より高度な仮説が必要になった[*56]。そして、そのような仮説が数多く出された中で、アインシュタインの理論が最も正しい可能性が高いとして、現在の科学において採用されている。

このようにして、科学は進歩してきた。仮説の実証を積み上げて、その正しさを確認する。逆に、実証しようとして異なる結果が得られたために、新たな仮説を立てる。この２つが、科学を進歩させてきたし、その恩恵を人類は受けてきた。

アインシュタインの相対性理論も、実は幾つかの穴があって、その穴を埋めるべく、より進んだ理論が幾つも提案されている。今のところ、相対性理論より正しそうな理論が存在しないために、今のところ相対性理論が勝利している。しかし、いつかは相対性理論と比べて、より正しい理論が登場して、そちらが正しい理論の地位を得るだろう。

それが科学の進歩というシステムであり、人類が勝利してきた方法論でもある。

✔ファンタジー世界と科学

厳密性を持った学問は、何であろうとも、科学的方法論を採らざるを得ない。それは、中世世界であろうと、ファンタジー世界であろうと変わりない。古代の人間も、科学的方法論を使っていた。例えファンタジー世界の人間であろうと、学問を行う限りは、完全ではないかも知れないが、科学的方法論を採用している可能性は高い。

多くの人は誤解しているが、反証可能性があり、再現性のある学問体系ならば、それは科学なのだ（だからこそ、社会科学という分野が存在する）。分子や原子があって、化学反応を行うものだけが科学ではない。

このため、ファンタジー世界の魔法が充分に研究されているのなら、再現性を持つ科学的方法論を採用している学問である可能性は十分にある。ある条件（魔力が最低○○以上ある人間が、特定の呪文を唱えるな

---

*56 この仮説の条件は、２つある。１つは、運動する物体が光速に比べて十分低速である場合は、ニュートンの運動法則とほとんど同じ結論を出す。もう１つは、光速に近い速度で動く場合は実測値に近い結論を出す。ということだ。

ど）の下で、常に同じ結果（同じ魔法がかかる）が得られる場合、それは魔法を再現性のある科学的方法論によって使っているということだ。

つまり、反証可能性があり再現性のある魔法体系ならば、それは十分に科学である。マナを使っているから科学ではないなどと言っていたら、科学者に笑われてしまうだろう。マナの存在が論理的に説明でき、マナの存在を再現性のある実験によって検証可能であるならば、マナだって科学の対象として扱って構わないのだ。

その意味では、ゲームの魔法は、科学であると言いきっても問題ない。ゲームというルール上で遊ぶ以上、科学的に作らざるを得ないからだ。

また、小説やアニメのような創作の場合でも、科学としての魔法体系を作ってしまう作家は多い。というのは、作家も子供の頃から科学を学んできたために、ついつい頭が科学的に考えてしまう。そのため、ファンタジー創作を行う時にも、その魔法をついつい科学的体系として作ってしまいがちだからだ。

そして、科学ならば、科学的方法論や、論理学を使用することができる。つまり、魔法研究に、現代の科学的方法論を用いて、より効率的な研究を行うことが可能になるはずだ。

数学者が異世界に転生して、集合論群論体論などを用いて魔法学を進歩させる小説を、誰かが書く日も来るかも知れない。実際に、『大魔導士の召喚―魔法プログラマー@ウィズ』という小説では、異世界転移したハッカーが、魔法の呪文体系が一種のプログラミング言語であることを発見して、魔法を発展させて、活躍している。

この方法論は、魔法の呪文だけでなく、錬金術やマジックアイテムといった物の製作、モンスターの生態などにも適用可能だろう。中世ファンタジーの世界では、それら技術は、恐らく体系化されていないと思われる。現代科学の方法論を適用できれば、それら技術に学問的体系をもたらし、その体系を基礎にした進歩をもたらす可能性が十分にある。

そもそも、現代化学だって、昔は錬金術だったものに科学的方法論を適用して、進歩したものなのだ。同様に、魔法の世界において、昔は魔法だったのものに科学的方法論を適用することによって、進歩した魔法学にならないとは誰も断定できないのだ。

○パラダイムとは何か

パラダイムとは、科学史の研究者トーマス・クーンが科学の発展モデルを検証していて考えたもので、世界の理解に関する枠組みを表す。もっと短く言うと、「世界観」とか「基本概念」といったものだ。

例えば、天文学は長らく天動説というパラダイムを採用し、その中で精緻な論理を組み立てていた。その論理は、少なくとも当時観察されていた事実を余すところなく説明していた。その意味では、当時の天動説は正しかったのだ。

しかし、ケプラーの『天球の回転について』によって、地動説がやってきた。それまでにも地動説は存在していたが、天動説に比べて特に利点はなかった。地動説で説明できることは天動説でも説明できたので、わざわざ地動説を採用する意義が存在しなかったのだ。

つまり、既に存在して広く共有されているパラダイムと、新しいパラダイムでは、基本的に既出のパラダイムが優先される。それは当然のことだ。既出のパラダイムは多くの科学者によって長い期間研究され、細かい部分まで論理化されている。わざわざ新しいパラダイムを採用して、それらを全部やり直すなど無駄な努力にしか見えないだろう。

だが、技術が進歩して観測精度が上昇するにつれて、天動説だと辻褄が合わないことが少しずつ現れてきた。これによって、天動説というパラダイムに揺らぎが生じてきたのだ。

つまり、新しいパラダイムが採用されるのは、既出のパラダイムに問題が生じた時だ。ケプラーの地動説も、天動説で計算の合わないことが幾つも生じて困っていたところに、より計算の合う説として登場したからこそ、徐々にではあるものの受け入れられたのだ。

コペルニクスの地動説が受け入れられず、ケプラーが受け入れられたのは、ケプラーの地動説が、より単純かつ正確なものだったからだ。

ここで、正確であるというのは、納得できる。惑星の位置などに関する計算結果が、それまでものよりもずっと正確であることが証明されれば、そちらの方が正しいと理解されるのは当然のことだ。だが、単純であるとはどういうことだろうか。それは、オッカムの剃刀（かみそり）で説明される。

○オッカムの剃刀(かみそり)

オッカムの剃刀とは、思考節約の原理ともいう。「何かを説明するためには、必要がないのなら多くを仮定しない方が良い」という考えだ。

例えば、『疑似科学と科学の哲学』では、「外から力がかからない物体は、神が等速でまっすぐに動かし続けている」という説に関して、「神が」という部分は説明に不要なので必要ないとしている。

「神が動かしている」という仮定がなくても、単純に「物体自体がそう動く」とした方が、神という存在を仮定しないですむだけ、仮定が少ない。ならば、そんな仮定は外してしまった方が良い。

また、アインシュタインは「自然は単純を好む」と言っている。これも、似たような意味だが、少し違う。同じことを説明する場合、理論図や理論式が単純である方が正しい可能性が高いという主張だ。

天動説は、精緻な理論を形成していたが、惑星の移動を説明するために、周天円というものを仮定していた。水星や金星などの惑星は、地球の周りを回っているのではなく、地球の周りを回る太陽の回りを回っている（つまり、現代で言う衛星のようなもの）という仮定だ。

これと、地動説を比較すると、明らかに地動説の図の方が、単純である（当時は月以外の衛星は発見されていなかった）。このため、地動説を考える天文学者が絶えることはなかった。ただ、地動説のパラダイムが有効になるまでは、地動説が有力になることもなかった。

科学は、このオッカムの剃刀という概念と、パラダイムの変換によって、進歩してきた。

✔数式

物事を数式で表現すること。これは、理論の抽象化と定形化に役立つ。

抽象化できれば、同じように抽象化できる他の事例にも適用できるということだ。つまり、より広い場面で使えるようになる。

定形化できるということは、常に同じ方法で問題が解けるということだ。つまり、方法さえ覚えておけば、誰でも解けるのだ。だが、中世ファンタジー世界には、まともな数式が存在しないので、よほど頭の良い人でなければ、数学的計算を行うことができない。これを解消するだけで、様々な問題が解決できる。

○なぜ中世ファンタジー世界の住人は計算ができないのか

なぜ、中世ファンタジー世界の住人は、計算ができないのか。彼らの知性が劣っているわけではない。ただ、計算するための環境と教育の不足による。計算しやすい数字体系を持っていなかったために、高度な教育を受けない限り、ちょっとした計算すら不可能だったのだ。

逆に言うと、計算しやすい数字体系と、ある程度の教育によって、計算のできる人間を桁違いに増やすことは可能なのだ。

【ヨーロッパの場合】

古代文明の時代、数式というものは存在しなかった。その点では、エジプト文明でも、バビロニア文明でも同じだ。「1＋1＝2」と簡単に式で書くことはできず、「1と1を足すと2になる」といちいち書かなければいけなかった。

しかも、アラビア数字[*57]も使われていなかったので、それぞれの言語の文字で書かなければならなかった。つまり、「147」と書かずに、「one hundred and forty seven[*58]」「CXLVII[*59]」などと書いていた。

「MCMLXIV とCXLVIIとを乗算せよ」と言われたら、しかも途中の計算もアラビア数字を使ってはいけないとしたら、我々でもできるかどうか怪しい。「1964×147＝」なら小学生の問題なのだが。

こんな数字表記しか使えない状況で、巨大帝国を作り上げたローマ人は、どれだけ優れた人々だったのだろうか。

いちいち「加える」とか「掛ける」と書かずに、「＋」や「×」記号が使えるようになったのは、古代も終わりかけた3世紀のことだ。このため、中世ファンタジー世界では、「＋」や「×」くらいまでは使うことができるだろう。

しかし、アラビア数字がヨーロッパに伝来したのは10世紀のことだし、広く使われるようになったのは13世紀になってからのことだ。つまり、

---

*57 10203といった数字のこと。本当は、インドで発明されたものが原型なので、インド数字と言うべきだが、ヨーロッパ人がアラブ人から学んだので、ヨーロッパではアラビア数字と呼ばれる。

*58 もちろん、中世の英語は古英語なので、現代の英語とは異なっていたが、綴りが多少違う程度で文法などは似たようなものだった。

*59 ローマ数字。最大で3999まで表記できると言われるが、実際には1000までの数値を繰り返すことで、より大きな数も表記できる。ヨーロッパでは数字を3桁ずつに区切るが、これはローマの影響かもしれない。

中世前期から中期にかけての時期は、アラビア数字は知られておらず、「one thousand nine hundreds and sixty four × one hundred and forty seven」であって、面倒なことに変わりはない。
さらに、「＝」は、中世がほとんど終わりかけた1557年にウェールズの数学者ロバート・レコードによって発明されたものなので、中世後期になっても、「1964×147は288708に等しい」と書かなければならなかった。
つまり、現代の我々のように、「1964×147＝288708」と書けるようになったのは、16世紀以降のことなのだ。
アーサー王は５世紀頃の人なので、アラビア数字は確実に知らないし、当時のイギリスは後進地域だったので、「×」などの算術記号を知っていたかどうかすら怪しい。
このため、中世ヨーロッパ、およびそれに似たファンタジー世界でなら、アラビア数字と算術記号を導入して、計算を素早くできる人間を育成し、それによって高度な統治機構を作ることが可能だ。大きな国を作るためには、大きな桁の計算ができる下級官僚が大量に必要だからだ。
幸いにして、庶民レベルでは、そもそも識字率が低すぎて、数字を書ける人間も少ない。このため、最初からアラビア数字を教えれば、混乱することもない。逆に、教養の高い人間の方が、学んだ知識が無駄になり、計算能力の持ち主という既得権益を失うことを恐れて、アラビア数字と数式の導入に反対するかも知れないので、注意すべきだ。

【東洋の場合】
東洋ではどうだったのか。
中国では、紀元前から計算をする時には算木という棒を使った計算道具を使っていた。この算木による計算は、アラビア数字による位取り計算と同じく、位置によって桁を表していたので、現代の我々とあまり変わらない速度で計算ができた。また、筆算をする時も、漢数字を使うよりも、算木を文字で表した算木数字を使っていた。この圧倒的に優れた計算能力があることによって、中国は古代に巨大な帝国を作ることに成功した。
このため、アラビア数字はヨーロッパよりも早く８世紀には伝来していたが、わざわざ算木数字を置き換えるほどの便利さを感じなかったのか、ほとんど普及しなかった。

算木を使うと、連立方程式や開平法による平方根の計算なども可能だったので、この時代には、明らかに数学は中国の方がヨーロッパよりも遙かに進歩していた。

さらに、13世紀には算盤が普及し、算木よりもさらに高速な計算ができるようになったために、算木の技法は衰える。おかげで、算木による方程式の解法などが失われてしまったほどだ。

そのため、アラビア数字を導入して、計算を早くできるようにするチートは、中国では使えそうもない。

ただし、13世紀以前なら、算木の進歩した形である算盤を導入することで、より高速な計算ができる。そして、より高速な計算ができれば、より整備された官僚機構が作れるので、大帝国の管理が行いやすくなるだろう。

○方程式

数学の問題を、未知数を含んだ**方程式**で表して解くということは、様々な数学上の計算を1つの汎用的な方法で解決できるので、大変便利だ。方程式は、**変数**という概念を発明することで成立した。

ちなみに、方程式に必要な“＝”記号は、中世末期の1557年にウェールズの数学者ロバート・レコードによって発明されたものなので、中世ファンタジー世界では方程式というもの自体が存在していないと考えて良い。

このため、方程式を発明することで、数学だけでなく、物理・科学などの問題をより簡単かつ高速に扱うことができる。つまり、数学や物理の問題を、転生者だけでなく、その地に生まれた人々の才能を使って解くことができるのだ。

○関数化

関数は、17世紀の数学者ライプニッツによって発明された数学的概念だ。

変数式によって、ある値から別の値を求めることができる、その関係を表す*60。

これによって、特定の数値と数値の対応ではなく、変化する数値と別の変化する数値の間の関係というものを考えることができるようになった。

これによって、様々な物理理論を明快かつ簡単に表現できるようになった。関数という概念がなければ、弾道計算を行うこともできない。

つまり、戦争で大砲を利用して勝利しようと考えるなら、最低でも方程式から関数くらいまでの数学を、将校に教える必要がある。

将軍編

✔統計学研究グループの成果

第二次大戦において、大日本帝国は学者をほとんど利用しなかったが、アメリカは多くの学者を動員した。

彼らが行った幾つもの成果が、アメリカが日本やドイツを打倒する役に立った。日本は、戦争に学者を利用しようという発想がなかったために、唯でさえ不利な戦争を、さらに不利にしてしまった。

確かに、学者の成果は、即座に戦局に影響するものではない。しかし、時間が経てば経つほど、その効果はじわじわと効いてきて、最終的には大きな差となる。

その中でも、最も有能とされたのが、統計学研究グループ（SRG）だ。

SRGの成果の1つに、飛行機の装甲問題があった。

味方の飛行機を、敵戦闘機の攻撃からどうやったら守れるのか。

装甲を厚くすれば、機銃弾にはより耐えられるだろう。しかし、重い飛行機は、速度も遅く運動性も悪くなり敵の攻撃が命中しやすくなる。さらには燃費が悪くて航続距離が短くなり、着陸している間に攻撃される可能性が高まる。それはそれで飛行機を危険にしてしまうだろう。

装甲を薄くすれば運動性が上がって、敵の機銃弾を避けられる可能性が高まる。しかし、装甲が薄すぎる飛行機は、1発の銃弾でも致命的だ。こちらもやはり危険であることは間違いない。

では、飛行機のどの部分に、どのくらいの装甲を施すのが最適解だろうか。何らかのデータが必要になる。

*60 現代では、より広い概念となり、ある集合から別の集合への写像であると考えられている。

日本では、データなど全くなしに、設計者の思い込みで作られた。さらには、低いエンジン製造能力による性能の低いエンジンをカバーするため、ほとんど装甲を付けなかったので、そもそも意味がなかった。

だが、アメリカではそのような根拠のない行動は認められない。そこで米軍が用意したデータが、飛行機に残された弾痕とその数だ。戦闘後の飛行機のどこに弾痕が残っていたのかを記録し、それを飛行機の部位ごとにまとめたものだ。1平方フィート（アメリカなのでフィートを使っていた）あたりの弾痕の数は、以下の表のようになっていた。

機体の部分	平方フィートあたりの弾痕数
エンジン	1.11
胴体	1.73
燃料系統	1.55
その他	1.8

まず、このようなデータを作成していた時点で、日本は負けている。大日本帝国は、このようなデータを集めようともしなかった。だがアメリカは、データを記録し、大規模に集めた上で、統計学者に検討させた。この時点で、日本の勝利はあり得ない。例え、日本とアメリカの人口が同じで、資源も同じだったとしても、勝てなかっただろう。

さて、このデータを見て、どう考えるべきだろうか。単純に考えると、胴体に多くの弾痕があるのだから、胴体を装甲すれば良いと考えるかも知れない。

しかし、SRGはそう単純には考えなかった。

そもそも、飛行機に機銃を撃った場合、部位によって当たりやすさに差があるだろうか。確率を考えれば、そんなことはあり得ない。機銃は、確率分布によってばらけて命中し、それはどの部位でも変わらないと考えるのが自然だ。

では、なぜ部位によって弾痕の数が有意な差を表すのだろうか。

それは、墜落した飛行機に命中した弾痕を記録していないからだ。軍が記録できたのは、機銃が命中したものの、それでも帰還できた飛行機に付いていた弾痕だけだ。
つまり、エンジンに着弾した飛行機は墜落してしまうので、エンジン部への弾痕が少ないと考えたのだ。そして、逆に考えると、着弾しても無事帰還できる確率は、胴体部はエンジン部の1.73÷1.11≒1.56、つまり着弾した場合の胴体部の生還率はエンジン部の1.56倍だと考えたのだ。
機銃に1発当たった時点での、それぞれの生還率は分からない。分かるのは、互いの比率だけだ。
例えば、墜落した飛行機についた弾痕も合わせて記録できた場合、平方フィートあたりの弾痕数が、どの部位もn発だったとしよう。それは、n発中、上の表の数の弾痕は何とか無事に生き残れたという意味なのだ。
つまり、胴体部に命中した場合、1.73/nの確率で無事生還できた。ところがエンジンの場合は、1.11/nの確率しか生還できなかったということだ。もし、n=3ならば、胴体部は57%の生還率、エンジン部なら37%の生還率だ。これが、n=4ならば、胴体部は43%の生還率、エンジン部なら28%の生還率だ。
いずれにせよ、1発命中した場合の生還率は、胴体部はエンジン部の1.56倍であることに変わりはない。
ならば簡単だ。まずはエンジンに、次いで燃料系統に装甲を施すべきだ。
もちろん、これで飛行機が全く墜落しなくなるわけではない。この装甲を施した後でも、戦闘機に襲われた飛行機は墜落し続けるだろう。
だが、この施策によって飛行機の生還率が数%でも上昇すれば、何度も戦っている間に彼我の差は圧倒的になる。
戦争の勝敗は、あっと驚く作戦によって決まるのではない。何度も何度も繰り返される平凡な戦いにおいて、兵士の生存率を敵より数%でも高く保ち続けた方が勝利するのだ。燃料弾薬を数%節約できた方が勝利するのだ。兵站輸送の損失を数%少なくした方が勝利するのだ。
これこそが、戦争の無味乾燥な本質であって、戦場のロマンなど薬にするほどもない。そして、このような結論、いかに味方の損失を減らし、敵の損失を増やすか。もっと露骨に言うならば、味方の死者1人あたりの敵の死者数を増やした上で、味方を効率よく殺すかが、勝利への道なのだ。そして、このような問題を解決するのに、統計学ほど有効なものはない。

国力や資源といった物理面だけでなく、学術という人材面においても、アメリカの勝利は必然だったと言えよう。

✔世界は線形か

リバタリアン（経済的自由放任主義者）とコミュニスト（共産主義者）は、経済的規制と繁栄の関係をどう見ているのだろうか。

リバタリアン（その中でも原理主義に近い人々だが）は、経済を自由にすればするほど社会は繁栄すると見ている。つまり、経済的自由度と繁栄度はプラスの線形性を持つ。

①リバタリアンの世界
繁栄度
経済的自由度

▲①リバタリアンの世界

ともかく、リバタリアンの世界観に合わせて考えるなら、経済的自由度は上げれば上げるだけ良いのだ。

税金はできるだけ安くし、色んな規制は取っ払い、自由な経済活動ができることが、社会を繁栄させ、人々を幸せにする。そう考えているのだ。

逆の立場にあるのが、コミュニストだ。コミュニストの世界では、政府の役割が大きい。政府が関与して、人々の必要を満たすことが重要だ。経済を自由にすると、資本家が無限に富をかき集め、労働者から搾取するからだ。

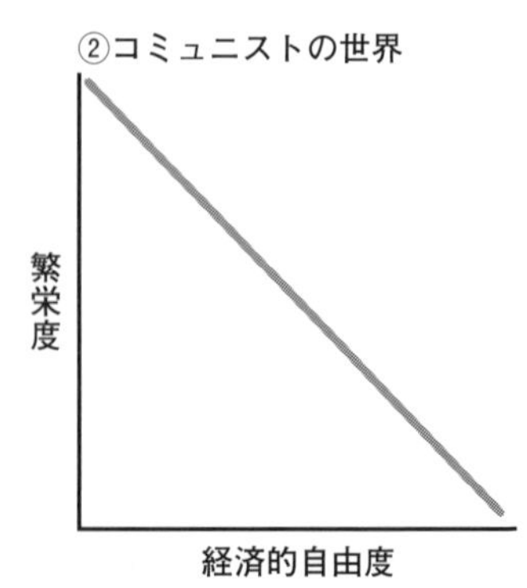

▲②コミュニストの世界

つまり、経済的自由度が低い方が、社会全体としては繁栄すると考えているのだ。

いずれの場合も、彼らは世界は線形だとみている。線形とは、2つのデータを数値化したものが、直線グラフで表せるという意味だと思ってもらって良い。

つまり、彼らは片方の数値を上げると、もう一方の数値はずっと上がり続けるか、もしくは下がり続けるかのどちらかだと考えている。このため、どちらかの端が最も良いと考え、そちらに向かうべきだと主張する。

この世に存在する極端な主張をする人々は、だいたいにおいて、世界を線形だとするものの見方をしているのだ。

しかし、現実は、必ずしも線形ではない。例えば、③のような曲線が現実だった場合、自由度が低すぎる場合は自由度を上げ、高すぎる場合は自由度を下げた方が、経済的繁栄につながる。

つまり、ある時は経済的自由度を上げよという主張が正しく、別の時は経済的自由度を下げよという主張が正しい。

だが、これは、上のような単細胞から見ると、変節漢であるように見える。ある時は自由度を上げよと主張するため、リバタリアンは勝手に味方だと認定し、コミュニストは敵だと認定する。ところがしばらくすると自由度を下げ

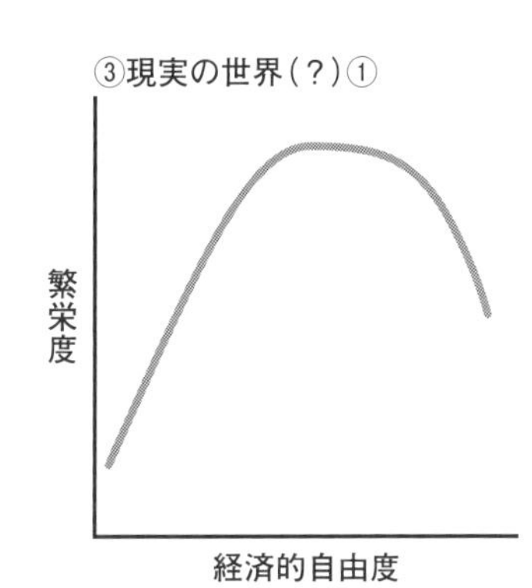

▲③現実の世界（？）

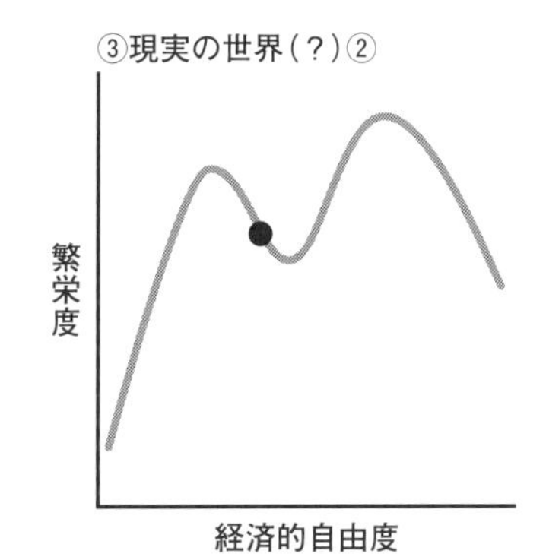

▲④現実の世界（？）2

よと主張するので、リバタリアンは変節漢の敵だと認定するし、コミュニストは既に敵だと認定している。

本当は、彼らは③のグラフを見ているだけなのだが。

それどころか、もっと現実は複雑な可能性すらある。④のような状況が現実だった場合、そして現在の状況が●であった場合、どうするのがベストなのか。

直接右側の最高峰地点に向かうのは大変だ。かなり大幅に自由度を上げなければ、そこには辿り着けない。そして、それにはきちんとした計画と準備が必要だ。

その意味では、まずは少しだけ自由度を下げた方が良い。そうすれば、最高峰ではないにせよ、次点の高みに辿り着けるからだ。そこである程度の繁栄を得た上で、時間をかけて、自由度を大幅に上げる計画を立て、そのために起こる混乱を減らす準備をする。そして、充分に準備ができたところで、一気に自由度を大きく上げて、最高峰へと至る。

これが最も良い方策だろう。

しかし、これを実際に実行しようとすると、ものの見えない人間たちは、大いに怒るだろう。何しろ、最初は自由度を下げよと主張していた人間が、しばらくすると大幅に自由度を上げよと主張するからだ。まさに、変節漢であり、裏切り者の所行だ。実際には、自分たちが現実を見ていないだけなのだが。

残念ながら、人間の多数派は、このようなものの見えない者たちだ。富国強兵を目指す王は、それを理解した上で、利用しなければならない。つまり、最初は、コミュニスト的人間を利用して、少し自由度を下げ、準備が整ったら（これは、コミュニスト的人間を粛正する準備も含む）今度はリバタリアン的人間を利用して、一気に自由度を上げる。そして、それ以上自由度を上げないように、国家が繁栄して自分の指導力が確立したら、リバタリアン的人間も粛正する。

このくらいの権謀は必要だと考えておくべきだ。

✔大数の法則

ランダムに発生する物事があれば、数を多く試行すればするほど、結果は平均化するという法則だ。

例えば、コインを投げて表の出る確率は50%だ。しかし、これは無限回数コインを投げた時の確率であって、もっと少ない回数コインを投げた時には必ずしも50%にはならない。

それこそ、1回コインを投げた場合、表が出た確率は、0%か100%のいずれかだ。つまり、50%の確率で100%表が出る。

10回コインを投げた程度では、1回しか表が出なかったり、9回も表が出るようなことすら、1%くらいは発生する。

しかし、100回もコインを投げると、10回しか表が出ない確率は、0.000000000000014%ほどしかない。つまり、試行が多くなったので、本来の平均値から大きく離れた結果は、まず出ないということだ。

別の例を見てみよう。とあるアメリカの州で、全ての学校でテストを行い、各学校の成績を比べてみた。すると、上位に入った学校は、いずれも小規模校（生徒の数が少ない学校）ばかりだった。

これを、小規模校の方が、先生が生徒一人一人を細かく見ることができるために、良い成績になるのだと主張することもできなくはない。

しかし、その説に都合の悪い事実も、また同時に存在する。

それは、成績が悪くて、サポートの必要な学校も、これまた小規模校ばかりだったのだ。

何のことはない。小規模校だから成績が良いということはなかった。全ての小規模校と、全ての大規模校の平均を比較すると、あまり差はないのだ。

単に、小規模校は数が少ない分だけ、揺らぎが大きいだけだったのだ。1人でも神童がいれば簡単に学校平均点が向上するし、1人でも怠け者がいれば下がる。もしかしたら、生徒の方ではなく、1人優秀な教師がいたり、無能な教師がいたりした結果かも知れない（小規模校では教師の数も少ないので）。いずれにせよ、少ない人数であることが、揺らぎを大きくしたのだ。

我々は、この問題をきちんと認識しておかなければならない。少数のサンプルを見て、何らかの結論を出してしまうのは、問題がある。

逆に、どのくらいのサンプルを取れば、その値はどのくらい信頼できるのか。それを研究したのが、18世紀のフランス人数学者アブラム・ド・モアブルだ（ただし、彼の業績は全てイギリス亡命後のもの）。複素数と三角関数に関するド・モアブルの定理によって知られている彼だが、同時に確率統計においても、重要な発見をしている。
それは、揺らぎはサンプル数の平方根に比例するというものだ。これは、現在の標準偏差、さらには偏差値の計算の元となっている。
例えば、コインを投げて表が出る確率は、理論上は50%だ。しかし、実際には、多少の揺らぎが出る。では、その揺らぎはどのくらい珍しいものか。それが、サンプル数の平方根で考えられるというのだ。
10枚投げるとすると、10の平方根は3.16だ。同様に、100枚なら10、1,000枚なら31.6だ。
つまり、10枚投げて８枚表が出てしまう珍しさと、100枚投げて60枚表が出る珍しさ、1,000枚投げて531枚表が出る珍しさが同等だということだ。
つまり、２択の場合、10例くらいサンプルを取り出しただけでは、まともなチェックにならないということが分かる。簡単に、８枚表が出てしまったりするからだ。
逆に言うと、サンプル数1,000の実験をすると、10%くらいの確率で±３%以上の誤差が出るということが分かる。つまり、1,000例のテストをすると、90%の確率で±３%以内に誤差が収まっているということだ。
よく、統計調査を行う場合、最低でも1,000例くらいのアンケートを行うのは、これが理由だ。その統計は、90%の確率で誤差３%以内に収まっているということが分かる。

✔数字の詭弁

数字は嘘をつかない。統計も嘘をつかない。しかし、その解釈では、人は嘘をつくことができる。

○プラスとマイナス

数値にプラスとマイナスがあるデータでは、%はほとんど意味がない。人々の理解を妨げ、誤解させる役にしかならない。
例えば、ある国において、300万人分の雇用が創出されたとする。そして、同時にサービス業の雇用が290万人分増えたとする。すると、雇用創出の97%がサービス業のおかげとみるかも知れない。そして、サービス業の国への貢献は大きいと考えるかも知れない。

しかし、実は同時期に工業の雇用が400万人増えていたとしたらどうだろうか。実は、この国は、農業の効率化によって、農業の雇用が500万人分減少し、その他の雇用が800万人増えていた。そして、その800万人のうち、工業が400万人、サービス業が290万人、その他が110万人増えていたのだ。

こうなると、サービス業の290万は、重要ではあるものの、最大ではないことが分かる。

実際に、これを行った例として、2011年6月のアメリカ、ウィスコンシン州知事の談話がある。その月はあまり景気が良くなくて、全米で18,000人しか雇用が創出されなかった。知事は、18,000人中、ウィスコンシン州で9,500人もの雇用が創出され、全米の新たな雇用の半分以上だと、自らの業績を誇示したのだ。

しかし、同月、隣のミネソタ州では、13,000人の雇用増があった。ここで疑問が出るだろう。アメリカの2州だけで、既に22,500人も雇用が増えていることにだ。

これも、マイナスを見ていないからだ。要するに、景気の悪い州で、雇用が減少していて、マイナスの州とプラスの州の合計で、18,000人分の雇用が増えたのだ。

確かに9,500人の雇用増は、マイナスの州も多い中で、決して悪くはない成果だ。評価に値するだろう。しかし、知事が主張するように、全米の過半数の雇用増を自州で成し遂げたというのは、明らかな詭弁だ。

○線形性の罠

現象の分析方法の1つに、最小二乗法による線形回帰分析*[61]がある。非常に汎用的で使いやすく、しかもコンピュータがなくても計算が可能なので、当時から現代まで使われ続けている。

例えば、あるデータAの時に、データBの値が、星の位置のデータであったとする。それらの傾向を分析して、誤差がない場合は、線のよう

*61 19世紀に作られた方法論で、ガウスかルジャンドルのいずれが作ったのか、いまだに分かっていない。

な関係があるのではないかと予測するのが、線形回帰の方法だ。

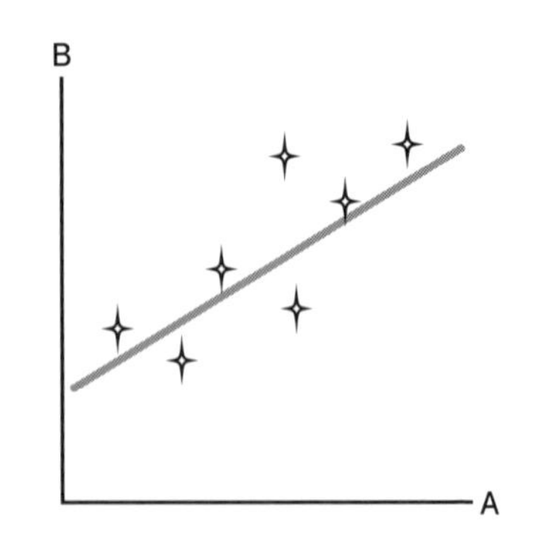

▲線形回帰

線形回帰分析を行う場合、一般には最小二乗法を用いる。これは、赤線で求める一次グラフとの差の二乗を全て合計した時の値が最小になるようなグラフを作成するというものだ。

最小二乗法は、実際のデータ（x_i　y_i）と、関数$f(x)$によって求めた座標（x_i　$f(x_i)$）との差$|y_i - f(x_i)|$の二乗の和が最も小さくなるようにする計算だ。

さらに、$f(x)$が一次関数$ax+b$で表される場合、データがn個なら、以下の計算式で求めることができる。

$$a=\frac{n\Sigma_{i=1}^{n}x_iy_i-\Sigma_{i=1}^{n}x_i\Sigma_{i=1}^{n}y_i}{n\Sigma_{i=1}^{n}x_i^2-(\Sigma_{i=1}^{n}x_i)^2}$$

$$b=\frac{\Sigma_{i=1}^{n}x_i^2\Sigma_{i=1}^{n}y_i-\Sigma_{i=1}^{n}x_iy_i\Sigma_{i=1}^{n}x_i}{n\Sigma_{i=1}^{n}x_i^2-(\Sigma_{i=1}^{n}x_i)^2}$$

面倒な式だが、19世紀の数学者は、これを実際に手計算していたのだ。転生者なら、根気さえあれば、可能だ。

実際に、線形性のある（関係式が一次式で表せる）関係ならば、線形回帰分析でほぼ正しい計算が可能になる。非常に有用な計算式だ。

だが、この世に存在する関係は必ずしも線形性があるとは限らない。二次関数だったり、もっとややこしい関数だったりするかも知れない。にもかかわらず、その検討を怠って線形回帰を行うと、誤った結論が導かれる可能性がある。それどころか、相手を騙すために、意図的に線形でないデータに線形回帰分析を行って、間違った結論を押しつけることすら可能だ。

例えば、右はアメリカ人の肥満率の、年ごとの変化を求めたデータを線形解析回帰分析したものだ。このグラフから推測されることは、2048年にはアメリカ人の100%が肥満になるというものだ。

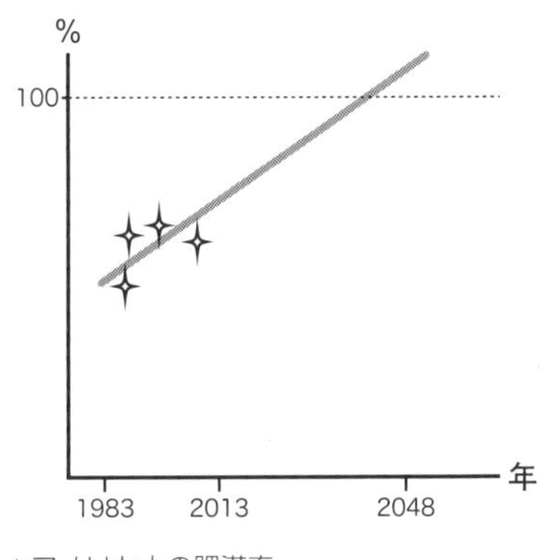

▲アメリカ人の肥満率

確かに、こうすることで、アメリカ人に肥満の危険性を警告する役には立つのかも知れない。だが、ちょっと待て。2048年に100%になるとしたら、それ以後はどうなるのだ。線形回帰分析によれば、2060年にはアメリカ人の109%が肥満になるという。

そんなバカなことがあるものか。アメリカ人の人口より多い９%は、いったいどこの誰が太っていることになるのだ。

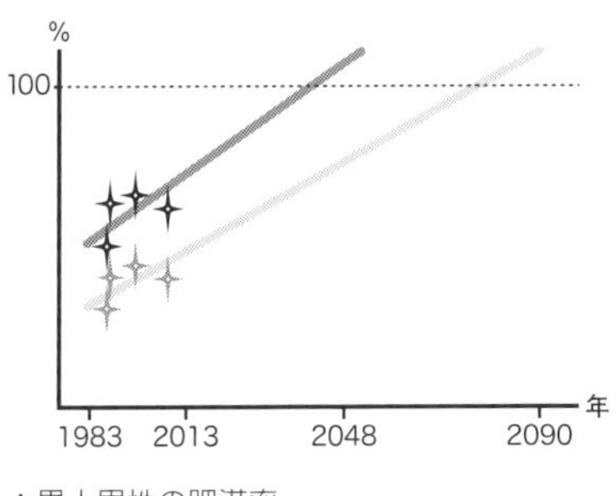

▲黒人男性の肥満率

もっと別の問題もある。同じく、黒人男性の肥満率を調査し、そのデータを線形回帰分析したものを緑のグラフとして重ね合わせてみた。

すると、黒人男性全員が肥満になるには、2090年頃までかかることが分かった。

ちょっと待て。2048年にはアメリカ人全員が肥満になると予測しているのに、黒人男性が全員肥満になるのは2090年だ。ということは、2048年にはまだ肥満でない黒人男性が存在しているわけだが、同時にアメリカ人全員が肥満なのだ。じゃあ、肥満じゃない黒人男性はどこの国の人間なのだ。

これは、線形でない関係を線形回帰してしまったがために発生する矛盾だ。

実際に起こっていることは、以下のようなことだ。

- 現在肥満していない人の何%かが、毎年新たに肥満になっている。
- 子供が生まれることによって、毎年肥満でない人間が発生する。
- 肥満の人も肥満でない人も、ある程度の割合で死亡する。

これらをまとめた式ができるはずなので、明らかに線形ではない。それを直線で補完してしまったために、このような矛盾した結論が出ているのだ。

線形回帰で何でも説明しようとプレゼンテーションしてくる人間がいたら、眉に唾を付けた方が良いだろう。

○確率の欺瞞

あなたに、ダイレクトメールが届く。それは証券業者からの宣伝で、ある株が値上がりするという情報が書かれていた。そして、実際に、その株は上昇した。

翌週、同じ業者からの宣伝ダイレクトメールが、再び届く。そこには、別の株の値下がりが予測されていた。あなたは、ちょっと心引かれるだろう。だが、偶然かも知れないとも思う。だが、実際に、その株は値下がりした。

さらに、次の週も、その次の週も、業者からは株の上がり下がりの情報が届き、そしてそれらは全て的中した。10週間、毎週のように株の予測が送られ、そしてそれらは全て的中した。

そして、11週目、この証券業者から、株への投資を誘う案内が届いた。

あなたは、この証券業者に投資すべきだろうか。

株価が上がるか下がるかは、半々だと考えてみる。すると、10週間連続で的中する確率は、

$$\left(\frac{1}{2}\right)^{10}=\frac{1}{1024}$$

しかない。これが偶然とはとうてい思えない。よって、この証券業者を信じて投資するのは、良い考えだ。

そう思うかも知れない。

しかし、証券業者の側から見ると、全く異なる光景が見える。

そもそもダイレクトメールなどというものは、何万通も出して、その中の数通当たれば良しとする、確率の低いものだ。しかも、その数通の相手も、半信半疑くらいで客になってくれるだけだ。

そこであなたの証券会社は、最初の週に10万通のダイレクトメールを出す。そのうち５万通には株は上がると書き、残りの５万通には株は下がると書く。そして、株は上がった。翌週、下がると書いた５万通の相手には、もう何も送らない。上がると書いた５万通の相手に、今度は25,000通ずつ、株は上がると書いたダイレクトメールと、下がると書いたダイレクトメールを出す。そして、株は下がった。

こうして、10週間の間、当たった方にだけ、新たなダイレクトメールを出し続ける。10週間後には、10万÷1024≒100人ほどの、あなたの証券会社を心から信用してくれる顧客が得られるのだ。

この証券会社の話は実話だと言われているが、実際に行われたという証拠はない。だが、似たようなことを、イギリスの奇術師ブラウンが、行っている。競馬の予想を送り続け、６回連続で当たった手紙を受け取った人に、自分を予言者だと信じさせるというものだ。騙された人は、本当に信じ込んでいた。

逆に言えば、この程度のごまかしでも、信じ込んでしまう人はいるということだ。

○比率と倍率と絶対数

物事は、曖昧な説明ではなく、明快な数値によって説明した方が、分かりやすいし、確実だ。そう考える人は多い。確かに、それは間違っていない。しかし、それは適切な数値を適切な表現で使った場合のことだ。適切でない表現を使うと、数値であることがかえって誤解を生じ、人々に誤った観念を植え付けてしまう。

アメリカの大学での研究で、ベビーシッターに預けられた幼児の死亡率は、保育施設に預けられた幼児の死亡率の７倍にもなるという結果が得られた。こう聞くと、大変な問題だと考えて、ベビーシッターの契約を破棄しようとする親御さんが増えるかも知れない。

だが、絶対数を見てみると、どうだろうか。

確かに、ベビーシッターの場合の死亡率は10万人中1.6人、保育施設の死亡率10万人中0.23人に比べ、遙かに高い。

だが、絶対数で見てみると、全く違う光景が見えてくる。全米でベビーシッターが原因で死亡した乳幼児は十数人だ。それに比べ、事故（最も多いのが寝具による窒息死）が1,110人、乳幼児突然死症候群による死亡が2,063人だ。つまり、ベビーシッターや保育施設のせいで死亡した乳幼児は、全米における乳幼児の死亡者の１％にも満たないわずかな数字でしかない。つまり、どちらも誤差程度であって、全く無視するのも良くないだろうが、それよりも優先して改善すべき点が多々ある。少なくとも、ベビーシッター契約を破棄して、赤ん坊を見守る人間がいなくなることによって発生する事故の方が、よほど危険なのだ。

この点について沈黙したままで、ベビーシッターと保育施設を比較するのは、ほとんど意味のない行為でしかない。そんなものを仰々しく報道するとしたら、それはもはやフェイクニュースに等しい。だが、日本の報道機関は、似たようなレベルの間違ってはいないが正しくない報道を良く行っているので、簡単には信用しない方が良いかも知れない。

しかし、逆の側から見れば、わざと妥当でないデータを用いて表現することで、情報を聞いた人間を誤解させることは可能だ、ということを教えてくれる。しかも、正しい数値を使っているので、一見するだけでは非常に説得力がある。このようなフェイクが行っているのは、すぐにバレる偽データの使用ではなく、正しいデータを誤った使い方で用いることによるフェイクなのだ。

○数字の説得力と詭弁

数字というものは、非常に説得力が高い。このため、数字を見せられて説明を受けると、人は容易く信用してしまいがちだ。

だが、今まで説明してきたように、数字そのものは嘘をつかなくても、数字の解釈を行う人間は嘘をつくことができる。

数字による説得を受けた人間も、数字そのものの正しさを確認することはあっても、数字の解釈の正当性について考えることは少ない。このため、正しい数字と間違った解釈による詭弁という手法が成立している。
　詭弁に騙されないためにも、また必要な時に詭弁を弄するためにも、このことについて知っておくのは、高位高官に就く者に必要な知識だ。

第2章

王侯編

転生者の最終目標の１つとして、王になるというものがある。
王になって贅沢三昧とか酒池肉林とかそんな妄想を抱くのも、ある意味間違ってはいない。歴史上、そのような王がいなかったわけではないからだ。だが、そうした王は、ほとんど長続きしなかったということも忘れてはならない。
残念ながら、王になっても何でも思う通りとはいかないのだ。王の危険は、大きく３つある。
他国の侵略、自国のクーデター、自国の革命である。
1つで、この3つの全てに対応できる政策がある。それが富国強兵だ。
何を行えば富国につながるのだろうか。また、何を行えば良いかは分かったとして、その方策をスムーズに進めることができるのだろうか。国内外の反対勢力と、交渉したり排除したりする必要があるのではないだろうか。
王侯編では、そのような王が行うべき行動について書いてある。

富国強兵とは、国を富ませ、その富を利用して兵を強くしようという政策だ。

強兵の国を攻めたがる他国は、滅多にいない。また、攻めてきても、強兵の国なら反撃できる。

そして、実際に国を富ませている王をクーデターで廃するのは難しい。なぜなら、国が富んできている以上、配下の貴族や軍部も、それなりの配当を得ているはずだ。ならば、多少なりとも儲けさせてくれる王を廃して、悪くすれば損をする可能性があるクーデターに協力しようとする貴族や高官は少ない。

もちろん、理論的にではないにせよ、国が富んできていることを国民は敏感に察知する。ならば、今の王朝を廃する革命に協力する気持ちにはそうそうなれない。

第1節 交渉

絶対王制の王にでもならない限り、どうしても何かをしようとしたら、利害関係者と交渉しなくてはならない。

それどころか、命令1つで何でもできると思われている絶対王制の王ですら、実はそこまで何でもできるわけではない。国内の制度を変えようと思ったら、単に命令するだけでは終わらない。下の者を納得させない限り、命令は換骨奪胎され有名無実のものに堕するだけだ。2,000年以上も絶対王朝が続いている中国に「上に政策あれば、下に対策あり」ということわざがあるのも、上から命令するだけでは何も変わらないことの表れだ。

ましてや、他国に命令などできるはずもない。世界に命令したければ、世界征服に成功するしかない。

つまり、命令だけでは物事は進まない。何をするにも、誰かと交渉しなければならないということを意味している。そして、物事を上手く進めるには、交渉能力が必須なのだ。

古来より、名宰相・名外交官・大商人など、交渉に長けた人物はたくさんいた。確かに彼らは、我々には追いつけないほどの天才なのだろう。しかし、現代人である我々は、数多くの交渉の歴史を知り、それから学ぶことができる。

さらに、現代心理学を背景にした、様々な進歩した交渉術を使うことで、このような天才たちとも競い合うことができる。

つまり、交渉においても、現代チートは存在するし、それは中世ファンタジー世界の住人に通用するのだ。

交渉には、大きく分けて、3つのポイントがある。そして、それぞれ異なった能力が必要となる。それは、

1. 前提条件
   交渉する双方が、互いの条件をきちんと理解しているかどうか。自分が理解していないとしたら、それは交渉において非常に危険である。逆に、相手が理解していない場合、それを理解させた方が交渉に有利か、それとも誤解させたままの方が交渉に有利かが、問題となる。
2. 利益
   交渉によって、相互の状態が、交渉以前より良くなるかどうか。相互に利益がある場合、より大きな利益がない限り、交渉結果は守られる可能性が高い。しかし、片方に不利益しかない交渉結果の場合、不利益を被る側は、交渉結果を破ろうと努力するだろう。
3. 交渉の方法論
   同じ交渉を行う場合でも、交渉技術が優れていれば、より有利になる。利益を分け合う場合にこちらが多く得られるようにしたり、同じ結果なのに相手への貸しにできたりするだろう。

✔前提条件

交渉とは、両者が何らかの利益を求めて行う。少なくとも、交渉を行わなかった時よりも、両者の状況が改善されることを目的としている。さもなければ、わざわざ面倒な交渉など行う意味がない。

しかし、そのためには、まず現在の状況がどうなっているのか、正しい理解を行っていなければならない。通常は、両者が状況を理解していて、その上で、より良い状況になるように交渉を行う。

○正しい前提の理解は必須

状況の理解は、交渉の前段階として必須である。もしも、この理解が誤っていたら、そもそも交渉自体が、まともにできなくなる。なぜなら、状況理解が間違っているなら、どのような状況が改善になるのかという

判断が間違ってしまうからだ。ということは、どんな交渉を行っても、状況の改善にはならない。

もちろん、間違った交渉がたまたま上手い方向に転んで、本当に状況を改善するという場合もあるかも知れない。しかし、それはまさに運頼みであり、そんなものを期待してはならない。

例えば、太平洋戦争が始まる前、日本はアメリカと戦争したくなかった。いくら武断主義的な大日本帝国でも、アメリカと戦争したら負けるだろうと考える人間は、さすがにちゃんといた。少なくとも、非常にきつい戦いになることは、多くの人間が理解していた。しかし、アメリカは日本と戦争をするつもりでいた。ルーズベルト大統領は、米国民には戦争はしないと言い続けていたが、実際には、日本と戦争をすることで第二次大戦に踏み込むつもりだった。

さらには、アメリカは戦争などしなくても、日本を経済的に破滅させることができた。だが、日本はアメリカを経済的に破滅させることなど、逆立ちしても不可能だった。

このような状況下で、いかに日本が戦争を避けるための交渉を行おうと、交渉が成立するはずがない。つまり、日本は交渉の前提である国際政治状況を、完全に見誤っていたのだ。結局、ハルノートという、敗戦国に突きつける以上の要求を受けて、戦争になだれ込むしかなかった。

後知恵としてなら、どうせ敗戦するのだから、ハルノートを受けてしまえば良いという見方もある。少なくとも、国土が荒廃しないだけマシだったのではないかと考えることも可能だ。だが、それをしてしまうと国際政治の場で完璧に舐められてしまうので、国家としてそれをするのは難しかった。

実際に可能な後知恵としては、アメリカ国民のほとんどが日本は明らかに譲歩したと思えるような、しかしハルノートよりはマシな条件を提示し、それを新聞に載せるなど公表することだった。これによって、アメリカ人の多くが日本は屈服したと思った場合、ルーズベルトも無理矢理戦争に持ち込むことはできなかっただろう。

実際、日本はアメリカ攻撃の準備として真珠湾作戦を行いつつ、アメリカとの交渉が成立した場合に作戦を中止するための暗号もちゃんと用意していた。ぎりぎりまで、戦争をしなくてすむことを期待はしていた。

もちろん、異常なこと（アメリカで大地震とか、ルーズベルトが急死するとか）が起こってアメリカが考え直すかも知れないので、中止暗号を用意しておくことは必要だ。しかし、交渉の成立を期待していたということ自体が、日本は状況を理解していなかったことの証拠でしかない。

つまり、前提条件を理解していないと、そもそも交渉の舞台にまともに立つことすらできないのだ。

○誤った前提理解の利用

逆に言うと、交渉相手が誤った前提理解をしているのなら、それを利用して自らの利益を拡大することが可能だ。

太平洋戦争前のアメリカ外交は、まさにこのことを利用して、日本を翻弄した。しかし、このことでアメリカを卑怯だというのは間違っている。アメリカの外交は、アメリカのために行うものだ。アメリカの立場から見れば、外交下手な日本を利用して、必要な外交交渉を行っただけのこと。正しい前提理解をするのは日本の義務であって、アメリカにはわざわざ教えてやる義務などない。全ては、誤解していた日本が悪いのだ。

さすがのアメリカも、何の準備もなしに戦争を開始したのでは、酷いことになる。だから、ある程度準備ができるまでは、日本と交渉をする振りだけして時間を引き延ばす。

しかし、準備ができたと考えた時点で、日本との交渉はさっさと打ち切り、向こうに手を出させて、正義の味方として戦争に突入したい。それがハルノートとして現れている。外交的に、突然に今までより遥かにきつい条件を提示するというのは、通常はあり得ない。しかし、日本を激高させ、戦争させるという意味では、正しい外交だ。

アメリカは、先に手を出させた日本を正義の味方として即座に圧倒的に叩きのめし、その後でヨーロッパに介入するはずだった。実際には、思った以上に日本が精強だったため、かえってヨーロッパに送るはずの戦力が減ってしまうことになったのだが、それはあくまでも作戦戦術レベルでの齟齬でしかない。

そう、日本から攻撃を受けて第二次大戦に参加した時点で、アメリカは戦略的に勝利していたのだ。それも、日本がアメリカの状況と戦略を理解していなかったことを上手く利用したものだ。

✔利益

交渉は、双方が利益を求めて行うものだ。このため、双方が何らかの利益を得ることによって、交渉は妥結される。

ただ、双方の利益というものが、一筋縄ではいかない。

○利益観の一致

双方が利益を求めているとしても、双方の目的とする利益が一致しているとは限らない。まずは、双方の利益が同等のものである場合を考える。

例えば、双方ともが金銭的利益を求めているとしたら、これはある意味簡単だ。交渉の結果によって得られた金銭的利益をどう配分するのかという問題に帰することができるからだ。

もちろん、双方がより多くの利益を求めているという意味では、タフな交渉になることは確かだ。しかし、双方の利益というものに関するものの見方が一致しているのだから、交渉の糸口は見つけやすい。互いの主張を互いが理解することが容易だからだ。

例えば、より多くのコストを費やした側がより多くの利益を得るとか、優れたアイデアを出した側が多くの利益を得るとか、それらをバランスさせるとか、きちんとした検討が行いやすいのだ。

○利益観の相違

交渉ごとで難しいのは、相互の利益観が一致していない場合だ。相手が何を求めているのかが理解できないため、交渉が全く進まないということすらあり得る。

ただし、相互の利益観を上手くすりあわせることができれば、利益観が一致している場合より、かえって得な場合もある。互いが求めているものが異なるので、それぞれ別のものを手に入れて、両者満足という状況を作ることも可能だからだ。

例えば、戦争の終戦交渉において、片方が面子を重視して名目的でも勝利を求めており、もう一方が利益重視で名目はどうでも良いから実質的利益を求めている場合などがそうなる。

最初のうちは、互いが何を求めているのか理解できない状況になり、交渉において大きな齟齬が発生するに違いない。しかし、互いの求めているものが互いに理解できるようになったなら、片方の面子を立てて、その分だけもう一方に実質的利益を付けることで、双方が満足のいく終戦条約を結ぶことも可能になる。

中世の日本では、武力を持たない皇室や公家は、荘園などを失って貧乏だった。しかし、にもかかわらず、その権威は高く、また教養も深かった。このため、戦国大名たちは、この権威と文化を利用しようと考えた。

朝廷から、上総介とか三河守といった官職や、従五位といった位階をもらうことで、自らの権威を高め、領国支配の正統性*1としたり、単に国人に対して自分の偉さを示したりした。朝廷の側は、これらを発行する代わりに、金銭を献上させたり、地方の荘園を復活させてもらったりした。

ただ、時には、同じ官職を複数の武士に与えるなどの手抜きもあった。また、武士の中には、朝廷との交渉を手抜きして、僭称*2する者も多かった。

文化の利用としては、公家に下向*3してもらって、文化を教えてもらう。文化を学んで教養を深めることで、京に近い＝偉いと思わせることができた。特に、京から遠い地方の人間にはこの力は有効だった。

皇室御用達といった商品も、似たような交渉が発生するだろう。皇室や王家に納入することによって、納入する側は名誉とブランドを得ることができる。皇室や王家は、それを知っているから、販売ではなく献上させようとする。特に、中世の皇室などは、非常に貧乏だったので、名誉と金銭的利益の交換ということで、どちらも満足できる。

○利益の出ない交渉は続かない

交渉は、利益を出すために行う。考えてみれば分かるが、交渉するこ

---

*1 三河守を持っているから、三河を支配する権利があると主張するなど。
*2 朝廷から実際にはもらっていないのに、自分で勝手な官職や位階を名乗ること。
*3 京都から地方に来てもらうこと。

とにだってコストがかかっている。つまり、利益の出ない交渉は、損するばかりで誰もやりたくない。

つまり、交渉の終わりは、Ｗｉｎ-Ｗｉｎでなければならない。交渉によって片方だけが利益を得て、もう一方が損をするという結果になったとしよう。この場合、損をする側は、そんな交渉結果を尊重するはずがない。

もちろん、利益を得る側が強く、損をする側が逆らえない状況ならば、そんな交渉結果を押しつけて守らせることも可能だ。しかし、それでも損をする側は、腹に一物を抱え、いつでも裏切る機会を待っている。

つまり、片方しか利益がなく、もう一方が損をする交渉は、交渉自体が成立しにくい。また、事情があって成立したとしても、損をする側はいつでも交渉結果を破棄しようと考えているから、その交渉結果は安定しない。

交渉結果を長続きさせたいのなら、交渉したことによって両方が利益を得なければならない。

✔交渉の基本

では、実際に交渉する時の技術は、いかなるものだろうか。

基本となるのは、以下の４点になる。

1. 人と問題を分離する。
2. 交渉人の立場ではなく、交渉によって得られる利害について討議する。
3. 決定の前に、できるだけ多くの選択肢を検討する。
4. 交渉結果は、あくまでも客観的基準によって決める。

○人と問題

１.は、交渉を失敗させる最大の要因が人間の感情であることによる。交渉相手に対する様々な悪感情、長年の怨恨から嫉妬、さらには単に顔つきが気に入らないといった些細なことまで。これらの要因を、交渉から切り離すことが、安定した交渉には必須なのだ。

もちろん、交渉の中で相互の信頼を深め、互いを理解し、相手を尊敬することができれば、それは、非常に有効だ。交渉もよりスムーズに進むだろう。

しかし、残念ながら、人間は容易く悪感情を抱く。それは、交渉を失敗に導き、その後の関係も悪化させる。

では、人間の問題とは何か。それは大きく3つにカテゴリーされる。認識の問題、感情の問題、意思疎通の問題だ。

認識とは、交渉の前提となる状況や、交渉の互いの目的を正しく認識しているかどうかという問題だ。

感情は、交渉する人間の感情で、嫌な相手は顔も見たくないし、当然交渉などしたくない。

意思疎通の問題とは、相手の言っていることが理解できないことによって発生する問題だ。説明が下手だったり、聞く方が愚かだったり、双方の常識が異なっているなど、意思疎通を失敗させる要因は幾つもある。

○立場と利害

2.は、立場を明らかにするのは良しとしても、その立場に固執されると、相手との妥協が難しくなり、交渉がまとまらなくなる。まるで自分の立場を守ることが、自分の尊厳を守ることであるかのように錯覚してしまう。

こうなってしまうと、もはや交渉どころではない。単なる、自分の言い分の言いっ放しになってしまう。その上で、相手が交渉に乗ってこないと文句だけ言う。この手の人物がそう言った場合、それは正確には「自分の言い分を全て聞き入れてくれないから、相手が悪い」という意味なのだ。それは、交渉とは言わないし、交渉役として無能極まりない。日本の政治家にも、この手の無能がたくさんいるので、例には事欠かない。

交渉で重要なのは、交渉人が立場を守ることではなく、双方の利害を調整することだ。つまり、立場を変えたとしても、それによって利益があるのならば、必ずしも立場に固執する必要はない。充分に交渉人の尊厳は守れるのだ。

○選択肢

もちろん、3.のように多くの選択肢を検討するのは非常に良いことだ。

選択肢が少ないと、両者を満足させるものが、その中にある可能性が低くなる。交渉する両者が満足する選択肢がないか、多くのパターンを検討すべきなのは当然のことだ。

○客観的基準

最後に、4.のように交渉結果を感情や気分で決めるべきではない。強固な意志を押し通したとしても、相手が不満に感じるだけで、交渉結果が長く継続する可能性が少なくなるだけだ。何らかの客観的な基準によって交渉結果が決まったことを双方が理解することが、交渉結果の安定性につながる。

これは、交渉途中に相手の感情に訴えてはならないと言っているのではないことに注意する。交渉テクニックとして、相手の感情に訴えることは当然だし、上手く行えば大変効果がある。

客観的基準で妥当であることが必要なのは、結果である。なぜなら、交渉を終えて冷静になった時に、その結論の正しさを保証してくれるのは客観性だからだ。そして、客観的妥当性が保たれている限り、相手も交渉結果を反故にしにくい。

✔交渉で守るべきこと

基本に加えて、色々な技術、守るべき方針などがある。

○譲歩は無駄

交渉をまとめるために相手に譲歩するのは、実はあまり役に立たない。

これは、全く譲歩するなと言っているのではない。譲歩するのは、妥結する時の1回だけにすべきだと言っている。

交渉途中で譲歩すると、相手はもっともっとと譲歩を要求するからだ。

相手の要求を聞いて（ただしOKは出さない）、どのくらいなら妥協するかを探り、1回の譲歩（もちろん、こちらが許容できる範囲なら）で妥結に至る。そして、それまでは譲歩したらどうなるのかを質問することなどはあっても良いが、譲歩自体は行ってはならない。これが正しい交渉態度とされる。

○客観的事実より、相手の頭の中の事実

交渉で、何らかの取り決めを行うためには、客観的事実が重要ではある。しかし、交渉そのものにおいては、客観的事実よりも、相手の頭の中の事実の方がより重要だ。なぜなら、交渉相手は、自分の頭の中の事実を元にして交渉するからだ。それが、実は正確ではない場合もある。

つまり、交渉途中においては、客観的基準は必ずしも役に立たない。攻略すべきは、相手が何を考えているかであって、正しいデータではないということだ。

ただし、先に書いたように、交渉によって得られた結論には客観的基準による妥当性が必要なので、そこは間違えてはならない。

○相手を怒らせてはならない

交渉術の中には、相手をわざと怒らせることによって交渉を有利に運ぶというものもある。しかし、それは戦術的には有利ではあるが、結局は相手に不満を残すことになるので、長期的戦略的には必ずしも有利とは言えない。

ただし、挑発的な言葉を吐いてはならないという意味ではない。相手が本当には怒らない限度を見極めた上でなら、煽ることもテクニックの1つだ。

○時間をかければかけるほど交渉は妥結しにくくなる

交渉にはコストがかかる。時間をかければかけるほど、コストは上昇する。つまり、交渉に時間がかかるほど、かかったコストに見合う利益が必要になる。しかも、両者共にだ。つまり、交渉に時間がかかればかかるほど、交渉妥結のハードルが高くなる。

しかも、時間がかかることによって、立場に固執する人間も増える。

このため、交渉をまとめるなら、できるだけ短い時間で一気呵成に決めるべきだ。

○ソフト型交渉とハード型交渉

交渉を行う時の方法論として、ソフト型とハード型がある。ソフト型とは、交渉相手と仲良くして交渉を上手くいかせようとする方法、ハー

ド型は強面を演じて交渉を上手くいかせようとする方法だ。

	ソフト型	ハード型
交渉相手	友人と考える。	敵と考える。
目的	交渉を合意で終わらせること。	こちらの言い分を飲ませること。
友好	互いに譲り合うこと。	相手が譲歩すること。
信頼	交渉相手を信頼する。	交渉相手を疑う。
立場	必要なら自分の立場を変える。	相手の立場のみ変えさせる。
議論法	穏やかに提案する。	脅して言うことを聞かせる。
圧力	圧力に屈する。	圧力をかける。
重要点	合意した点を重視する。	合意できない点を重視する。
和解	必要とあればこちらが不利を甘受する。	相手に不利を飲ませて得る。

一見すると、ハード型がダメで、ソフト型が良いと主張しているように読めるかも知れないが、そうではない。相手がハード型一辺倒で来る時に、こちらがソフト型一辺倒では、損をするばかりだ。

相手を見ての対応が必要になる。

○交渉の２段階

交渉には、大きく分けて２段階ある。実質的交渉と、交渉のための交渉だ。

実質的交渉とは、例えば軍事同盟の内容を決めるとか、賃上げの金額を決めるといった、交渉の目的を達成するための交渉だ。

これに対し、交渉のための交渉とは、交渉の出席者を決めるとか、何を持って妥結したとするかとか、交渉をどこまで公開するかとか、そういった交渉環境をどうするかを決めるための交渉だ。

交渉のための交渉に力を入れすぎてはならない。これは、あまりに不利でないなら無視しても構わないことなのだ。

✔弁論能力

他人もしくは他国と交渉する時、裁判や、組織の中での会話など、弁論が重要となるシーンは非常に多い。こんな時に、上手い弁論術を身につけていると、物事が上手く運びやすい。

○誘引効果と妨害効果

交渉ごとなどで、相手に選択させる場合、こちらに都合の良い選択を、どうやったら相手に選ばせることができるか。この問題に、ある程度の解決をもたらすのが、行動経済学で言う**誘引効果**と**妨害効果**だ。

ある店で、5,000円購入すると、以下のサービスが受けられるとする。

1. 500円の金券か、スマートなメタルボディのボールペンの、いずれかを選ぶ。
2. 500円の金券か、スマートなメタルボディのボールペン、デザインが異なる別のスマートなメタルボールペンの、いずれかを選ぶ。
3. 500円の金券か、スマートなメタルボディのボールペン、プラスチックの普通のボールペンの、いずれかを選ぶ。

1.の場合、金券とボールペンのどちらを選ぶかは、分からない。客がボールペンを欲しいと思ったらボールペンを、さもなければ金券を選ぶだろう。

2.の場合、3つの選択肢のうち、2つのボールペンの価値はよく似ている。どちらもメタルのボールペンだ。つまり、この2つには優劣が付け難い。とすると、客の関心は残りの1つ、つまり金券へと向けられる。このため、客は金券を選ぶ可能性が高くなる。これは、2つのボールペンが互いに邪魔し合う妨害効果による。

3.の場合、2つのボールペンには、明白な価値の差がある。メタルボディのボールペンは、プラスチックの普通のボールペンに比べて、明らかに価値が高そうに見える。このため、メタルボールペンが選ばれる可能性が高まる。これは、プラスチックボールペンによって、メタルボールペンの価値がより高く見える誘引効果による。

もし、メタルボディのボールペンが意外と安く、客にはボールペンを選んでもらいたいとしたら、3.のような選択肢を提示すれば、メタルボールペンを選ぶ客が多くなり、店としては得をする。

もちろん、これらは、確実な方法ではない。しかし、多くの客相手にサービスを行った場合には、明白な選択比率の差として表れてくるだろう。

これは、外交交渉などでも同じだ。敵国が降伏して、講和をするとしよう。相手国に何を要求するのか。

1. 巨額の賠償金か、A島を領土として渡せ。
2. 巨額の賠償金か、A島を領土として渡すか、それと同じくらいの価値のB島を領土として渡せ。
3. 巨額の賠償金か、A島を領土として渡すか、本土の交易港のある土地を領土として渡せ。

1.だと、相手国はどちらを選ぶか分からない。

2.だと、A島とB島で迷って、賠償金を選ぶかも知れない。

3.だと、本土を取られるより遙かにマシなので、A島を領土として寄越す可能性が高まる。

もちろん、選択肢を選ぶ時に、わずかな影響しか与えないだろう。しかし、実はA島を奪いたいと思っている場合、3.のような要求を行った方が、A島を得られる可能性が、数%かも知れないが高くなる。ならば、やっておいて損はないだろう。

○3つあると真ん中を選ぶ

人間は、非合理的に行動するが、その1つの例が、端を嫌い真ん中を選ぶというものだ。

以下は、多数の被験者にある選択をさせる実験結果だ。

最初の選択は、以下のようなものだ。

- 2つの商品を客に売り込んでみる。Aは38,000円、Bは78,000円。どちらの商品も価格的に妥当だ。両方の商品の性能についても、きちんと説明する。

上のような商行為を行った場合、客がAを選ぶ確率が50%、Bを選ぶ確率も50%だったとする。つまり、AとBの魅力は、どちらも同じだったわけだ。

ところが、そこに128,000円の商品Cを追加してみる。

・3つの商品を客に売り込んでみる。Aは38,000円、Bは78,000円、Cは128,000円。どの商品も価格的に妥当だ。3つの商品の性能についても、きちんと説明する。

ABとCの魅力の差が分からないので、ABCの配分は分からないものの、少なくともAとBの魅力は同じなのだから、それぞれを選ぶ確率は同じでなければならない。つまり、Cを20%選んだとしたらAもBも40%ずつ選ばれるはずだし、Cが40%ならAとBは30%ずつのはずだ。それが合理的な予測というものだ。

しかし、実際にはどうなるかというと、例えばCが20%だったとしても、Aが30%くらいしかなく、Bが50%以上を占めて、中央の商品が選ばれる確率が高くなる。なぜなら、人間は真ん中を選びたがる傾向があるからだ。これが人間の非合理性の1つだ。

つまり、我々が商人だったとすると、AとBだけを紹介するよりも、Cも加えて紹介した方が、売上は上昇するということだ。

国王なら、互いの国の間で貿易をするとして、その貿易額をどうするかという問題で交渉するとしよう。年間30,000ゴールドまでと50,000ゴールドまでのどちらにするかと交渉すると、どちらになるか分からない。しかし、30,000ゴールドまでと50,000ゴールドまでと70,000ゴールドまでのどれにするかと交渉すると、50,000ゴールドで決着する可能性が高いわけだ。

○迷いと葛藤

人は、選択する時に、迷わせる要素があると選択を遅らせるか、さもなければそもそも選択しなくなる。

例えば、2つのスマートフォンが新製品として出た。Aはカメラ機能が高く、Bは音質が良い。甲乙付けがたい性能だ。

このような場合、人は、「もうちょっと待って、世間の評判を聞いてから決めよう」とか「今のスマホもまだまだ使えるし、いずれどちらの性能も高い新型が出るだろうから、それまで待つか」といった感じで、選択を後回しにしたり、そもそも選択しないことがある。

これは、人が失敗を恐れるからだ。何かの選択をする時、明らかな優劣があるのなら簡単だ。しかし、そうでない場合、後で失敗だったと分かると後悔することになる。それが嫌さに、人は決断を避けたがるのだ。

にもかかわらず選択を迫られた場合、人は選択する理由を欲する。何でも良いから、片方を選択するに足る理由があれば、それに飛びついてしまう。つまり、迷っている人間には、あれをしろこれをしろと命令しても反発されるだけだが、決断するための理由ならすんなりと受け入れてもらえる。

それこそ、スマートフォンなら、「君は写真を撮ってるより、音楽を聴いていることの方が、多くないか」という言葉なら、素直に聞いてもらえるのだ。

国と国との交渉でも、こちらからああしろこうしろと口を挟むと、相手国は不愉快になって、交渉が上手くいかない。しかし、相手国が決断をするための材料を提供する（あくまでも決断は相手国が行う）のなら、比較的聞き入れてもらいやすいのだ。

例えば、講和条約で賠償をもらうとして、Ａ市とＢ島のどちらかを寄越せという交渉を行っているとしよう。

1. 相手国の国民の世論調査によると、Ａ市の方がＢ島より愛着を感じるという結果が出た。
2. 相手国の国民の世論調査によると、Ｂ島の方がＡ市より将来の経済的発展に必要だという結果が出た。

もちろん、こちらが提供する材料は、こちらの希望に添った決断を行う理由となるものに限られる。こちらがＢ島が欲しいと思っていたら、相手国に話すのは１.のＡ市の方が愛着があるという調査結果の方だけだ。

○選好の逆転

２つのくじがあるとする。

Ａ）　１万円が80％当たるくじ
Ｂ）　10万円が10％当たるくじ

それぞれのくじの期待値は、A)は8,000円、B)は1万円だ。そして、人々に、それぞれのくじに値段を付けさせた場合、ほぼ期待値に相当する金額を言う。

つまり、ほとんどの人はB)のくじの方が値段的価値は上だと考えている。

ところが、2つのくじのどちらを引きたいかという質問にすると、多くの人がA)のくじを選びたいと答える。つまり、値段的価値が低い方を選ぼうとするのだ。これは、明らかに経済的合理性に反する行動だ。

このような、矛盾した選び方を、**選好の逆転**という。20世紀前半までの経済学は、**経済人**（ホモ・エコノミクス）という経済的合理性に基づき、かつ個人的利害のために行動する人間ばかりのいる世界での経済学を研究していた。しかし、その予測は、ある程度の正しさはあったものの、しばしば外れた。

そこで、**限定合理性**[*4]という概念が考えられたりした。しかし、答はもっと単純なところにあった。それは、「人間は、必ずしも合理的に行動しない」という、当たり前の事実だ。

そこで、考えられたのが、経済学に心理学や社会学などを取り込み、情動によって変化する人間の行動を経済学に組み込むことだ。こうして作られた新しい経済学を、**行動経済学**という。

○保有効果

人間は、自分の所有している品物の価値を、より高く見積もってしまう。これを**保有効果**という。逆に言えば、所有していない品物の価値は、より低く見てしまうということでもある。こちらは、酸っぱい葡萄理論と言って、こちらも認知的不協和[*5]の一種である。

ある人が、20ドルでワインを買った。それを大事に保存しておいたら、数年後に200ドルの市場価格になっていた。その人はどうするだろうか。

---

*4 合理的に行動したいと考えているが、情報不足・思考力不足などによって必ずしも合理的に行動できないこと。

*5 社会心理学の用語で、同一人物が、矛盾した認識を同時に抱えている状態のこと。往々にして、当人は不愉快に感じる。

- もし、それを売ろうとするなら、そのワインの市場価格は、その人の考える価値より高くなっている。逆に、大事に保持しておこうと考えているなら、ワインの市場価格は、その人の考えるワインの価値より低い。
- もし、同じワインを追加で買おうとしているなら、ワインの市場価格は、その人の考えるワインの価値より低い。もし、ワインを追加で買おうとしない場合、ワインの市場価格は、その人の考える価値より高くなっている。

ところが、よくある行動は、ワインを売ろうともしないが、かといって追加で買おうともしないというものだ。これは、明らかに矛盾していて、経済人としてはおかしい。これは、なぜなのだろうか。

これは、人は自分の持っているものの価値を、高く見積もるという性質があるからだ。

そのため、市場に売っている同じワインは200ドル以下の価値に見えるために、追加で買おうとはしない。しかし、自分の持っているワインは保有効果によって200ドル以上の価値があるように見えるために、手放そうともしないのだ。

化粧品や健康食品の無料試供品とか初回半額も、保有効果（試供品だと購入して保有しているわけではないのだが）によって、そこで止めてしまう人が意外と少ないという理由から存在している。

また、長く所有しているほど、保有効果も大きい。

これは、経済問題だけでなく、外交でも効いてくる。例えば、征服した土地と、本貫地（自分たちの出身地）だと、本貫地を失う方がより悔しい。例え、征服した土地の方が価値が高くてもだ。

この保有効果を利用して、交渉を有利に運ぶことも可能だ。例えば、本国の小さな土地を割譲するか、広大な植民地を割譲するかという問いに、明らかに損であるにもかかわらず、本国の土地を守ってしまうのだ。

第2節 国家の構造

✔政治制度

国家の政治制度には、幾つかのパターンがある。大きく分けて君主制と共和制があり、その中間としての貴族制などがある。

君主制	絶対君主制	君主の権力が、他者に比べて圧倒的に強い制度。とはいえ、完全な絶対君主制は、歴史上存在したことはない。貴族なり資本家なり宗教家なりが、それなりの権力を保持していて、君主の権力を多少なりとも制限しているのが普通。
	封建制	君主は存在するが、貴族の代表としての君主であって、圧倒的な権力は持っていない。多くの貴族が集まれば、君主の政策を阻止することもできるし、最悪の場合は君主が廃絶されることもある。
	立憲君主制	君主は存在するが、その権力は憲法によって制限されている。かなりの権力が保障されている（大英帝国や大日本帝国など）ものから、全く権力がない（日本国）ものまで様々。
	僭主政	前の君主を実力で廃して君主となったもの。この僭主が成功して王統が続けば、王朝の初代と呼ばれる。しかし、初代で転覆してしまった場合には、僭主と呼ばれることになる。
共和制	民主制	権力が国民ほとんどに分散されている制度。といっても、南北戦争前のアメリカのように、民主制でありながら奴隷制度があって一部の人間には権利がない国や、北朝鮮や中国のように、形式的には民主制であるものの実質的には独裁政権である国などもある。
	制限民主制	民主制ではあるものの、権力は国民の一部にのみ存在する。例えば明治憲法下の大日本帝国は、初期には金持ちのみが選挙権を持っていた。これなどは、財産による制限である。
	寡頭制	少数の貴族のみが権力を保持しており、貴族たちの会議によって政治が決められる。王がいる場合もあるが、あくまでも貴族たちの代表として権力を施行する人間でしかない。

この国のシステムの違いによって、転生者たちが、地位を得る手順が異なってくる。

転生者は、心は別にして、外見上はその国に生まれ育った人間だ。そのため、あまりに奇妙すぎる言動で忌避されない限り、国民として過される。このため、転生によって優れた知識チートを受け継いだ転生者なら、共和制国家において頭角を顕し、元首となることも可能だろう。

君主制国家において高い地位を得るには、生まれの身分が高い必要がある。そのため、転生先によっては、非常な困難を見ることになる。しかし、低い身分から出世を重ねて高い地位を得ることも不可能ではない。まして、知識チートを持つ転生者ならチャンスはあるだろう。

しかし、例え知識チートがあろうとも、転移者が国を取ることは、非常に困難である。なぜなら、彼は余所者だからだ。特に、共和制国家では、ほとんど不可能だ。多くの場合、ある国の国民は、その国の国民以外が元首になることを望まない。例えばアメリカ合衆国においても、移民によってアメリカ市民権を取った者は、州知事*6にまではなれるが、大統領*7にはなれない。

だが、困難ではあるがわずかな可能性が、２つある。

１つは、君主制国家において地位を上げていき、どこかの時点でクーデターなどして権力を奪取するという僭主コースだ。もちろん、クーデターの仲間を集めるのも、余所者である転移者にとっては困難極まる。また、仮に権力を奪取できたとしても、周囲は彼を余所者と考える人間ばかりだ。つまり、何時裏切られるか、分かったものではない。

そのような状況で、何年も国王をやり続けて、精神が持つのだろうか。生ぬるい生活をしていた日本人には耐えられないかも知れない。それを考えると、転移者は国王を廃するのではなく、国王にとって普通の国民とは違う視点からアドバイスできる相談役として地位を固めた方が安泰かも知れない。

もう１つの可能性としては、勇者コースもある。魔王を斃して国や世界を救った勇者として、王の娘婿になるというコースだ。ただし、王に妙齢の娘しかいない場合のみ、このコースは成立する。また、王配*8や娘婿として王となることを狙っていたはずの有力貴族を敵に回すことは避けられない。

*6 カリフォルニア州知事になったアーノルド・シュワルツェネッガーはオーストリアの出身だ。

*7 だからこそ、バラク・フセイン・オバマ大統領が本当にハワイ生まれなのか疑う陰謀論者が登場した。氏のフセインという強烈にアラブを想像させる名前（何しろ、湾岸戦争の敵がイラクのサダム・フセインだ）が疑念を起こしやすかった点も否めない。もし、オバマ大統領が他の土地で生まれた場合、生まれながらのアメリカ市民ではない可能性があり、その場合は大統領にはなれないからだ。実際には、オバマ氏のハワイにおける出生証明書は存在するので、陰謀論は陰謀論のままで終わった。

*8 広義には、王の配偶者のこと。ただ、通常は、女王の夫のこと。

王太子がいる場合は、彼の地位を奪う可能性のある敵として、命を狙われるのは明らかだ。王様に「魔王を斃して娘を救い出してくれ」と頼まれた場合は、こっそり「息子さんはおいでですか」と聞いておいた方が良いだろう。

民族アイデンティティ

民族は、多くの場合固有のアイデンティティを持つ。これによって、民族は仲間意識を育て、まとまって行動できるようになる。しかし、そのアイデンティティは、必ずしも歴史的に正しい必要はない。

例えば、アメリカに住む北米原住民は、自らを「インディアン」もしくは「アメリカ・インディアン」と称し、「ネイティブ・アメリカン」という呼称は、欺瞞的だと主張する。

そもそも、「ネイティブ・アメリカン」という名称は、なぜ生まれたのか。まず、「インディアン」という呼び名は、白人がアメリカにやってきた時に、その地をインドと勘違いし、住人をインド人（インディアン）と呼んだのが始まりだ。そのため、「インディアン」というのは蔑称ではないかという考えによって、中立的な名称として「ネイティブ・アメリカン」という言葉が発明された。

しかし、にもかかわらずインディアンたちは「インディアン」を自称する。それはなぜなのか。

- ネイティブ・アメリカンは、エスキモーなど、アメリカに元から住んでいたがインディアンではない民族とまとめてしまわれる。そのため、インディアンとしてのアイデンティティが失われる。
- 言葉の並びから、アフロ・アメリカンや、ユーロ・アメリカンなどと並べられ易く、人口の少ない（アメリカの全人口の1％以下）インディアンには不利だし、元からの先住民であるという誇りも傷つく。
- 現実的利益を考えても、インディアンには、リザヴェイション（保留地）の領有権とそこでの自治権、インディアン・カジノの営業権など、様々な権利がある。しかし、単なるネイティブ・アメリカン（先住民の血を引くが、連邦政府からインディアン部族の一員と認められていない）にはない。つまり、インディアンであることは、実際に利がある。

もはや「インディアン」という言葉ができて何百年も経ち、インドとは何の関係もない言葉として定着してしまった。実は、インディアンはナバホ族とかホピ族といった多くの部族に分かれていて、統一した名称を持っていなかったので、インディアン以外の名称がないという現実的な事情もある。

それら様々な過去の事情の結果、今では北米原住民たちは、「インディアン」というアイデンティティを持っているのだ。

他の例として、ベトナムがある。本来、「ベトナム」とは「越南」のことであり、越という中国の国の南にある（つまり中国ではない辺境）という意味合いがある。このため、中世のベトナムは、自らを「ナムヴェト（南越）」と称した。これは、南にある越（中国の国）であり、中国と同等という意味合いを込めている。さらには、「ダイナム（大南）」と書くこともあった。これは単に大いなる南の国という意味だろう。しかし、これらの名称は現在では使われていない。

現在のベトナム人は、ベトナムという名前に誇りを持っている。「ベトナム」という言葉が、もはや「越の南」ではなく、「ベトナム」という1つの単語として、民族のアイデンティティを作っているのだ。

このように、歴史的には間違っていたとしても、民族のアイデンティティとなってしまうことはあるし、それはそれで構わない。

✔国民国家と多民族国家

国民が、どのような構成になっているかは、国をまとめる上で非常に重要だ。

一般には、国民国家（厳密には異なるが、一般的には単一民族国家の意味で使われることが多い）は、比較的まとめるのが簡単だと言われる。元から国民の間に共感が成立しているので、自分からまとまろうという力が働くからだ。

もちろん、厳密な国民国家など、世界に存在しない。日本は単一民族国家だと言われることも多いが、アイヌは民族的には日本民族とは異なる。つまり、日本も厳密な意味では、多民族国家だ。だが、一国の人口のほとんどが単一民族で構成されている場合、それを国民国家とする場合が多い。なぜなら、他の民族はあまりにも少数であるために、その国の様々な決定を左右することができないからだ。

中国など、政府が公式に認めているだけでも55の少数民族が存在するが、それでも人口の90%以上が漢民族であるため、国家レベルの決定事項においては国民国家と変わらない。ただ、チベットのように少数民族の方が多い地域もある。このような地域は、民族自立を目指したり、元々の独立を取り戻そうとしたりする。このため、中国政府は、このような地域への漢民族の移住を促進し、人口的に漢民族多数の地域に変えてしまおうとしている。

このような国民国家を１つにまとめる場合に使われるのが、「民族的アイデンティティ」だ。この場合のアイデンティティとは帰属意識を意味し、民族的アイデンティティならば、自分がその民族に属しているという認識のことだ。これらは、自分の持つ文化が、民族の文化と同一であることによって生じる。ただし、比較対象は非常に多面的であり、全ての面において帰属意識が発生するわけではない。

・言語

同じ言語を話す人間は、話が通じるので、同じ仲間だと思いやすい。しかし、同じ言語であっても、方言がきつくて話が通じない場合、仲間意識は涵養されない。また、軍隊を組織しても、言葉が通じにくくて、命令伝達に支障が出る。明治中期の日本は、この方言問題を解決するために、標準語というものを定めて、国語教科書などに使用することで、全国に広めた。これによって、各地方の人間も、方言同士では通じなくても、標準語を話すことで、話が通じるようになった。

・宗教

同じ宗教を信じている者同士は、同じ神を信じているし、死んだら同じ冥界に行くので、強い仲間意識が生じる。宗教は、異民族ですら１つにまとめられるほど、強い絆を作る場合もある。民族は違うが同じ宗教を信じる集団が、単一宗教国家という単一民族国家並にアイデンティティを共有する国を作ることもあり得る。逆に、同じ民族なのに宗教が異なるために同一国家を編成できないということもある。

・神話

同じ神話を持つことによって、自分たちは遙かな過去に同じルーツを持つ（＝遠い親戚）という意識が生じる。

・歴史

同じ歴史事件を過去に持ち、同じ歴史的偉人を仰ぎ見ることによって、過去から仲間であると感じることができる。

・習俗

同じ習俗・習慣を持つことで、彼我に共通点があることが確認できる。

・国民性
同じ民族同士は、他の民族よりも、性格・価値観などに似ている部分が多い。このため、話が合いやすい（必ず合うわけではない）し、同じ目標を持って協力しやすい。
・国歌
音楽は、原初的感情に訴えるだけ、強い影響を与える。同じ国歌を歌う時、人は、国家という共同体をイメージすることができる。国歌以外でも、幼い頃から聞き慣れた曲（例えば、日本人なら『ふるさと』とか『江戸子守歌』など）を共有する人間には、強いシンパシーを感じる。

例えば、日本人のアイデンティティならば、日本語を話し、宗教をごった煮で使い、日本神話を多少なりとも知り、大和朝廷から大日本帝国にかけての歴史を持ち、靴を脱いで家に入るなどの日本的習俗を持ち、日本人らしい生真面目さがあるというものだ。

もちろん、全ての面において一致している必要はない。キリスト教徒の日本人も、いい加減な性格の日本人もたくさんいる。だが、以上のような日本人の文化にある程度多く当てはまる人間は、日本人としてのアイデンティティを持つ。そして、それが国民国家をまとめる力となる。

✔多民族国家

多民族国家には、国民国家のような民族的アイデンティティが存在しない。そのため、多民族国家の国民が、自分がその国の人間であると確信できるような、何らかのアイデンティティが必要となる。

一般に、帝国は幾つもの国を支配する大国家なので、その中に多くの民族を含むことになる。このため、民族を使わないで国を統合する国家理念を提供しなければ、帝国は継続して存在することができない。

そのような多民族国家の理念を、幾つか紹介してみよう。その中には、成功したものもあれば、失敗したものもある。

【フロンティアスピリット】

アメリカは帝国ではないが、移民国家で多民族が併存している国だ。このため、帝国同様に他民族を統合する理念が必要となる。それが「フロンティアスピリット」だ。アメリカの「フロンティアスピリット」は、新たな地平を開拓し挑戦をし続けるといった意味合いで、この理念によってアメリカは統合されている。実際、アメリカ人の多数は、この理念を受け入れているし、それがアメリカという国の強さにもなっている。
ただし逆に言えば、「フロンティア」が失われると、アメリカの統合は失われるということでもある。そのため、アメリカは常に新たなフロンティアを必要とする国家である。
しかし、アメリカ人だからといって必ずしも「フロンティアスピリット」の理念を受け入れられるかというと、そうでもない。
奴隷として連れてこられた黒人たちは、奴隷のままでは「フロンティアスピリット」なんて嘘っぱちとしか感じられないだろう。しかし、奴隷解放によって自由になった彼らにとって、アメリカの地は新たな挑戦の土地となることができる。このため、黒人は「フロンティアスピリット」によってアメリカに統合することが可能だ。だが、アメリカは自分を拒否していると考える黒人にとっては、「フロンティアスピリット」は、嘘っぱちに感じられるだろう。
しかし、アメリカ・インディアンは根本的に違う。元からアメリカ（当時はアメリカという名前すらなかったが）に住んでいた彼らにとって、そこは父祖の地であってフロンティアなどではない。それどころか、「フロンティアスピリット」は、父祖の地を詐欺や暴力で奪った理念でしかない。だからこそ、アメリカ・インディアンはアメリカの理念を共有することができず、原理的に統合されない。もちろん、そのような民族的背景を捨てて「フロンティアスピリット」に参加するアメリカ・インディアンがいないわけではない。
現代アメリカでも、アメリカ・インディアンだけが孤立しているように見えるのは、この影響もあるのではないかと思われる。
だが、そのような例外（アメリカ・インディアンの人口は、アメリカ全体からすると１％以下である）を除けば、新たに移民としてやって来る人々も含めて、「フロンティアスピリット」をアメリカの理念であると考えていることが多い。

【八紘一宇（はっこういちう）】

大日本帝国も、第二次大戦前に、アジア各地を統合するつもりで、多民族帝国の理念を発表した。それが、「八紘一宇」だ。

八紘一宇とは、世界が1つの家族のごとく睦み合うことを言う。このため、帝国主義がはびこり弱肉強食の世界において、弱い家族（現在植民地となっているようなアジア各国）を虐げるのではなく、強い家族（大日本帝国）が弱い家族を助け、弱い家族のために働く制度であるとした。

しかし、実際には八紘一宇は失敗し、アジアを率いる大日本帝国の理念にはならなかった。

これは、大きく分けて、2つの失敗によって起こった。

- 敗北
  実際には、大日本帝国は敗北し、強い家族ではなかった。このため、アジア各国が植民地から脱する、直接の役に立たなかった。例えば、大日本帝国はインドネシアを占領後、インドネシア人に武器を供給し、軍事訓練を施すなどして、第二次大戦終了後のインドネシアの独立戦争の基盤を作ったと言えなくもない。しかし、結局のところ独立はインドネシア人の軍事力によってなったもので、大日本帝国は多少の役には立ったものの、直接の力にはなっていない。
  つまり、理念を成立させる能力が不足していた。
- 裏切り
  八紘一宇の理念に添うならば、日本は占領した元植民地を、日本同様もしくはそれ以上に、家族のように扱わなければならない。しかし、実際には日本は元植民地を、白人ほどではないかも知れないが、やはり収奪した。これによって、日本に期待したアジア人を失望させてしまった。
  つまり、理念に反した行動によって、自らの理念を貶めてしまった。

前者だけならば、理念は正しかったが力及ばずであって、現代ではそれなりに評価されたかも知れない。しかし、後者がまずい。

もちろん、白人は、もっと酷くアジア人を搾取して、資源や作物を収奪していた。しかし、白人は、最初から略奪者で敵だったので、今更失望しない。

だが、日本人は、八紘一宇という一見美しい夢を見せた後で、収奪を行って失望させた。期待させた後での失望は、より深くなる。収奪が白人よりもマシだったとしても、やられたアジア人にとっては、より大きな失望だったのだ。

これが、八紘一宇がアジア人に受け入れられなかった理由だ。

もちろん、元は独立国だったのに、日本に占領された中国・朝鮮にとっては、八紘一宇など噴飯物にすぎない。日本が来る前は名目上だけかも知れないが独立国だった中国・朝鮮と、来る前は欧米の植民地だった東南アジア諸国では、大日本帝国に対して前者の方が厳しい目で見ており、後者の方が多少甘い見方をしてくれるのは、この差だと思われる。

【ローマ市民権】

現在までの歴史を振り返って、最も成功した帝国は、ローマ帝国だ。帝政の確立から、東西ローマの分裂までという、最も狭い範囲を見ても、紀元前27年～紀元395年と、400年以上もの間、帝政を維持してきたのだ。

そのため、ヨーロッパでは、単に「皇帝」と言えば、それはローマ皇帝のことであり、後の世に皇帝を自称した王は、何らかの理由をでっち上げて、ローマ皇帝の後継であることを主張した。例えば、ロシア皇帝は、ロシアに東ローマ帝国皇女が嫁いでいることから、血がつながっていることを根拠として（東ローマ帝国皇女が嫁いだ王家はロシアだけではない）、皇帝を称している。神聖ローマ帝国など、ゲルマン人が作った世俗王国で、しばしば「神聖でもローマでも帝国でもないのに神聖ローマ帝国」と揶揄されるほどだ。

では、それほど憧れの目で見られたローマ帝国は、どうやって400年もの長きにわたって帝国民を引きつけておくことができたのか。それが、ローマ市民という理念だ。

実利としては、ローマ街道などのインフラ整備にある。ローマ街道によって、遠方の産物を輸入し、また地元の産物を遠距離まで運んで売ることができる。これによって、広大なローマの領域が、交易という実利によって結びついた。

だが、ローマ帝国を成立させる理念としては、「ローマ市民」という概念が大きい。ローマ市民は、「ローマ帝国において市民権を持つ者」という意味であり「ローマ人の市民」ではない、そのためローマ市民権はローマ人以外にも開かれていた。

元々、都市国家が幾つも存在していたイタリア半島においても、ローマは小さな新興都市に過ぎなかった。しかも、周囲に住んでいたのはローマ人ではなく、エリトリア人という、ローマ人とは異なる民族だった。このため、ローマが大きくなるためには、占領した都市国家の住人の協力がどうしても必要になる。
そこでローマが行ったのは、占領した都市国家の支配階級に、ローマ市民権を与えるという方法だった。ローマ市民権とは、以下のような権利と義務の総体だ。

- 市民集会における選挙権（ローマの官職選挙に投票できる）。
- 市民集会における被選挙権（ローマの官職選挙に立候補できる）。
- 裁判権と公訴権（ローマ法によって、保護される）。
- 免税権（属州民に課せられる収穫の33％の税がかからない）。
- コロッセオ（円形闘技場）やテルマエ（ローマ浴場）への入場権。
- ローマ軍団への参加権（ローマ軍団の兵士となる権利と義務）。

つまり、ローマに敗北して占領されても、都市の統治者はローマ市民権を得て、より大きなローマという国の統治階級になれるのだ。もちろん、ローマ市民権を持つ人間はたくさんいるので、都市国家時代のような圧倒的な権力はないが、それでも他の国に占領された時のように、統治者は一族皆殺しといったことにならず、それどころかそれなりの権力を持ったままでいることができる。
ギリシア諸都市では、この市民権を拡大させず、新たに市民権を得るのは非常に困難だった。このため、ギリシア都市国家は、いつまで経っても都市国家のままだった。
だが、ローマは、この市民権を他民族に広げることによって、他民族をも「我らローマ市民」と考えさせることに成功した。
だが、これだけでは、新たな占領地（属州）の一般人は、ローマ人としての自覚を持たない。そこで、彼らにもローマ市民への道が作られた。
ローマ軍団には、レギオ（正規兵）とアウクシリア（補助兵）がいて、レギオはローマ市民からなるが、アウクシリアは属州民からなる。アウクシリアは満期が25年で、除隊後には金銭かローマ市民権を得られるが、給与はない。ただし、兵役こそが最大の課税だと考えられているから、属州税は無税となる。つまり、属州民でも、男子を１人兵役に送っても耐えられるだけの金銭的余裕があり、無税の方が得である収入の多い家族だけが、アウクシリアを送り出すことができた。実際、退役後に金銭を選ぶ人間は少なく、多くはローマ市民権を望んだらしい。

しかも、この市民権は子孫にまで受け継がれる。つまり、アウクシリアを満期退役した兵士の息子は、ローマ市民としてレギオになれるのだ。長年ローマのために戦って、ローマ市民権を得て、子孫は生まれながらにローマ市民となるのだ。つまり、属州の上層階級は、徐々にローマ市民になり、自分がローマ人であるという自覚を持つ。

こうして、ローマ市民権を徐々に拡大することによって、ローマはローマ市民（ローマ人の自覚を持つ人間）を増やすことに成功した。

ここで重要なのは、単なる恩恵としてばらまいてはいけないということだ。ローマ市民でない者にとって、ローマ市民権は、絶対に得られないものであってはならない。しかし、安易に手に入れられるものであってもいけない。つまり、苦労の末に獲得するものでなければならない。苦労して獲得するからこそ、獲得した者はローマ市民権を素晴らしいものと感じ、誇りに思う。

つまり、希望はなければいけないが、安易であってはいけないのだ。希望がないと、人々は気力を失う。安易に手に入ると、人々はそれをありがたいものと思わなくなる。もちろん、これに当てはまらない人間も存在するが、多数派は、このように考え行動する。

これによって、ローマは占領地の上層階級をローマ市民として取り込むことができるようになった。これが、ローマ市民の新陳代謝を生み、また、占領地で反逆を起こしかねない上層階級を仲間にすることができるようになった。

このように、多民族国家を束ねる理念は様々な種類が存在するが、いずれにせよ、いったん決めたなら、理念は守られなければならない。途中で変えられてしまった理念ほど、皆の失望を生むものはないからだ。八紘一宇の失敗を見れば、明らかだろう。

このため、理念を決める時は、将来を考えて慎重に決めなければならない。

最も長期にわたって通用したローマ市民という理念ですら、後には惰弱のシンボルのように言われるほど、変質してしまった。永遠に通用する理念はないということなのだろう。

✔国民とナショナリズム

国民という概念は、実は非常に新しい。なぜなら、昔の人間は、自分が国に帰属しているなどと考えもしなかったからだ。**ナショナリズム**（国民主義）は、国民が「自分は国家に帰属している」と考えるようになって初めて生まれた思想だ。

間違えてはならないのは、ナショナリズムは**パトリオティズム**（郷土愛）とは違うということだ。パトリオティズムは、ほとんどの人間が持っている自然な感情だが、ナショナリズムは近代になって発明された人工的な思想だからだ。現代で言うナショナリズムが生まれたのは18世紀だ。

だが、ナショナリズムをもっと古いものとする説も存在する。確かに古くからナショナリズムの元となる思想はあった（エトニーと呼ばれる）。実際、数多くの中世史研究者が、中世におけるナショナリズムの存在を指摘している。現代のそれとは完全に同じものでないにせよ、ナショナリズムに相当する考え方が存在したことは確かなのだろう。これは、中世ファンタジーの世界においてナショナリズムを利用しようと考える転生者にとって、非常に有益な情報だ。

多くの政治思想家は、ナショナリズムを一種の欺瞞であり、正しい政治思想ではないと考えているようだ。これは、共産主義におけるマルクス、資本主義におけるヴェーバーのような、偉大な思想家をナショナリズムは持たなかったという理由もある。このため、ナショナリズムは、思想として整備されておらず、それどころか、人によって全く異なるものをナショナリズムとして主張している。

さらには、ナショナリズムを悪用したヒトラーのような人物も存在した。これでは、ナショナリズムが悪者扱いされても仕方ないかも知れない。

だが、ナショナリズム自体が悪いわけではない。周りが見えないほど視野の狭いナショナリズムには問題もあるが、それはそんなナショナリストが悪いのであって、ナショナリズムのせいではない。

また、国の支配者にとって、ナショナリズムは非常に便利な思想だ。なぜなら、自ら国を愛し、国のために行動しようという思想なのだから、支配者に有利に働くことが多い。ナポレオンが強かった理由の１つは、彼が率いる軍が国民軍（国民を組織して作り上げた軍隊）だからだ。

ナショナリズムが支配者に不利に働くのは、その支配者があまりに無能だったり私利私欲に走ったりして、その支配者の存在が国の不利益になると国民が考えるようになった場合だけだ。逆に言えば、少なくとも平均程度の能力があって、国家に不利な行動を行わない支配者なら、ナショナリズムはありがたい思想だ。

ただ、過激で攻撃的すぎるナショナリズムは、支配者にとってもコントロールしきれないので、気をつけなければならない。コントロールできる範囲の、穏健なナショナリズムに留めておくべきだろう。

つまり、近代の支配者ならば、過激すぎないナショナリズムは是非育成すべきものだ。中世や中世ファンタジーの時代の支配者で、まだナショナリズムという思想が存在しなかったり萌芽の状態なら、国民という概念と共に新たに発明してでも広めるべきだ。

では、国民とはナショナリズムとは、どのようなものなのだろうか。

○国民

中世世界には、国民は存在しない。なぜなら、国に属していると考えている人間自体がいないからだ。ファンタジー世界でも、同様である可能性が高い。

農民や農奴は、自分の帰属を領主とその領地くらいまでしか考えていない。つまり、領主○○様の領地××の者としか考えていない。それ以上に広い世界を認識していないからだ。

都市住民は、自分は都市に帰属していると考えている。都市こそが、彼らの権利を守り、生存を保証してくれるからだ。

貴族は、王の配下であることは認識している。しかし、彼らの帰属するところは、家であり、自らの家系こそが守るべきものだ。王のまとめている国というものを認識はしているし、帰属意識も持っているが、それはあくまでも封建制度の中での、保護と奉仕の契約に基づいてのものだ。決して、無私の献身などではない。

このように、国民が存在しない中世ファンタジーの世界には、当然のことながら現代のナショナリズムは存在しない。そのため、ナショナリズムを利用するには、まず国民を作る必要がある。

では、国民を作るために有効な手段には、どのようなものがあるか。

- 言語政策
- 宗教政策
- 文芸政策

などが考えられる。これらは、大きな問題なので、後にまとめておく。

【言語政策】

ナショナリズムを利用したい場合、言語について、国はどのような政策を行えば良いだろうか。また、その政策によって、どのような効果が現れるだろうか。

言語とは、国を作るのに非常に重要な要素と言える。なぜなら、言葉の通じない人間を同胞と考えることは、普通の人間には困難だからだ。このため、国民は同じ言語を使っていて欲しい。

しかし、言語は、異国人を排除する要素でもある。つまり、明らかに異国人なのに同じ言葉を使っている場合、その言語を使っているのは何者なのかがはっきりしなくなる。このため、異国人には同じ言語を使って欲しくない。

国民を統合するに足る言語とは、どのようなものだろうか。少なくとも、以下の条件が満たされていて欲しい。

1. 国民全て（少なくとも例外的少数を除いた大多数）が、その言語を使用している。
2. 国民以外（国外在住の同民族を除く）が、その言語を使用していない。

これによって国民は、その言語を、自分たちの、そして自分たちだけの言語と考えることができる。言葉の通じない人間を同胞と考えるのは、困難だ。同時に、異国人も同じ言語を使っているようでは、自分たちという範囲が曖昧になってしまう。つまり、言語は、人々に想像の共同体を作らせることができる。

ただし、2.の条件に関しては、自分たちの勢力圏や植民地が広がることによって、他国が自分たちの言語を使用するようになった場合には、この条件は問題なくなる。2.の条件は、幾つもの民族に共有される言語では民族アイデンティティが抱きにくいという意味だ。自らが広めた場合は、自分たちが偉いから自分たちの言語も広まったのだと、プライドを満足させることができるので、問題ない。

想像の共同体は、あくまでも想像の産物なので、学問的に正しい民族の範囲とかと一致しなくても構わない。逆に言えば、上手くコントロールすれば、為政者にとって都合の良い共同体を作ることができる。

使用範囲の異なる言語は、国民に対して異なる影響を及ぼす。

【言語と国民】

言語には、使用範囲によって幾つかの種類がある。

- 世界言語：世界中（少なくとも多くの国の間）で使われている言語で、他国との交渉などにも使われる。また、その有用性と歴史性（世界言語になるだけの歴史の裏付けがある）から、上流階級の言語となっていることもある。しかし、世界で使われているために、国民の言語とはならない。
- 民族言語：特定の民族によって使われている言語。民族が国家を形成すれば、国民の言語となることができる。
- 少数民族言語：特定の民族に使われている言語だが、その民族が弱小で、国家を形成し得ない。当然国民の言語とはならない。それどころか、その少数民族を取り込んだ国民国家ができてしまうと、多数民族の言語が国民の言語となって、消えゆく言語となる可能性も高い。

現代で言うと、日本語は民族言語なので、国民の言語となることができる。

しかし、英語は国民の言語となるには世界中で使われすぎている。英語を国の公用語にした場合、それによって国民のナショナリズムを高揚することはできない。もちろん、英国なら、英語を自国の言語であると考えることができる。他の国には、英語を使わせてやってるのだという認識だ。このような世界言語に近い使われ方をしている民族言語には、他にフランス語やスペイン語、中国語などがある。この場合、フランス語は、フランス人以外の人間にとっては世界言語だが、フランス人にとっては民族言語なのだ。

中世ヨーロッパでは、ラテン語が世界言語だ。ヨーロッパの多くの国で、上流階級はラテン語を聞き話し読み書きし、ラテン語で政務を行った。このため、他国と交渉する場合も、ラテン語を使えば何の問題もなかった。キリスト教の司祭たちも、ラテン語で神学を学び、聖書はラテン語で書かれていた。

それに対し、庶民はラテン語を話すことすらできず、一切の政務に関わることができなかった。さらには、庶民はラテン語で書かれた聖書を読むこともできず、ラテン語を知っている司祭から説明されることによってのみ、キリストの教えを知ることができた。

中世東アジアでは、中国語（ただし書き文字）が世界言語だった。多くの国で、公式記録は漢文で書かれており、互いの話す言語は全く異なるにもかかわらず、書き文字は漢文だった。このため、言葉が通じないにもかかわらず、文章を書けば通じる。また、他国の公文書も、読むことができた。

このように、世界言語はグローバリズムを促進するが、民族言語はナショナリズムを促進する。

【言語の統一】

１つの民族で話されている民族言語でも、行き来のない地域の言語は容易く変化し、通じなくなる。それは、それぞれの地域が別の国になるのと同じだ。日本の方言の多様性と、その通じなさは、ＴＶなどでもネタにされるほどだ。江戸時代の日本が、日本という国民国家ではなく、藩という小国家の集合体でしかなかったことは、方言からも明白だ。

しかし、明治維新によって日本は１つの国民国家に生まれ変わろうとした。明治政府は、日本に国民を作るために、標準語を作り、教育することにした。つまり、標準語を日本という国民国家の言語にしようとしたのだ。

また、標準語の教育は、軍隊その他の全国組織において、方言がきつくて命令が通じないといった問題をなくすという、実用的な意味もあった。

別の見方をすると、民族は固有の言語を欲する。固有の言語を持つことによって、「自分たち」の範囲を定めることができるからだ。

例えば、フィンランドは18世紀にはスウェーデンの一部であり、その国家言語（国の上層部が話す言葉）はスウェーデン語だった。だが、19世紀にロシアに併呑され、ロシア語が官語（官僚の使う言語）となる。

本来フィンランド人の我らが言語は、フィン語だった。だが、そのままではフィン語には価値が見いだせない。下層階級の使う価値の低い言語でしかなかったからだ。

しかし、19世紀には、フィン語で民間伝承の研究が行われたり、フィン語文学が書かれたりして、フィンランド人の国民意識を高めた。そして、20世紀ロシア革命の混乱に乗じて、フィンランドは独立を達成する。

【植民地の言語】

植民地での言語政策も、非常に重要だ。

植民地における言語政策の目的は、3つあった。

・植民地とその周辺地域との紐帯を破壊すること。
・植民地固有の文化や歴史を学ばせない。
・植民地人の下級官僚・下級社員を必要十分な人数だけ養成する。

本来、植民地と地続きの周辺地域とは、様々な交渉や交易、文化的言語的つながりがあるはずだ。だが、それを残しておくと、つながりを利用して独立を目論む人間が増えるし、また独立運動の後背地として周辺地域が有効活用される。

このような問題を減らすために、植民地人の指導層を本国語で教育する。こうすると、周辺地域とは言語が異なってしまい、交渉も困難になる。周辺地域の人間も、言語の異なる人間を仲間と見なしにくい。

次に、現在の植民地が、過去には栄えた国家だったとしたら、それを知った植民地人指導層は独立の念を高める可能性が高い。もちろん、独自の言語と文字を持っていたことも、プライドを高める効果がある。これは困るので、古文書などに使われている、植民地固有の言語の読み書きを教えない。できれば、存在を忘れてもらいたい。

歴史教育は、本国の歴史を教えて、本国への忠誠心を高める。植民地の歴史など、無視する。

最後に、植民地は、本国より劣悪な環境であることが多いので、本国の人間はあまり赴任したくない。しかし、植民地統治には、多数の官僚が必要となる。また、植民地で事業を行う企業でも、植民地で働くのは嫌がられる。

このため、植民地のエリート層には、本国語の教育を行う。そして、彼らを下級官僚や、植民地企業の下級社員にする。これによって、以下の利点がある。

- 官僚組織内・植民地企業内では、本国語で会話できる。これによって、植民地に派遣されるようなあまり有能でない（植民地語を覚えていないかも知れない）官僚・社員でも問題ない。
- 本国語で書かれた書類は、本国語のできない植民地人は読むことができない。このため、秘密を守りやすい。
- 本国語と植民地語の両方を話せる植民地エリート層に、上級官僚・社員である本国人と、一般の植民地人の間を取り持たせることができる。

ところが、これは痛し痒しの政策である。というのも、下級といえどもきちんとした読み書きと、統治組織に関する知識を得た植民地人官僚たちの中から、必ずと言って良いほど、独立派が生まれてくるからだ。

しかも、本来の民族的には別々で、過去には対立していたりしていた部族が、この本国語教育によって統一され、１つの民族のようになっていくことすらある。こうなると、逆効果である。

実例として、フランス植民地時代のインドシナ半島には、１つの大学だけしか存在せず、そこに学ぶ各部族のエリート層が、インドシナ人へとまとまっていったとされる。こうなると、植民地維持のための政策が、植民地独立派の育成になってしまっている。

インドシナでは、人員が足りなくなると、フランス・ベトナムと呼ばれる教育システムで、クォック・グ（ベトナム国語）を用いて教育し、フランス語は第一外国語として教えることにした。これによって、識字率が10％（これは、インドシナにおいてかつてないほどの高率）にも達し、ベトナムにおいてのインテリ層を形成した。これが、独立運動のバックグラウンドになったことは間違いない。

【宗教政策】

宗教は、国民を統一する非常に有効な手段ではあるが、下手をすると国を崩壊させる劇物でもある。そのため、宗教のコントロールは、国の興廃に直結する重要な政策となる。

明治政府が廃仏毀釈(はいぶつきしゃく)を行って国家神道を立ち上げたこと、織田信長が一向宗と食うか食われるかの戦いを行ったこと、イスラム教が十字軍という名のキリスト教の侵略と戦ったことなど、いずれも宗教がなければ発生しなかった大問題だ。

国民に宗教教育を行うことで、国が宗教をコントロールする。そして、宗教を国をまとめるキーの1つとするのだ。

日本の明治政府は、神仏分離によって神道と仏教を分離し、廃仏毀釈によって仏教を弱め、さらに今まであった神道に一定の枠をはめることで、明治神道というある意味で新しい宗教を、国民に広めた。

ここで明治政府の上手かった点は、今まで皆が拝んでいた神社をそのまま枠組みとして利用したというところにある。誰しも、今まで拝んでいたものを破棄されて、突然新しいものを拝めと言われても、拒否反応がでる。

しかし、日本の神仏分離では、今まで拝んでいた神社をそのまま拝んでいて良い、その教えも一見したところ大差ない。単に一緒に祀られていた仏像がどっかにやられただけだ。これなら、ほとんどの人は、教義に多少の変化があっても、「まあ、そんなもんだろう」と思ってそのまま信仰を続けてしまう。

同じような方法をとったのが、英国国教会だ。こちらも、元はカトリックだったのだが、王が自分に都合の良い教義（離婚して別の女と結婚したかった）を採用するために、カトリックから独立して国王をトップとする国教会を作った。国教会は一応プロテスタントなのだが、その教義はプロテスタントの中では最もカトリックに近いと言われている。そうしておけば、一般の信者は、今までとあまり変わらないので、そのまま信仰を続けてくれるからだ。

逆に、既に存在する宗教を潰して行おうとした例として、戦国時代の大友氏がある。大友宗麟は、キリスト教に染まって、領内の寺社を打ち壊し、新たにキリスト教寺院を設立した。もちろん、南蛮人から銃器や硝石（火薬の原料）を優先的に手に入れようという思惑もあったのかも知れない。実際、南蛮人から優遇された利点もあり、一時期は九州全てを手に入れられるかも知れないというほど、領地は拡大した。しかし、大名の命令による神仏への弾圧は、実施はされたものの、領民だけでなく非キリスト教徒の家臣の不満も発生させ、結局大友氏内部がガタガタになって、後に滅亡寸前となる一因となっている。

他の例としては、古代エジプトのアテン信仰がある。当時、アメン神の信仰が強くなりすぎたため、アメンホテプ[*9] 4世は自らの名をアクエンアテン[*10]に変えてアテン神をエジプトの主神として信仰を広めようとした。そして、王家でアメン信仰を行うことを止め、アメン神の信仰を抑えつけた。これを、アマルナ宗教革命という。しかし、その性急さに反発も強く、アクエンアテンの死後ツタンカーメン[*11]の時代には元通りになってしまう。

無理な宗教改革は、反発を招いて失敗の元だ。

【神話・文学】

ある程度、国民の教育が進んで、識字率が上昇してからの話だが、国民の神話の編纂、民話の収集、国語による文学の出版なども、国民のプライドを満足させ、国民意識を作るのに効果がある。

識字率が高くない場合、ラジオ放送による国民意識の涵養、それすらないなら、吟遊詩人を巡回させて同じ物語を聞かせることによる国民の統一感など、決して馬鹿にしたものではない。

例えば、テレビコマーシャルに桃太郎や浦島太郎が登場するとして、アメリカ人には意味が分からないし、大して面白く感じない。しかし、日本人なら、パロディであることが分かるし、ニヤリとすることもできる。こういうことの積み重ねが、お互い日本人という国民意識を作る。

逆に、アメリカ人なら、ジョニー・アップルシード（リンゴの木を植えて広めたという伝説の開拓者）やビリー・ザ・キッド（伝説のガンマン）を知っているし、そのパロディが出てきたらすぐに分かる。日本人には、ピンとこないだろう。

幼い頃に聞かされていた伝説が共通する人間と、別である人間とで、人間はどちらに共感するかは、明白だろう。

---

*9　アメンホテプとは、「アメン神は満足された」という意味。
*10 アクエンアテンとは、「アテン神に強く意識された」という意味。
*11 ツタンカーメンは、「アメン神の似姿」という意味。

【文芸政策】

文芸は、国民の識字率が上昇してからでないと意味はない政策である。しかし、成功した国は、その多くが、国を統合するにたる**国民文学**を持っている。

国民文学とは、近代国民国家の成立と同時期に生まれたもので、その国の国民性や文化を顕している文学だ。そして、その国の国民は、その文学をその国が生みだしたことを誇りに思っている。

もちろん、正しい国民文学は、国粋主義的でもないし、他国・他民族を見下すものでもない。しかし、どうしても我が国自慢の部分が含まれてしまうのは事実だ。

例えば、イギリスの国民文学と言えば、『ホーンブロワー』シリーズを始めとする海洋冒険小説だ。シェークスピアのような優れた作家がいて、『ドラキュラ』のようなホラー小説の系譜を生みだすなど、数々の文学的成果を持つイギリスだが、国民文学はホーンブロワーなのだ。

さて、その内容はというと、18世紀末から19世紀初めにかけて、平民でイギリス王立海軍*[12]に入ったホレイショ・ホーンブロワーが、その優れた能力と幸運とに助けられ、イギリスのために戦い、出世していくというものだ。その敵として登場するのは、ほとんどの場合フランス海軍だ。

つまり、イギリスが対岸のフランスに格好良く勝利する物語*[13]だ。これによって、イギリス人は、自らの愛国心を満足させ、自国に誇りを持つ。そして、ホーンブロワーを我らジョン・ブル*[14]の良い点を集めた代表と考えている。

フランスにおいては、国民文学とは少し違うが、『最後の授業』という日本の教科書にも使われた有名な短編小説がある。ドイツに敗北したフランスが、アルザス・ロレーヌ地方*[15]をドイツに奪われたため、明日からドイツ領になるアルザス・ロレーヌではフランス語教育ができな

*12 当時の海軍は、帆船に大砲を載せて戦っていた時代だった。

*13 歴史を見てみると、そのほとんどの時代、イギリスとフランスは仲が悪い。そもそも、世界の歴史において、隣国と仲が良いというのは希であって、基本的には隣国は敵である。

*14 擬人化されたイギリス、もしくは典型的イギリス人。

*15 本来、アルザス・ロレーヌは、エルザス・ロートリンゲンというドイツ語圏の地域だ。だからこそ、学校でフランス語を強制的に学ばせないと、住民はフランス語を話せない。つまり、歴史的に見ると、侵略者はフランスの方だった。

くなる。その最後の授業として、フランス語の美しさを生徒に教え、「フランス万歳」と言って授業を終えるという物語だ。パリの新聞小説に掲載され、パリっ子の涙を誘い、ドイツへの敵意を募らせた作品だ。

この作品は、フランス人に対して、アルザス・ロレーヌを取り返すためにドイツと戦う準備をせよと呼びかける**プロパガンダ小説**であり、実際そのような意図で書かれ、そのように使われた。

一編の小説が、国民の心に染み込み、動かすこともあるのだ。

識字率がある程度上がった時点で、国民に愛国心と自負心を持たせる方向の文学を多数製作するのは、国家にとって有利なので奨励すべきだ。

ただし、あまりにも露骨なプロパガンダを前面に押し出し、作品の内容がないがしろになっては、国民文学たり得ない。『ホーンブロワー』がイギリスの国民文学と言えるのは、イギリス人を格好良く描いていることと同時に、何よりも面白いからだ。

また、国民を動かすプロパガンダ小説の力も、馬鹿にしたものではない。娯楽の少ない中世ファンタジー世界の住人に向けて、いや近代に到ってもまだまだ娯楽は少ない。このため、娯楽作品にプロパガンダを紛れ込ませるのは、国民を誘導する有効な手段なのだ。

識字率が低いのなら、吟遊詩人や琵琶法師、演劇や紙芝居など文字が読めなくても楽しめるジャンルでプロパガンダを広めることもできる。

実際、ナチスドイツは、その延長として宣伝省という専門の役所まで作っていたほどだ。

✔グローバリズムとナショナリズム

国家というものができてから、グローバリズムとナショナリズムは、常にせめぎ合う立場にあった。

グローバリズムとは、地球（とまではいかないまでも、多国間）を1つのものとして、一体化しようという考えだ。

これに対しナショナリズムは、国家の自律性を重んじ、自国の利益を守ろうとするものだ。民族自決もナショナリズムの一種と言える。

本来、これらはそれぞれ功罪があって、どちらが正しいわけでもない。

20世紀後半は、第二次大戦の影響もあって、欧米ではナショナリズムは悪であり、グローバリズムこそが善であるという時代が続いた。現代日本人も、その影響を受けており、グローバリズムの方が正しいと思い込みがちだ。
　しかし、同時代のアジアアフリカでは、植民地というグローバリズム（植民地を所有する帝国主義はグローバリズムの一種である）に対して、植民地独立と民族自決を訴えるナショナリズムの方が善であった。
　そもそも中世の王家は、全くその国の国民と血縁のない、外国生まれ外国育ちの王家であることも多かった。ハプスブルク家などその典型で、一族はスペインとオーストリアその他の多くの王国の王家となっているが、彼らの出自はスイスである。イギリスも、スチュアート朝はスコットランド出身だし、ハノーヴァー朝はドイツ出身だ。その意味では、中世王家はグローバリズムの産物だ。
　これに対し、フランス革命によって作られたフランス国民軍などは、明確にナショナリズムの産物である。
　また、20世紀の最後になってソビエト連邦とワルシャワ条約機構というグローバリズムが崩壊すると、バルカン半島などで民族自決が求められ、ユーゴスラビアは複数の国に分裂した。
　つまり、自国が大事と考えるか、世界（もしくは地域）統一を重視するかは、状況によるのであって、どちらが正しいとも言えない。ＥＵは明確にグローバリズムの産物だが、イギリスのＥＵ離脱は明確にナショナリズムだ。では、イギリスが悪なのかというと、そういうわけでもない。
　幸いにして、中世ファンタジーの世界では、ナショナリズムが悪だなどと言い出す愚かな現代人はいないので、安心だ。

第3節 植民地政策

植民地をどのように統治するかは、植民地から得られる利益を大きく左右する重要な問題だ。

基本的に、手間がかからず、利益が大きい方が、優れた植民地と考えることができる。また、当時のヨーロッパ諸国は考えていなかったが、いずれ植民地が独立した時のことを考えると、独立後に、長らく恨まれたりしない方がありがたい。

✔植民地とは何か

そもそも、植民地とは何か。古代から、現代まで、様々な植民地が存在した。

【開拓して自国民を植民させる土地】

植民地の元々の意味は、そこに本国の人間を植民する土地のことだ。つまり、人のいない、もしくは少ない土地を得て、そこに本国の土地を持たない農民などを移住させ、そこで新たな農地を作らせることで本国を拡大するという、比較的平和な植民地だ。世界の人口が、今より遙かに少ない古代なら、空き地も多く、これで問題はなかった。

古代の交易国家であるカルタゴなどは、オリエントに住んでいたフェニキア人が、北アフリカに移住して植民都市を作ったものだ。

【他国（他民族）から奪って自国民を植民させる土地】

だが、植民地の意味合いは変化する。荒野を頑張って農地にするよりも、最初から農地である土地を奪った方が、後の開拓は遙かに楽だ。このため、他の民族の住んでいる土地を奪い、彼らを追い出して、自国民をそこで農民にするという方法が、より多く使われるようになった。

世界の人口も増えて、簡単に農地にできる土地は、ほとんど何某かの民族が住み農業を営んでいたので、新たに開発できるのは、条件の悪い土地だけだ。ならば、条件の良い土地に住む民族を追い出して、既に農地になった土地を、自分たちのものにする方が、有利なのだ。

追い出された異民族は、条件の悪い土地に移動すれば良いという、自分たちさえよければそれで良いという、自己中心的な発想の植民地だ。
アメリカなどは、このようにして作られた植民地だ。これによって、元から住んでいたアメリカ・インディアンは土地を追われ、現代ですら砂漠のような条件の悪い土地に押し込められている。その後、アメリカは、新しく植民してきた白人たちの手によって独立することになった。しかし、それによってアメリカ・インディアンがアメリカの地を取り返す機会は永遠に失われた。その意味では、アジアアフリカの植民地の方が、最終的にはましだったかも知れない。散々搾取されたものの、少なくとも現在は元の住人に国が返ってきているからだ。

【他国を住民ごと支配する土地】
帝国主義時代のヨーロッパ諸国が、アフリカやアジアの国々を植民地にした時、そこにできたのは最悪の植民地だった。
ヨーロッパ諸国が支配した土地で、最も儲かる作物を作る、最も儲かる鉱山を掘る、最も儲かる工場を営む。そして、そこで、植民地の元からの住人が低賃金労働者、最悪の場合は奴隷として、働かされる。
つまり、土地からも住人からも利益を吸い上げようというのが、帝国主義時代の植民地だ。

✔植民地政策

植民地をどう維持していくかは、植民地の種類によって異なる。

【自国民を植民した植民地】
自国民を植民した土地なら、基本的に本国並みにしておけば良い。もちろん、最初は植民地整備のために金がかかるので、差があることもやむを得ないかも知れない。しかし、その場合は、**出口戦略**を明確に示す必要がある。つまり、以下のようなものだ。

- 何らかの条件が満たされれば、本国と平等になると、本国側が明言する。
- 条件は、簡単過ぎてはありがたさがないし、かといって実現不能では諦めるか怒る。努力すれば実現できると、植民地の人間が信じられるものでなければならない。
- 条件を満たせば、本当に平等になれると、植民地の人間が信じていること。つまり、本国側が信用されていること。

永遠に本国より下に扱われることが分かってしまうと、当然のことながら、植民地側には怒りが溜まり、最終的には独立戦争へと向かう可能性が高い。

アメリカ独立戦争が起こったのは、イギリス本国との差別待遇にアメリカ側の住民が怒ったからだ。もちろん、本来の住人であるアメリカ・インディアンの側から見れば、略奪者同士が利益の奪い合いをしているだけの馬鹿馬鹿しい戦いだが、アメリカに住む白人にとっては、自由を求める正義の戦いだったのだ。

創作でも、『機動戦士ガンダム』で、どうしてジオンの国民があれだけ必死に戦ったのかというと、このままだと永遠に地球連邦に差別される二級市民のままだと思い込んだからだ。

というわけで、結論としては、本国並みになれる希望があれば、植民地は比較的安定するということだ。

本国並みになった植民地の未来は、植民地と本国の位置関係によって異なってくる。

植民地が本国に隣接する地域ならば、本国並待遇にすることによって、いずれは完全に本国の一部とすることができるだろう。

だが、例え本国並みにするとしても、遠方の植民地を本国のままにしておくのは困難だ。気候も環境も産業も異なっているであろう植民地では、段々と住民の意識が本国から離れていく。いずれは、独立を求めるようになるだろう。この場合は、無理に植民地のままにしておくと、結局は独立戦争が発生する可能性が高い。この場合は、ある程度の利権を得て、緩い連邦のようなものを作るべきだろう。歴史上の見本としては、イギリス連邦だ。イギリス連邦は、連邦と名がついているが中央政府などはなく、独立した国家の連合体だ。

もちろん、イギリス連邦諸国も最初は植民地（Colony）であったが、その中で白人が人口の多数を占める地域を、自治領（Dominion）に格上げし、ついには独立国（Nation）となった。その後、イギリスの軍事支配力が衰え、非白人主体の植民地も独立していったが、イギリスも植民地維持は諦め、独立させた上でイギリス連邦に留めて影響力を残すという方向に方針転換した。

【他国民を支配する植民地】

このような植民地を永遠に存続させることはできない。少なくとも、今までの歴史において、成功した例は1つもない。

このため、方針は3つある。

1つは、比較的穏当な支配を行うことだ。これによって、植民地は技術的発展を得て、本国は利益を得る。そして、いずれ独立する時も、支配者側がイニシアチブを取って比較的穏やかに独立させる。少なくとも独立戦争などは起こさない。

これによって、植民地に所持している民間の利権は失われないし、その後も昔から関係の深い国家として付き合っていくことができる。

次は、植民地に住んでいる民族を消滅させてしまうことだ。純血の男たちは、奴隷にして使い潰す。女達は犯して、混血の子供を作る。こうして、純血種が残らないようにしてしまう。すると、もはや独立して国家を作ろうとする純血の人間自体がいなくなる。いるのは、混血であって、確かに植民地の血も引いているが、同時に侵略者の血も引いている。彼らが、植民地の代表として侵略者を追い出して独立するというのは、理屈が通らない。

もちろん、純血の侵略者は侵略者だから追い出せという論があるだろうが、純血の植民地出身者がいない状況では、後で独立するとしても、侵略者側と交渉することに問題はない。何しろ、自分たちも、その血を引いているのだから。

最後は、二度と立ち上がれないほど徹底的に搾取することだ。もちろん、搾取された側は恨み骨髄だろうが、力がなければ実際には何もできない。そして、立ち上がった頃には、もはや国際環境が異なっているので、そんな昔の恨みをどうこう言っている余裕はない。

もちろん、恨みは残っているだろうが、現実的行動に出なければどうでも良いと考える。

第4節 戦争の是非

現代においては、戦争は悪であり、避けるべきこととされる。現代人である我々はそう信じているし、それは正しい認識だ。繰り返して言う。それは正しい。現代において、戦争は悪なのだ。

しかし、歴史上の全ての時代、全ての異世界において戦争は悪なのか。この条件下で考えると、戦争は必ずしも悪ではない。戦争が善であり、国としても行うべき政策の1つであった時代は存在したし、おそらく異世界においても存在する。

つまり、我々は戦争が悪であると考えているが、それはあくまでも現代社会という、時代・状況においての正義と悪であり、全歴史・全異世界に通用する正義と悪ではないのだ。

では、なぜ現代において、戦争が悪であるのか。

色々と理由はあるが最大の理由は、現代戦において、人が簡単に死にすぎるからだ。これが国家総力戦ともなると、戦略爆撃や大陸間弾道ミサイルによって、後方にいる民間人まで大量に死ぬ。これが倫理的にまずいことは、誰の目にも明らかだ。しかし、それを行わない側は、よほど戦力的に圧倒的な差がない限り、勝ち目はない。

これでは、戦争が悪であると見なされるのは当然だ。

しかし、逆に言えば、人がそれほど死なず、民間人にたいした影響を与えない戦争ならば、悪ではないと言うことができる。

つまり、転生した過去や異世界において、戦争がどういうものと認識されているのか。これは、非常に重要な問題だ。

戦争が悪と考えられていない世界で、戦争は悪だと叫んでいる転生者は、良くて変人として無視され、悪ければ国や王を誹謗する反逆者として処刑されてしまうだろう。このため、現代人の感覚のままの戦争観を不用意に発言すると、命が危ないし、味方を得ることもできないので、止めた方が良い。

では、戦争が悪でない時代の、戦争の利点と欠点には、どんなものがあるだろうか。

✔戦争の利得

戦争には、戦争準備を行うことによる利得、戦争を行うことによる利得、戦争に勝利することによる利得の、3つの利得がある。

○戦争準備による利得

戦争に備えて軍備を整えることによる利得が、最初のものだ。戦争まで到らなくとも、敵国が存在してにらみ合っていることに、利点は存在するのだ。

【国民の団結】

対外的な敵が存在することによって、組織の団結が育まれることは例が多い。

わざと外に敵を作ることによって、国内をまとめるという政策すら存在する。ただ、この政策はやり過ぎると国民が過激化してしまい、やりたくもない戦争に追い込まれる可能性があるので、管理の難しい政策ではある。そのため、戦争しようと国民が言い出さない程度に敵意を煽るという、難しいバランスが必要だ。

現在でこそ、完全に分裂してしまい、民族ごとに分かれていがみ合っているセルビアやボスニアなどの国家も、かつてはユーゴスラビアという一国家だった。なぜそのようなことが可能だったかというと、チトーという非常に優秀な指導者がいたということも、もちろん理由ではある。だが、もう1つ、外に敵があったということも大きい。

ユーゴスラビアは、バルカン半島にあった。歴史的に見ると、バルカン半島はヨーロッパとロシアと中東の間に挟まれ、周囲の強国の草刈場となっていた。このため、強国に負けない強い国が望まれていた。

また、ユーゴスラビアは東側国家であり、西側国家と対立していた。

さらに、東側国家であったものの、ソ連とは隔意があり、独自路線を貫こうとしたためソ連に攻撃される恐れすらあった。実際、隣国のチェコスロバキアは、プラハの春という改革運動を、ソ連軍の戦車によって押しつぶされている。

このように、歴史的に見ても、当時の状況を見ても、周囲に敵の多いユーゴスラビアは、団結して戦わなければ国が持たないと考えられていた。
周囲の強大な敵が、ユーゴスラビア国民を1つにまとめていたのだ。
だが、ソ連が崩壊した直後、ユーゴスラビアからスロベニア・クロアチアの2国が独立を宣言し、内戦が始まる。最終的には、ユーゴスラビアは全部で6国に分割されることになった。
周囲からの圧迫がなくなった瞬間に、内部の圧力によって、ユーゴスラビアは崩壊したのだ。
これと似たような例は、幾つも存在する。

【技術的進歩】
色々と文句を言う人も多いが、戦争もしくは冷戦が技術を進歩させてきたことは、誰も否定できない事実だ。戦争になると、戦争技術に関しては、金に糸目を付けない開発が行われる（基礎技術は疎かにされて、今すぐ役に立つ応用技術主体の開発であることは事実だが)。
これによって、戦争技術が進歩する。戦争が終わると、戦争技術の持って行き先がないので、一部は民間に降ろされて、民間技術も進歩する。
もちろん、技術の進歩は戦争がなくても起こるが、予算が大きい方が進歩しやすいことは否定できない。戦争の予算を技術開発に振り分けたら、もっと進歩すると主張する人もいるが、それは空想的理想であって、現実にそんなことが起こった試しはない。また、歴史においては、戦争の予算を減らし過ぎたら、他国の侵略を受けて、技術開発の予算どころか生存に必要な金すら残らない例の方が多い。

○戦争遂行による利得
戦争を行うことによっても利得がある。戦争をするということは、実際に戦うということで、それは同時に敗者や戦死者ができるということでもある。しかし、それを利得とすることも可能なのだ。

【実戦経験の獲得】
どんなに訓練を行っても、実際の戦争を行うことに比べれば、遙かに効率が落ちる。どうしようもない兵士が1回の実戦によって鍛えられるという例は、幾つも存在している。

もちろん、訓練が無駄と言っているわけではない。訓練によって学んだことを、実戦で体験することで、身につけることができるのだ。

日本の自衛隊が、他国に比べてもかなり高い訓練成績を出しているにもかかわらず、今ひとつ信頼されていないのは、実戦を経験していないからだ。訓練では強いかも知れないが、実際の戦闘でその能力が発揮されるかどうか怪しいと考えられている。いわゆる、コンバット・プローブン（実戦証明）がないということだ。

もちろん、訓練通りに強いかも知れない（日本人としては、それを願う）。しかし、実戦では萎縮してしまって訓練での力を発揮できないかも知れない。そこが読めないので、指揮官としては困ってしまうわけだ。

このため、戦争をすることによって、実戦を経験した兵士を保有できることは、指揮官にとって、この部隊はこのくらいできるということが読めるので、作戦立案上非常にやりやすい。

もちろん、実戦を経験して精兵になってくれるなら、それはそれで非常にありがたい。

しかし、精兵でなくても、この部隊は最低限このくらいの能力を実戦で発揮してくれるということが分かることが、一番ありがたいのだ。

実戦未経験の部隊の場合、指揮官としては最悪の場合（萎縮して、訓練での能力が出せない）を考えなければいけないので、大変困る。

友好国の戦争に、中立を装いながらも義勇軍（という名の正規軍から抽出した部隊）を送るのも、外交的利益の他に、自国部隊に実戦経験を積ませるという目的があるのだ。現代において国連PKOを行う理由の1つに、実戦経験、特にゲリラ戦の経験が積めるという理由もあるのだ。

戦争になったとしても、部隊は一定時期が来ると、後方に下げて、新たな部隊と交代する。こうすることで、可能な限り全ての部隊に実戦経験を積ませ、いざという時に慌てなくて良いようにする。さらに、部隊の休息と錬成*16にも役立つので、一石二鳥と言える。

---

*16 意外かも知れないが、実戦を経験すると、部隊の練度は下がる。なぜなら、死傷者が出ることで、部隊に補充兵が加わり、平均練度が下がってしまうからだ。初期の練度に戻すためには、補充兵を加えた上で、訓練を行わなければならない。

【邪魔者の排除】

戦争は、国と国との戦いだ。だが、国内の人間が必ずしも味方とは限らないし、味方であっても役に立つとは限らない。存在した方が害悪である人間もいる。

名目上は味方ではあるが、存在自体がマイナスであって、排除したい味方も、この世には存在する。例えば、以下のような味方だ。

- 無能な味方
- 自分の利益しか見えてない味方
- 腐敗していて、収賄や物資の横流しなどを行う味方
- 派閥内の権力争いで、自分を排除しようとする味方
- 派閥内の権力争いで、派閥の力を落としてしまう味方
- 味方にいると派閥の名を落とす味方
- その他、派閥の足並みを乱す味方

また、国内にも敵は存在する。敵国と戦う場合においては、一応味方ではある。だが、本質的には敵なので、排除したい。

- 無能な人間
- 敵対派閥の人間
- 腐敗していて、収賄や物資の横流しなどをする人間
- 嫉妬で他人の足を引っ張る人間
- 国内の権力を握るために、敵国に協力しようとする裏切り者
- その他、存在すると国家の損失になる人間

このような人間をどうやって排除するか。1つの方法が、戦争だ。

要するに、戦争に送り出して負けさせれば良い。上手くすれば、死んでくれる。そうでなくても、敗北の責任を取らせて排除することができる。上手くすれば軍法会議で死刑だし、悪くとも左遷させられる。

ただし、絶対負けるような状況には、誰も行きたがらない。また、行く場合でも、敗戦の責任は自分にないと主張できる。勝てそうに見えて、実際には敗北必至の戦いが、殺したい味方を送り込むのに向いている。

例えば、以下のような戦いだ。

- 味方の兵力が多いが、敵の指揮官が有能。
- 味方の情報が敵に漏れている（バレないように、自分が漏らすのもあり）。しかも、敵の情報はほとんどない。
- 正面兵力は味方が多いが、補給が弱くて長期戦に耐えられない。
- 進軍目標が遠い。

その上で、美味しい餌（敵の領土を占領できるなど）があれば、かなりの確率で乗ってくるだろう。

もちろん、こちらの立場が遙かに上で、命令１つで死地に送り込めるのなら、簡単だし、そうすべきだ。

問題は、この敗戦によって、自国の国力・軍事力が致命的に損なわれてはならないという点だ。可能な限り小規模な戦いで、邪魔者は消しておきたい。

○勝利の利得

戦争に勝利すると、敵国から色んなものを奪い取れる。これが、直接的な戦争による利益だ。だが、領土を割譲させるのは、利益も大きいが、軋轢も大きい。同じ領土なら、植民地の割譲の方が簡単だ。

次に、賠償金だ。これは簡単だ。重要なのは、敗戦国が過激主義に陥るほどの賠償を課してはならないという点だ。

さらに、武器の没収がある。これは、没収される武器による。例えば、第一次大戦頃に、国の力の象徴とも言える戦艦を没収されたら、おそらくその国の国民は何時までも恨みを忘れないだろう。しかし、小銃や大砲を没収された程度では、それほど感じないかも知れない。

【領土割譲】

他国の領土を得るのは、非常に利益が大きい。領土の広さは国力の大きさに比例する。敵国から領土を奪うのは、敵国の国力を削りつつ自国の国力を増加させる一石二鳥の効果がある。まして、その領土が工業地帯だったり、鉱山地帯だったり、交易都市だったりすると、その利益は莫大なものになる。

ただし、領土を奪う場合、マイナス点も多い。その最大のものは、敗戦国から戦勝国への憎悪が圧倒的に大きくなることだ。

最悪の場合、因縁の地として、両国の間で取ったり取られたりするだけで、どちらの国も利益がなく、その地域は戦争で荒廃するばかり、その上で恨みだけが積み重なっていくという事態にも発展しかねない。

実際にそうなった例が、現在フランス領土となっているアルザス・ロレーヌ地方（ドイツ語では、エルザス・ロートリンゲン地方）だ。この地域を舞台にした『最後の授業』という小説で有名だ。普仏戦争で敗北したフランスが、アルザス・ロレーヌをドイツに割譲したため、フランス語の授業が今日で最後になるというストーリーだ。

この小説は、同地域を（フランスの側から見れば）奪われた1871年に、パリの新聞に掲載されたもので、先生の「フランス語は世界でいちばん美しく、一番明晰な言葉です。そして、ある民族が奴隷となっても、その国語を保っている限り、牢獄の鍵を握っているようなものなのです」という言葉と「フランス万歳」と板書するシーンで、フランス人の涙を誘い、反ドイツ感情を高めた。

しかし、事実は異なる。そもそも同地方は、その122年前に、当時の神聖ローマ帝国が30年戦争でフランスに敗北して割譲させられた地域だ。だから、アルザスは本来ドイツ語圏で、住民の話す言葉はアルザス語（ドイツ語に、フランス語の単語が一部混じり込んだような言語）だ。

だからこそ、子供たちはフランス語を話すことができず、学校でわざわざフランス語を教えて、フランス化教育を施さなければならなかった。住民から言語を奪おうとしていたのはフランスだったのだ。最後の授業が実際に行われたとしても、陶酔するのはフランスからやってきた先生だけで、ドイツ系の子供や親たちは白けた目で見ることだろう。そもそも、主人公の少年の名前自体、ドイツ系のフランツだ（フランス系ならフランシスでなければならない）。

実際、ドイツ側は、本来自分のものだった地域を、ようやく取り返しただけと考えていた。

このような背景を知って『最後の授業』を読み直すと、狂信的ナショナリズムのプロパガンダ小説にしか見えなくなるし、実際にそうだった。

ちなみに、同地方は、その後、第一次大戦のドイツ敗北によって再びフランス領となり、第二次大戦前半のフランス敗北によってドイツ領になる。そして、第二次大戦でドイツが敗北することによって、フランス領となる。しかし、ドイツ系住民の反発は強く、フランス語の強制は暴動や独立運動の原因となった。1999年になってようやく融和策として、初等教育からドイツ語・アルザス語での教育が、許可されている。しかし、長年のフランス語教育によって、若者はフランス語を母語とするものが増加していて、年配者に不安を感じさせている。

これほど、領土問題は根が深く、恨みは長年にわたって引き継がれる。30年戦争の時代から考えると、250年以上にわたる因縁だ。

領土を奪うのは、その国を完全に滅ぼす時、少なくとも滅ぼすことを決めてからにすべきだ。

どうしても領土を得たいと思うなら、住民のほとんどいない未利用地域を選ぶと良い。可能ならば、敵国は知らないが、実は地下に重要資源が眠っている地域などが最適だ。

例えば、現在チリの領土となっているアタカマ砂漠は、明治初期の頃まではボリビアの領土だった。だが、そこで硝石が発見されたことで、奪い合いとなりチリ対ボリビア・ペルー連合による太平洋戦争（1879～1884）が勃発した。そして、チリの勝利により、チリ領となった。もちろん、ボリビアはチリを恨んでいる。ボリビアにとって、アタカマ砂漠も本国領土の一部だからだ。

だが、もしも硝石が発見される前だったら、どうだろうか。何の価値もない砂漠を奪われたとしても、ボリビアはプライドこそ傷つくが、実質的には損をしていないと考えるだろう。実は、大損なのだが、知らなければ問題ないのだ。

ちなみに、アタカマ砂漠は、現代では世界最大のリチウム鉱山でもあり、さらに価値が高まっている。ボリビアが歯ぎしりしていても、おかしくない。

過去への転生者ならば、未発見の大鉱山の位置や、当時は無価値だが貴重な鉱物資源の取れる土地の情報を持っていてもおかしくない。そのような土地こそ、狙い目だ。何と言っても一番は、石油が発見される前の中東の砂漠だろう。本当に、何の役にも立たない砂漠だと考えられていたからだ。

ファンタジー世界への転生者の場合、資源が発見されていても、ファンタジー世界の住人には使い道のない資源である土地も、狙い目だ。実際、近代になるまで、石油資源は、臭いランプ用油というくらいの意味しかなかった。

【植民地割譲】

同じ領土割譲なら、植民地の割譲の方が軋轢が少なくてすむ。なぜなら、本国の人間は植民地など自国の一部とは考えていないからだ。もちろん、植民地に住む住人を、同じ国の人間だとは考えていない。それどころか、人間とすら見ていない者も多い。

このため、植民地を奪われたのは、金銭的損害に過ぎず、自国領土を奪われた時のような、国の尊厳が失われた状態とは感じない。

また、植民地を奪った側にも利点がある。植民地の所有国が入れ替わることは、植民地にとってはトップの役人が入れ替わるだけのことだからだ。可能なら、現地住民に教える言語も自国のものにしたいが、初期は元の所有国の言語を使って支配しても良い。

もちろん、過去への転生者なら、現在無価値だが将来価値の出てくる植民地についての知識を持っていてもおかしくない。

石油が発見される前のクウェート（植民地ではなかったが、真珠価格暴落による経済危機の時期は狙い目)、ダイヤモンド鉱山が発見される（1967年のこと）前のボツワナ、石油やウランが未発見のカザフスタンなどは、有望だ。ロシアがアメリカに売り飛ばしたアラスカも、その鉱山資源を考えると、アメリカと張り合って購入する価値はある。

【賠償金】

直接金銭を得ることができれば、戦争費用の穴埋めに直接使えるので便利だ。ただし、中世世界の賠償金と、近代の賠償金では、そのスケールが大きく異なる。ファンタジー世界は、中世世界と似たようなものだと考えて良いだろう。

中世世界における国対国の戦争の賠償金は、

軍の派遣費用＋貴族たちへの褒美費用＋国の儲け＋α

くらいだ。これが、貴族対貴族だと

軍の派遣費用＋配下の小貴族たちへの褒美費用＋貴族の儲け＋α

となって、国対国の縮小版だ。どちらにせよ、このくらいなら、簡単とは言わないが何とか払えなくはない。
　また、賠償金を支払うのは王家や貴族であり、一般庶民には関係ない。もちろん、賠償金のために税率が上がって苦しむかも知れないが、直接の影響はない。
　このため、中世世界では、戦争に勝利した側が賠償金を取るのはごく普通のことである場合が多い。また、取られる側も、もちろん取られること自体は悔しいものの、負けたのだからそういうものだと考えている。
　実際、賠償金目当てに戦争を仕掛ける国も、普通に存在した。
　だが、近代の戦争は総力戦であり、かかる費用も桁違いに増加した。このため、勝利した側が賠償金で儲けようと思った場合、敗戦国が完全に崩壊するほどの金額を要求することになる。特に、金本位制の世界で多すぎる賠償を取るということは、その国の所有する金の総量を危険なレベルにまで減少させる。
　そして、国が崩壊に向かうと、その国は急進主義になり過激派が台頭する。
　その好例が、第一次大戦後のドイツだ。ドイツは、第一次大戦の敗戦によって、ワイマール憲法という、当時としては他国と比べものにならないほど民主的な憲法が布かれた。しかし、同時にドイツが立ち行かなくなるほどの莫大な賠償金が課せられた。しかも、金儲けの種となる植民地は取り上げられた上でだ。
　このため、ドイツ社会は不安定化し、ドイツ国民はこのような制裁を科した戦勝国を深く恨んだ。そして、それに対応して、過激主義が流行していった。なぜなら、「賠償金など払わん」と急進的なことを言わなければ、ドイツ経済が破滅するのだから、流行するのは当然だ。こうして、国家社会主義ドイツ労働者党（ナチス）とドイツ共産党が勢力を増していった。どちらが政権を取ってもおかしくはなかったが、資本家を味方に付けたナチスが一歩先んじて政権を取り、共産党を非合法化した。その結果は、あまりにも有名であり、説明するまでもないだろう。
　これは、私の予想でしかないが、共産党が政権を取っても、結局戦争は起こっただろう。賠償金によってあまりにも痛めつけられたドイツは、戦争でもしなければとても持たなかっただろうから。
　マルクスがユダヤ人キリスト教徒だったので、ユダヤ人虐殺はなかったかも知れないが、代わりに資本家や小金持ちの虐殺は起こったかも知れない。そして、ユダヤ人は嫌われていたから、資本家の中でも特に狙われただろう。

そして、その場合は、ソ連と仲良くポーランドを山分けにした後、バルカン半島はソ連が、西側諸国はドイツが席巻していった可能性が高い。ドイツの石油不足もソ連からの輸出で賄われるため、ドイツ軍の活動はより活発になったに違いない。英国やフランスにとっては、より悪夢な第二次大戦になっただろう。共産主義が嫌いな日本とイタリアはドイツ側ではなくなっただろうが、ソ連が味方になればドイツとしてはより力強い。

いずれにせよ、近代の戦争は、あまりにも莫大な費用がかかり、それを賠償金として取ろうとしたら、かえって過激主義を台頭させて次の戦争を引き起こすだけになるというろくでもない結論が出てしまった。

これでは、戦争をすればするだけ損になる。経済的見地からしても、戦争は悪になったのだ。

現代では、ダラダラと長く戦争を行えば、それだけで損である。だからベトナム戦争は、アメリカに取って損であり、アメリカ国民にとって悪となった。

現代のアメリカ軍が、戦争になると一気に敵を殲滅して戦争を終わらせようとするのも、損は少ないほど良い（つまり、戦争は短いほど良い）からだ。

転生者は、転生先の社会状況と軍事状況を見て、賠償金が取れる世界なのか、取ってはいけない世界なのかを判断しなければならない。

【武器の没収・制限】

武器の没収とは、敗戦国の武器を取り上げてしまうことだ。強力な武器だけ取り上げる場合もあるし、どんな武器でも一律に取り上げる場合もある。

武器の制限とは、所有の最大数を定めたり、武器の強さに制限を与えたり、特定の兵科を禁止したり、新規武器の開発を停止したりすることだ。

ファンタジー世界では、魔法や魔道具なども武器の範疇に入るだろう。

武器の没収・制限に関する戦勝国側の利益としては、以下のようなものだ。

没収した兵器は、戦艦のような巨大なものなら、改装して使用することもあるだろう。小銃などのような数がある兵器は、保管しておいて、技術に遅れた友好国への供与に使うこともあり得る。

技術を取り上げれば、それを自国の技術として取り込むことができて、上手くすれば新たな開発が可能になる。また、敵国の技術が遅れるので、こちらもそれほど開発費用がかからなくてすむ。

没収・制限は、戦勝国側の直接利益よりも、敗戦国へのペナルティが大きい。そして、敗戦国の受けたペナルティが、戦勝国への間接的利益となる場合が多い。これらは、どんな時代でも有効に働くが、その理由は異なる。

中世ファンタジーの世界では、武器である鉄器（まだ技術が古代レベルで青銅器かも知れないが）は、人の手作業で作られるために、大量生産ができない。このため、一度に大量に失われると、もう一度揃えるまでに、かなりの時間がかかる。つまり、それまでは戦勝国は安泰だ。

ただし、技術的には大したことはないので、敗戦国側は敵の目の届かない地方で、分散して少しずつ作るという手もある。ただし、効率が悪いので、さらに時間がかかるだろう。やるとしたら、敵国の眼に見えるところで多少の再生産を行い、それと平行して見えない地方でも再生産を行う。そして、見えている範囲の量ではまだ不足しているので再戦には到らないと戦勝国が油断しているところで、秘かに作っていた武器を合わせて必要量に達した武器で再戦を挑むというくらいだろう。

しかし、近現代戦では、没収自体は、それほど大変ではない。もちろん、戦艦のような製造に年単位の時間のかかる兵器を没収されると、もう一度揃えるのは大変だ。だが、小銃レベルの兵器なら、大量生産も可能だ。実際、19世紀ですら、ヨーロッパ各国は、1年で10万丁もの小銃を製造している。

では、どこに問題があるのか。兵器の製造禁止によって、ノウハウが失われていくこと。開発停止によって、他国の兵器が進歩しているのに、自国の技術が上がらないこと。これらが問題になる。

実際、第二次大戦期は色々足りない面はあったにせよ、航空大国であったはずの日本が、なぜここまで航空機製造に苦労しているのかというと、第二次大戦後の航空機開発禁止期間があったからだ。この時期に、他国は技術を上げていったのに、日本は完全に取り残された。そして、技術的に劣っているから、開発しても売れないことが分かる。とすると、そんな開発に費用を出すところはない。こうして、ますます遅れていく。このようなマイナスループで、日本の航空機産業は消えていった。

もちろん、これにも対策はある。第一次大戦に敗れたドイツ共和国は、やはり孤立していたソビエト連邦とラッパロ条約を結んだ。この条約は、第一次大戦後に両国の外交関係を正常化し、交易などをきちんと行えるようにする条約だった。しかし、条約には裏の顔があった。ソビエト連邦は、士官の訓練をより優れた士官教育システムを持っていたドイツで行ってもらうことにした。またヴェルサイユ条約で航空機などの所有を禁止されていたドイツは、航空機や戦車の開発をソ連国内で行って、条約逃れをした。兵器の開発はソ連が自国の軍用に研究を行っているのだ、そこにドイツの技術者がいるのは開発停止によって職を失った技術者がソ連の開発局に雇われているのだという名目だ。

正直、日本も第二次大戦末期に、敗戦を前提としてまともな航空機産業を持たなかった中国国民党あたりに話を付けて、戦後に航空機開発者と産業機材を中国に送り込んで開発製造を継続させるくらいの裏技を使うべきだったかも知れない。中国が無理なら、比較的友好国だったタイあたりで開発製造を行い、製品を中国に輸出するという手もあったかも知れない。もしかしたら今でも、大陸は航空優勢を得た国民党の国で、日本は航空機産業大国であり得たかも知れない。

ファンタジー世界でも、魔法という兵器に関しては、主にこちらの問題が発生するだろう。魔法の研究開発禁止を課せられて他国に遅れると、大変危険だ。

✔戦争の損失

もちろん、戦争には数多くのマイナスが付随する。戦争を行うのは、以下の損失よりも、上の利得の方が大きいと考えているからだ。だが、その目論見は往々にして甘過ぎて、戦争によってかえって損をする国は多数ある。

○戦費

戦争には、多大な費用がかかる。兵士の食費だけでも、大変なものだ。さらに、武器弾薬、防具、部隊の移動に伴う輸送費など、出て行く金はいくらでもある。

確かに勝利すれば、賠償金で賄うことも可能かも知れないが、負けたら無駄金だ。

さらに、仮に勝利できるとしても、途中で戦費がなくなったら、勝てる戦争も負けてしまうだろう。つまり、戦争をすることになったら、勝つまでの戦費を支払い続ける必要があるのだ。

戦争をするためには、かなりの大金をストックしておかないと、途中で息切れして負けてしまうことが分かる。

なら、敵に金のないうちに戦争を仕掛ければ良いかと言われると、そうとも限らない。

戦争を仕掛けられた側は、自領の中での戦争になる。すると、徴兵された兵であっても、自分の故郷を守るためなら頑張ってしまう。しかも、敵に金がないということは、賠償金を取るのが難しいということなので、攻める側としては利益が見込みにくい。

○死傷者

戦争になれば人が死ぬ。これは、人口＝国力である中世国家にとって、致命的な問題だ。特に、戦場で死ぬのは、働き盛りの男性だ。最も生産能力の高い人間が死んでしまう。ファンタジー国家では、魔法力が戦力なのかも知れないが、それならそれで貴重な魔法使いが死んでしまうかも知れない。

また傷病者も問題だ。治癒するまでの期間どうするかも問題だが、怪我により障碍を負ってしまった人間をどうするかは、さらに大きな問題だ。

基本的には、中世世界で徴兵された人間は、死のうが怪我をしようが、何の補償もない。すると、男手を奪われて残された家族、もしくは障碍者を抱えた家族は、生活が非常に苦しくなる。最悪、租税が払いきれずに、奴隷落ちしたり、逃散*17してしまったりしかねない。それは、領

---

*17 余所の土地（他の領地であることが多い）に逃げてしまうこと。

地からの税収を減らすことになり、領主にとって損になる。

ファンタジー世界では、手足を元に戻す魔法があるかも知れない。しかし、そんな高度な魔法が一般庶民に手が届くとは思いにくい。結局救われるのは、貴族階級以上だろう。

○戦力低下

死傷者が出て、また武具などが消耗するなどして、戦力が低下してしまう。

その中で、最も困るのが、指揮官が失われることだ。第二次大戦や現代戦の士官ほどの高度な指揮能力は必要ないものの、それでも多人数を率いて戦う能力は、促成で磨かれるものではない。失われた指揮官を補充するためには、何年もの経験を積ませる必要がある。

逆に言えば、指揮官が失われれば、それだけで戦力が何割か下がる。そして、いくら指揮官を守ったとしても、戦争ともなればちょっとした不運で人は死ぬ。それは指揮官であろうと同じだ。このため、戦争を続けている限り、ある確率で、指揮官は少しずつ死んでいく。

もちろん、一般兵士も、ベテランが死んで新兵に置き換わっていくため、練度がどんどん下がっていく。

つまり、戦争を行っている限り、兵数に変化がなくとも、練度の低下によって戦力は低下する。もちろん、練度の低下以上に技術開発の上昇によって戦力が強化されることだってあり得る。しかし、それだって指揮官や兵士の能力が下がらずに技術開発が進んだら、もっと戦力が強化されているはずなので、相対的には戦力は低下しているのだ。

○モラルの低下

戦争になると、どうしても国に余裕がなくなる。娯楽は失われ、生産は軍需中心となり、生活は厳しくなる。そうすると、人々のモラルは段々と低下していく。

衣食足りて礼節を知るというのは事実であって、生活が苦しければ犯罪に走る人間の数も増える。これは、戦時平時関係なく、基本的には、貧しさと犯罪発生率は比例する。

日本でも、第二次大戦中には、様々な猟奇犯罪が起こったことが分かっている。一般人が知らないのは、戦時故に報道されなかったからだ。
戦後の混乱期にも、今では考えられないほどの犯罪が、しかもしばしば起こっていた。これは、大人も若者も関係ない。実際、大人の犯罪も若者の犯罪も、顕著に減少し始めたのは昭和30年代以降であって、「もはや戦後ではない」と言われるほど経済が復興してからのことだ。それ以降は、日本が豊かになるにつれてどんどん犯罪率は下がっている。最近猟奇犯罪が増えたり、若者が犯罪に走りがちになっていると思い込んでいる人が結構いるが、それは単なる無知であって、統計をちゃんと見れば現実には猟奇犯罪も若者の犯罪も減少していることが分かる。ワイドショーなどで、犯罪をセンセーショナルに取り上げているために、増えたように錯覚しているだけで、単なるマスコミの過剰報道にすぎない。実際、日本で1人の人間が大量殺人を行った最高記録は、昭和13年の津山事件の30人だ。相模原障害者施設殺傷事件の19人は、あくまでも第二次大戦後の最高記録である。
ただし、日本も経済政策に失敗して貧しくなっていけば、再び犯罪率が上昇してもおかしくない。
要するに、戦争をすると戦費がかかるために人々の暮らしが貧しくなるので、その分だけモラルが低下し犯罪が増えるということだ。

第５節 戦争の開始と終了

講和条約

紀元前13世紀に、ヒッタイトとエジプトの間の戦争があった。有名なカデシュの戦い（紀元前1286頃？）が行われたことでも有名だ。

そして、この戦いの後、ヒッタイトとエジプトの間で、世界最古の成文化された講和条約が結ばれている。

この条約は、戦争を終わらせる講和条約に留まらず、領土不可侵、相互軍事援助、亡命者の返還と免責の３つを約束し、国と国との同盟条約の始まりでもある。

現存する最古なので、もう少し古い講和条約が存在した可能性はある。しかし、いずれにせよ、講和条約や軍事同盟などを成文化して残すようになったのは、この頃だと考えられている。

つまり、これより古い時代に、講和条約を結んできっちり戦争を終わらせること、同盟を結んで互いの軍を援助することなどは、実現できていなかったと考えられる。

その時代に、戦争をきっちり終わらせることができれば、次に他の国と戦うこともできる。また、軍事同盟を結んで、１国を複数で楽に倒すことも可能になる。

その意味で、講和条約を結ぶということ自体、この時代以前に行うなら、チートとして使えるはずだ。

官房戦争と国民戦争

中世～近世の戦争は、政府が行うもので、国民には直接関係のないものだった。

もちろん、戦争に使う兵士として農民が徴兵されたり、様々な物資を徴発されたりすることはあるが、あくまでも間接的な影響しかない。住民にとっての戦争は、支配者が変わるだけのもので、支配者が変わろうが年貢などが同じなら特に問題はない。

そして、特に近世以降のヨーロッパの戦争は、以下のような基準で行われていた。

1. 何らかの限定的な政治目標を達成するために行われる。
2. 常備軍を使い、限定的な武力行使を行う。

つまり、政府という国益を重視する組織が、国益を得るために行うものだ。そして、あまりにも戦争が激しくなりすぎると金がかかりすぎて国益を損なうので、最低限の戦闘を行ってすませるものだった。

このような戦争を**官房戦争**と言う。

これに対し、フランス革命においてフランス軍は、異なる対応をした。

1. 絶対に遵守すべき政治目標を達成するために行われる。
2. 国民全てが武装して、総力戦を行う。

最悪、政府が国益の損失だと考えても、国民がやる気になってしまい、国の総力をあげて戦ってしまう可能性があるもの。

このような戦争を**国民戦争**と言う。

近世から近代になるにつれ、戦争は、官房戦争から国民戦争へと移り変わっていった。だから移行期には、国民戦争を行っている国と、官房戦争を行っている国の戦いもあった。そして、官房戦争側が勝つこともあれば、国民戦争側が勝つこともあった。

戦争が国民戦争に変わったことで、良い点もあれば悪い点もあった。

- 国の力を全部使える分、より多くの戦力を出せる。
- 国民感情という気分で揺らぐものによって、やりたくない戦争を始めることになったり、既に負けている戦争を終戦できなかったりする。

そう、この時代から、戦争は理性でするものから、感情でするものに変わっていった。

そして、この国民戦争が総力戦への道を開いた。

もちろん、官房戦争時代にも、国王が感情的になって戦争を始めてしまうことはあったが、それでもある程度は、周囲が止めたりできた。最悪、王の首を挿げ替えることで、対応した。だが、国民戦争になってからは、国民感情という、まさに感情的問題で戦争が始まってしまうようになった。そして、民主主義は、国民感情を無視できない。

つまり、民主主義＋国民戦争は、理性でなく感情によって戦争を起こしてしまうという点において、非常に危険なシステムでもある。そして、この構造は、マスコミュニケーションによって増幅される。

実際、第二次大戦前の日本の新聞が、どれだけ米英への反感を募らせ、戦争へと国民を駆り立てたかは、明白だ。「電光石火・ナチの制覇」などとドイツを賞賛したり、「全日本號上海に出陣 興國赤心の雄姿」とか中国進出を煽ったりしていた。もちろん、戦争の発生には他にも多くの要因があるが、少なくともマスコミがその一因であったことは、否定できない。

ちなみに、現代は、国民戦争や総力戦から、プロフェッショナルによる限定戦争と民兵・ゲリラ・テロリストによる非対称戦争へと変わっている。というのは、総力戦を行うと、核戦争になってしまうため、実質的には不可能になったからだ。

✔国民戦争の影響

国民戦争の影響は、戦争の終わらせ方をも変化させた。

普仏戦争（1870～1871）において、プロイセンはフランス*18にわずかの期間で勝利した。戦争が始まって1ヶ月半で、フランス皇帝ナポレオン三世は10万の兵と共に捕虜になった。

実質的には、戦争はここで終わっている。官房戦争を行っていたプロイセンは、このあたりで講和してもよかった。少なくとも、宰相ビスマルクは、それを願っていた。実際、領土割譲も少ない穏当な講和条約をフランスに提案している。

だが、フランス国民、特にパリ市民は納得しなかった。クーデターによって、（捕虜になっている）ナポレオン三世を廃位し、新たに国防政府を作って戦争を継続した。そして、国防政府は、1インチの領土も、一欠片の要塞も譲り渡しはしないと宣言してしまう。

プロイセンは、当然のことながら、戦争を継続した。

フランス国防政府は抵抗しようとしたが、部隊も少なく、パリの周囲

---

*18 当時のフランスは、ナポレオン三世が皇帝となるフランス第二帝政だった。

に塹壕を掘って防衛線を行った。プロイセンは、パリを包囲した。国防政府は、フランスの地方政府に軍を組織してパリへと向かわせるよう命令した。プロイセンは、ビスマルクの命令によって、パリを砲撃した。恐らく、戦争の早期終了を目的としての決断だと思われる。

だが、これはビスマルクの誤断だった。彼は、フランスが官房戦争を行っていると思い込んで、パリがダメージを受けるのを避けるために、降伏を選ぶだろうと判断したのだ。しかし、国防政府は、官房戦争などしていなかった。彼らは国民戦争を戦っていたのだ。

国防政府は地方に援軍を要請すると共に、ドイツ軍がパリ市民を皆殺しにしようとしているというデマを広めたため、フランスは50万人もの兵を集めた。ビスマルクの決断は、フランスをより狂騒させることになったのだ。しかし、これらの軍隊も、幾つかの戦いで勝利し、戦争を数ヶ月長引かせることはできたものの、結局はプロイセン軍に敗北した。

国防政府は、包囲下のパリの食料不足などもあり、ついに敗戦を認めることにした。しかし、軍によっては、その命令を無視してプロイセン軍に攻めかかり、返り討ちに遭うこともあった。まさに、感情的に行動したのだ。

結局、フランス国民の感情は、フランスの敗北を少しだけ遅らせ、それ以上に多数の犠牲者を出すだけに終わった。

戦争に敗北したら、面子とか怒りとか、そういった感情的なものに惑わされず、すっぱり損切りのつもりで降伏した方がマシなことが多い。

第二次大戦における日本軍も、英霊に申し訳ないとかいう感情論で戦争を続けて、酷い負け方をしている。基本的に、感情論で動く国は、よほど国力に差がない限り勝利できない。

基本的に、開戦と終戦の決断は、感情によって決めてはならない。いずれの場合も、破滅的な結果になる。

✔決戦主義と総力戦

ドイツのシュリーフェンは、**決戦主義**[*19]によって第一次大戦のグランドプランを作り、失敗した。だが、それ以前の戦いの多くは、戦いの

＊19 戦いの勝敗によって、戦争の勝敗を決めるという考え。特に、大きな決戦１回によって戦争を決めようとすることが多い。

勝敗によって戦争が決していたように見える。

だが、これは正しいのだろうか。

実は、決戦主義は、歴史を見渡してみると、成立していない時期の方が長い。決戦主義が成立していたのは、西洋中世～近世の一時期だけであって、それ以外の時代は決戦の勝敗が戦争の帰趨を決めることになっていないことが多い。

例えば、この本で戦術の天才と賞賛してきたハンニバル（p.020参照）だが、第二次ポエニ戦争（紀元前219～前201）において、ハンニバルを擁したカルタゴは敗北している。というのは、カンナエの戦い（紀元前216）で数万もの兵を失ったローマは、即座に新兵を招集して、新たな兵で戦争を継続したからだ。

確かにハンニバルは強かった。戦えば勝った。しかし、ハンニバルがいくら勝ち続けてもローマは負けなかった。なぜなら、カルタゴは決戦主義で戦っていたが、ローマは**総力戦**[*20]を戦っていたからだ。そして、ハンニバルが勝ち続けても、本国たるカルタゴが息切れを起こし、敗北してしまう。

つまり、決戦主義と総力戦は、非常に相性が悪い。なぜなら、決戦主義は決戦で勝てば戦争は終わるだろうと甘い考えで戦っているが、総力戦は国家が滅びるかどうかの不退転の決意で戦っているからだ。だから、決戦主義が勝っても戦争は続き、読みの外れた決戦主義者は準備が足りなくて失敗する。

その意味で、完全な総力戦の時代に、艦隊決戦主義などを持ち出した日本帝国海軍は、明らかに戦略レベルで間違っている。山本五十六らも、航空主兵を唱えたものの、航空によって決戦を行うという点で、戦術的には進歩していても、戦略的には遅れたままだった。

ただし、総力戦は非常に国力を消耗する。なにしろ、国の総力をあげて戦っているのだから、国力という身を削って戦っているわけだ。

実際、第一次大戦の統計を見てみると、参戦国はいずれも大戦末期になると稼働兵力が減少している。これは、戦争の決着が付いたから兵士を減らそうとしたわけではない。負けそうな側は、限界いっぱいまで徴

---

*20 国家の総力を結集して戦う戦争。個々の戦いの勝敗がどうなっても、敵が敗北するか、自国が破綻するまで戦い続ける。

兵しているし、それを攻める側も対応して徴兵しているからだ。そしてもちろん、死傷者が出ると新たに徴兵している。ではその理由はというと、あまりに死傷者の数が多すぎて、動員可能な人的資源を使い切ってしまったからだ。

第一次大戦における各国の動員兵力と死傷者数を見てみよう。

国名	のべ動員数	死傷者数	死傷率
ロシア	1200万人	531万人	44%
ドイツ	1340万人	640万人	48%
オーストリア	780万人	248万人	32%
フランス	866万人	570万人	66%
イギリス	701万人	286万人	40%
イタリア	590万人	142万人	24%
アメリカ	436万人	26万人	6%
トルコ	260万人	100万人	39%
日本	80万人	0.2万人	0.2%

第一次大戦参戦主要国の動員数と死傷者数は酷いものだ。特に、死傷率の高さといったら、壊滅的だ。こんな被害を受けたのなら、その後、何が何でも戦争にはしないと思い込んでしまうのも、仕方ないかも知れない。ナチスドイツは、そのヨーロッパ諸国の気分を上手く利用して、戦力を拡大した。

日本は、ドイツの青島を攻略することしかしておらず、ヨーロッパに派兵していない。このため、第一次大戦の膨大な死傷者と死傷率を戦訓として学ばなかった。同様に、弾薬などの大量消費*21についても、数字は見たかも知れないが実感はしなかった。このことが、第二次大戦に対して、甘い想定で参戦することになった一因である。そして、その結果として敗北した。

*21 その少し前にあった日露戦争最大の会戦である奉天会戦で日本が使った砲弾が33万発。日露戦争全体で100万発ほどだった。だが、第一次大戦では、ソンムの戦いという一会戦でフランスが撃った砲弾だけで3400万発にも及ぶ。つまり、たった1回の会戦で、日本が戦争全体で使った砲弾の34倍もの砲弾を使っているのだ。戦争全体では、どれだけ大量の砲弾が使われたか、考えたくもない。

その点については、アメリカも同様だ。アメリカはドイツがかなり弱ってから参戦し、そのため死傷率もかなり低い。このため、第二次大戦に安易に参戦しようとして、日本への挑発を軽く行ってしまった。第二次大戦の実際の被害を最初から知っていたら、もう少し別の方法を考えたかも知れなかったのだが。

第二次大戦では、甘い予想をした日米両国が甘い考えで参戦し、互いに酷い損害を受けた。どちらも甘かったので、結局は国力も技術力も大きいアメリカが勝利することになった。

第6節 同盟の有効性

同盟とは、同サイズの組織、例えば国と国とか、貴族と貴族とかが、共同の目的のために行動を共にすることを言う。それだけを聞くと素晴らしいことだ。

だが、同盟は信用できないという人物、組織も多い。なぜなら、所詮は他人・他国なので、裏切りが可能だからだ。

では、同盟は役に立たないのだろうか。

同盟の利点

同盟は、どのような点で役に立つのだろうか。

1. 味方が増えることで、敵が減る。
2. 敵が減るなら、安全保障に関して、必要な費用が減る。
3. いざという時に、同盟軍という戦力が得られるので、勝利の確率が高くなる。
4. 勝利の確率が低くなるので、敵が攻めてくる確率が減る。

明らかに分かることが1.の敵が減るという利点だ。そして、敵が減ることによって、2.のように安全保障の費用を節減することができる。

しかも、参戦条項*22があるなら、いざ戦争が始まると、3.のように同盟軍という援軍が得られる。つまり、戦争になると自国以外の軍隊が共に戦ってくれるのだ。それは、明らかに勝利の可能性を高めてくれる。

そして、最大の利点は、4.の同盟を組んでいる国を攻めても勝ち目が低いので、戦争になる確率が下がることだ。日本人は軍事音痴が多いので、理解していないことが多いようだが、同盟を組む最大の利益は、戦争を挑まれる可能性が減ることなのだ。

考えてみれば当たり前で、1と戦って勝利できるとしても、1＋1と戦って勝つのは困難だ。まして、1＋1＋1……と戦うことなど、悪夢以外の何者でもない。そして、負ける戦争をしたがる人間はいないので、同盟を組んでいる国に戦争を仕掛ける人間は滅多にいないのだ。

上のような利点によって、同盟を組むことは、軍事費用の節減と戦争

*22 同盟条約の条項の一例で、同盟国が戦争状態になると、その味方となって参戦するという約束。

発生確率の減少という、平和のために役立つことばかりだ。

だからこそ、現在の国連においても、集団安全保障という名前で同盟を組むことが認められている。

✔同盟の問題点

基本的に良いことばかりの同盟だが、問題もないわけではない。

1. 同盟国の戦争に巻き込まれる可能性がある。
2. 同盟国が裏切って敵に付いたら、致命的。
3. 同盟国が思ったほど当てにならない場合がある。

1.の、同盟国の戦争に巻き込まれる可能性があるというのは、同盟国だってこちらの戦争に巻き込まれる可能性があるので、やむを得ない。しかし、問題は同盟国が、同盟を当てにして勝手に戦争を始めた場合は問題がある。

これには、攻守同盟を結ぶか、防衛同盟を結ぶかを選択するという手段がある。

攻守同盟とは、攻撃の場合も守備の場合も同盟だという意味だ。つまり、同盟国が攻められた場合に攻めてきた第三国に対してアクションを行う（守）だけでなく、同盟国が第三国に攻め込む場合にもアクションを行う（攻）の両方あるので、攻守同盟という。

これに対して、防衛同盟とは、同盟国が第三国から攻撃を受けた場合にのみアクションを行う同盟なので、同盟国が勝手に行動することを抑える効果がある。

とは言え、防衛同盟でも利用される場合はある。例えば、同盟国がA国とB国の両国と敵対的であったとする。同盟国はA国に攻め込むがB国は放置しておく。自国は、このままなら放置しておけるが、防衛同盟なので、B国がA国と戦争している同盟国へと隙を狙って攻撃してきたら、アクションを起こす必要がある。つまり、同盟国はB国からの攻撃はある程度守られると信じて行動できる分だけ、自由に行動できるのだ。

ちなみに、アクションであるが、このレベルは様々だ。

・直ちに、戦争相手国に宣戦する。
・敵に与することなく、少なくとも（好意的）中立を保つ。
・２国以上と戦争する場合のみ宣戦し、それ以外は（好意的）中立を保つ。
・特定の地域における戦争のみ、アクションの対象とする。

例えば、第一次日英同盟は、対象地域を中国朝鮮に限定した同盟であり、また第三国の該当地域への侵略により戦争となった場合、中立を保つというものだ。ただし、二国以上との交戦となった場合は、参戦を義務づけている（つまり、複数国による袋叩きという状況を防いでくれる）。さらに、秘密条項では、日露が戦った場合、イギリスは好意的中立*23を約束している。

2.の言うように同盟国が裏切ったら致命的なのは確かであるが、これは滅多にないことなので、それほど心配しなくても良い。なぜなら、そこまで露骨な裏切りを行うと、他の国から完全に警戒されてしまうからだ。

日本の戦国時代において、武田信玄はあれほど合戦に強かったにもかかわらず、その領国は甲斐と南信濃に、上野・遠江・三河・飛騨・美濃などの一部で、きっちり１国を切り取れた例はない*24。これは、信玄が同盟裏切りをよく行ったので、周辺国から信用されなかったからだ。このため、周辺国への防御を疎かにできず、侵略のために大軍を揃えられず、１国まるまる奪えるような大軍が組織できなかったことも原因の１つである。

3.のような、裏切りこそしないが、あまり当てにならないということは、しばしばあった。援軍がなかなか来ないとか、援助物資がほんの僅かだとか。しかし、それでもないよりはマシだ。

その意味では、同盟にあまり高すぎる期待を持たないのが、現実的だろう。しかし、そんな当てにならない同盟でも、同盟には意味がある。同盟の最大の利点は、敵が減るということだ。同盟国は敵国にならない

*23 中立義務に違反はしないが、それ以外は好意的に行動する。実際、イギリスは対露諜報やバルチック艦隊への嫌がらせ（補給拒否）など、様々な点で日本に便宜を図っている。
*24 厳密に言うと、今川が滅んだ後の駿河を領国にしているが、ごく短期間にすぎない。

のだから。

つまり、同盟国があろうとなかろうと、基本は自力で何とかすることだ。敵に攻められたら、同盟国を当てにせず、自力で撃破する。敵を攻める時も、同盟国を当てにせず、自力で倒す。あくまでも、自国を守るのは自国の力でなければならない。その計算をした上で、同盟国が働いてくれれば、こちらの損害はトータルで減る*25のでラッキーくらいに考えておく。

同盟国の側でも、こちらに頼り切りで自国防衛をサボっているような国を守ってやるのは嫌なものだ。最初はやむを得なくとも、いずれいい加減にしろと思い始めて、同盟をいかに捨てるかを考え始めるだろう。

日本の安全を考えると、暗澹たる気持ちになるが、これが現実だ。

✔同盟の締結

同盟は、いかなる時に、いかなる条件で結ばれるのか。

建前としては、同盟国の間に友好関係があり、同盟を結ぶことでより強い絆を結ぶということになる。

しかし、現実問題としては、同盟を結ぶ最大の理由は、同盟に共通の敵がいる場合だ。はっきり言えば、同盟国で組んで敵国を袋叩きにしようということだ。

例えば、どこの国とも同盟を組まず、栄光ある孤立を称していたイギリスが、有色人種*26の日本と日英同盟を組んだのも、自国から遠すぎる東アジアにおいて、ロシアに侵されそうな自国の権益を守るという目的があったからだ。はっきり言えば、イギリスも日本も、東アジアで南下してくるロシアが敵だったのだ。イギリスも、日露戦争で日本が勝つとは全く予想していなかったが、それでもイギリスが援助すればある程度のダメージを与えてくれることを期待していた。そして、ダメージを受けたロシアでは、イギリスの権益まで手出しできないだろうと考えていたのだ。日本は、ロシアを敵と考え、自国が勝利できると確信はして

---

*25 ランチェスター法則からも明らかなように、敵より大兵力を用いれば用いるほど、こちらの損害は減少する。

*26 当時の白人は、有色人種を劣等種と見なし、差別していたことは、否定できない歴史的事実だ。このため、日英同盟の締結は、当時驚きを持って迎えられた。

いなかったものの、少しでも対抗し負けない戦いをするためには、イギリスの海外への影響力と情報力が必要だった。

このように、具体的な敵国がいて、その対策としての同盟は、締結するのも比較的簡単だ。また、締結後も上手くいくことが多い。なぜなら、やるべきことが明確だからだ。

残念ながら、明確な敵のいない同盟は、ぎくしゃくして上手くいかない可能性が高い。もし、中国と北朝鮮が消滅し、ロシアが穏健化したなら、日米安保条約は長くは持たないだろう。

✔同盟の維持

同盟は、裏切られさえしなければ、そして過度に期待をしなければ、十分に役に立つことが分かる。

ならば、どうやって同盟を維持し続けるかが問題になる。

同盟を維持する理由は、以下の通りだ。

1. 同盟を維持することによって、利益を得られる。
2. 同盟を鞍替えするより、同盟を維持しておいた方が、利益が大きい。
3. 同盟国と、国民性にあまり差異がない。

1.と2.は、利益の問題だ。国と国とが心から友になることはない。ある程度は親しくなれるが、最終的には国益が優先される。つまり、同盟を組むことが国益にそぐわなくなれば、その同盟は解消される。少なくとも、有名無実のものとされる。「大英帝国には永遠の友も永遠の敵もいない。あるのは永遠の国益のみ」という、英国首相パーマストンの言葉が思い出されるだろう。

つまり、同盟を維持するためには、同盟国に利益を与え続けなければならない。

もちろん、利益を与えるといっても、こちらが損をする必要はない。というか、そんなことをしてはいけない。こちらが損をして継続する同盟は、こちら側にとって継続する意味がなくなってしまう。片方が損をすることによって継続する同盟は、損をする側が止めたがっているので、いずれなくなってしまう。

そうではなく、交易によってどちらも利益を得るような、互いに利益のある関係を結ぶことが最も重要だ。

もちろん、経済上損をするが、防衛上利益を得て、トータルでは利益なので継続する同盟というものも存在はする。アメリカにとっての日米安保条約など、その例だろう。しかし、どのような国も一枚板ではない。経済上損をする、その損をかぶる有力者が、その同盟の継続に反対することになり、国内の意見が分かれてしまうことになる。これでは、同盟の継続に陰りができてしまうだろう。

少なくとも、同盟を安定して継続させるためには、幾つかの分野で同盟国に利益を与えつつ、ほとんどの分野で損をさせないようにしておく必要がある。

2.に関しては、直接の利益があっても、今までの同盟国を裏切ったという悪名がマイナスになるので、よほど同盟を鞍替えする利益が大きくなければ、なかなか踏み出せはしない。そして、そんな過大な利益は、鞍替え先の国の負担が大きいので、そうそう行われることはないだろう。

3.の国民性については、これは感情の問題なので、かえって根が深い。もちろん理性では、利益があるならば、国民性の異なる国であっても同盟を組むべきだと考えるし、それが正しい。

しかし、人間は感情の動物であり、それは為政者レベルであっても同じだ。そのため、国民性が大きく異なる場合、どうしても同盟を組んでいるとストレスが発生する。このストレスによって、わずかな同盟国間の齟齬が、巨大なものに感じられてしまう。そして、それがさらにストレスを増幅し、ついには同盟国であるにもかかわらず仇敵のように憎み合うことにもなりかねない。

国民性の大きく異なる国との同盟は、一時的なものであると割り切り、「今回の戦争が終わるまでの同盟」といった、互いに納得できる短期に終了する条件をつけておく方が良い。期限があるなら我慢もしやすいし、期限が切れたら仲良く別れることもできる。

第７節 外交の前提

国と国との交渉、それが外交である。

しかし、外交には交渉と大きく異なる点がある。それは、犯罪的な交渉を行った場合、国が出てきて処罰することになっている。しかし、犯罪的な外交を行っても、処罰してくれる世界国家など存在しない。このため、力さえあれば、どんな強引な外交も可能だ。

もちろん、あまりに質の悪い外交を行ってしまうと、色々とマイナスがある。

- 国家としての信用を失う。
- 友好国を減らす。
- 敵国が、これ幸いと自国の悪辣さを宣伝する。
- 窮鼠となった相手国が、噛みついてくる。

このため、このようなマイナスが発生しない、ギリギリを狙った外交が必要になる。

また、外交には国と国との地政学的関係も大きく影響してくる。

大前提として、19世紀英国の首相ヘンリー・ジョン・テンプル*27の名言を引いておこう。

「大英帝国には永遠の友も永遠の敵もない。あるのは永遠の国益のみ」

帝国主義の時代の、英国の立ち位置を、これほど明確に表している言葉もないだろう。とは言え、現代はそんな時代ではないと考える人もいるかも知れない。しかし、第二次大戦期の英国の首相ウィンストン・チャーチルは**「我が国以外の国家は、全て仮想敵国である」***28とまで言っている。さらには、1970年代のアメリカ大統領補佐官として名高いヘンリー・キッシンジャーも**「国家に真の友人はいない」**と述べている。

---

*27 第３代パーマストン子爵でもある。

*28 正確には、インタビューで「仮想敵国はどこですか」という質問に、「英国以外の国全てだ」と答えた。「同盟国もそうなのか」という追加質問にも、「当然だ」と答えている。

つまり、時代は変わっても、真実は変わらない。残念ながら、国家は永遠の友を持てないのだ。なぜなら、どの国家も、自国および自国民のために存在していて、その利益（国益）を守るのが仕事だからだ。そして、２つの国家の国益が、永遠に一致し続けることはあり得ない。

他国と友誼を結ぶことは重要だが、万一には備えなければならないのだ。なぜなら、他国はその国益のために、自国を切り捨てる可能性が、常に存在するからだ。

これは、他国が邪悪なわけではない。もちろん、『日本国憲法』に書いてあるように、「いづれの国家も、自国のことのみに専念して他国を無視してはならない」のは倫理的に正しい。しかし、自国と他国ではどちらを優先するか、どの国に質問しても答えは明らかだ。残念ながら、「平和を愛する諸国民の公正と信義に信頼」しても、「われらの安全と生存を保持」する役には立たない。なぜなら、諸国民は、まずそれぞれの自国と自国民の安全と生存を優先するからだ*29。

ただし、間違えてはならない。テンプルの名言は、どうせ他国は仮想敵国だから邪険にしたり喧嘩したりしても良いという意味ではない。完全に逆だ。仮想敵国だからこそ、本当の敵国にしないように、互いの利害を考えてきちんとした交渉を行えという意味だ。上手く、互いの利害を一致させることができれば、仮想敵国は仮想敵国のままで、本当の敵国にはならない。

『日本国憲法』も、現実の役に立たないからといって、全く無視して良いわけではない。自国と自国民を守った上でなら、他国の安全と生存を考えてあげるべきだからだ。

仮想敵国を仮想敵国のまま友好国にして、本当の敵国にしないようにする交渉こそが、外交の役割だ。

ましてや、中世ファンタジー世界や帝国主義世界では、現代に比べて、遙かに簡単に軍を使う国ばかりだ。それどころか、こちらが弱いと見ると、何の敵対行動もしなくても、自国の利益のために攻めてくるような国が、そこら中にある。そんな世界では、弱いことは、甘いことは罪なのだ。

---

*29 もちろん、例外的に博愛的な人間は存在するだろうが、それが多数になることはない。

第8節 文明維持力

文明を維持するには、幾つもの条件が必要となる。

- ある程度の人口。
- その人口を維持するに足る食料。
- その人口が使用する文明製品を作り続けることのできる資源。

文明とは、理論とデータとノウハウの集大成である。しかも、その知識量は1人の天才がカバーできるほど少なくない。

このため、文明を維持するためには、最低限これだけという人数が必要になる。SF作家チャールズ・ストロスの推計では、現代文明ならば、最低1億人以上、最大10億人いれば、文明は維持できると推計した。

1億人という理由は、航空機産業の維持に50万人といった、現代の主要産業の労働者合計と、その家族の総計から推計されたものだ。

10億人は、NAFTA＋EU＋日本＋台湾＋中国の工業地帯の人口合計が10億人であることから、10億人いれば文明は十分に維持できるという推定だ。実際には、競合企業などで同じことを行っている部門も多いので、10億人よりは少ないと考えられている。

ここから**タスマニア効果**という考えが生まれた。

タスマニア島は、白人がそこに到着した時、最も単純な道具しか使用していなかった。発掘調査によると、過去にはもうちょっと高度な道具を利用していたのにだ。その時のタスマニア人の人口が20万人。

考古学者ジョゼフ・ヘンリッチの理論によると、最終氷期が終わり、オーストラリアから切り離されたタスマニアは、その文明を維持するには人口が少なすぎ、徐々に文明が後退していったと考えられている。

これはなぜかというと、学習の問題だ。

前の世代から新たな世代に技術を伝えるわけだが、どうしてもそれは完全ではない。

人口が十分にあれば、同じ技術を伝える人間が多数存在し、それらの情報を補完することで文明は維持されるし、不足する部分も新たな技術発展によって補完される。

しかし、人口が足りないと、情報の補完が不足し、学習の不完全性による衰退効果の方が大きくなって、文明が衰えていく。
　つまり、20万人というのは、人間の最低レベルの技術を伝えるのがやっとの人口なのだという理論だ。
　もちろん、これには書籍やコンピュータデータベースといった技術的サポートが考えに入っていない。本に書かれたことは、本が残っていれば、技術を伝える人間が絶えたとしても、その後何年も経って新たな読者が現れることで技術が継承される可能性がある。
　知識を書籍化しておくことは、非常に重要だ。情報の塊である転生者がいなくなった後でも文明を維持させるためには、その知識を本という形で残しておくのが最も効率が良いだろう。

✔文明を崩壊させるもの

　過去、幾つもの文明が滅び去った。その中には、砂漠の中に遺跡を残した文明、記録だけを残した文明、何一つ残さず消え去った文明など、様々だ。
　崩壊する文明は、失敗例として学ぶことができる。このような行動をすれば、失敗する。そのため、逆をしなければならないと。

○事例研究

　実際に、崩壊した文明について、幾つか事例を挙げて考えてみよう。

【イースター島の場合】
　イースター島は、南太平洋の絶海の孤島だ。最も近い他の島で2,100km西のピトケアン諸島、最も近い大陸で3,600km東の南米大陸と、非常に遠距離にある。このため、イースター島の文明は、イースター島だけで完結しなければならない（他から資材や人材を導入することができない）条件下にある。
　もちろん、この島に人間が住んでいるのだから、過去の時代に、どこかから船を駆って移住してきた人々がいるのは確かだ。しかし、移住できることと、恒常的に交易ができることは異なる。前者は、利益がなくとも新たな土地を得るなどのために行えるが、後者は、利益を生まないと行えないからだ。そして、その遠距離と遠洋航海の危険性から、交易を行うことは、ほぼ不可能だった。

オランダ人のヤコブ・ロッヘフェーンがイースター島（発見日が1722年４月５日の復活祭だったから、この名が付いた）を発見した時、島には、鶏以外の家畜を持たない２～3,000人の痩せた住民が住んでいるだけだった。しかも、ろくな森もなく、痩せた草地が広がっているだけの、不毛に近い島だった。

だが、そんな島に、10mを越す巨石遺跡群が残っていたのだから、人々はその謎に首をひねることになった。そんな石像を作るためには、多数の住人と、頑丈な木材と丈夫な縄が必要になる。そして、そんな木材は、島のどこを探しても１本もなかった。

あまりの謎に、宇宙人の遺跡説などすら飛び出すほどだ。

ノルウェーの探検家トール・ヘイエルダールは、イースター島の住人は南米からの移住者だという仮説を立てて、コンチキ号という帆のある筏によって、南米からイースター島に航海することに成功した。この冒険をまとめたのが、有名な『コンチキ号航海記』だ。この本自体は大変面白いのだが、残念なことにヘイエルダールの仮説は完全に間違っていた。イースター島の住人の遺伝子を調査したところ、アジアから島伝いにやってきたポリネシア人であることが分かっている。言語も、東ポリネシアのものだ。

インドネシアに紀元前1200年頃に住んでいたポリネシア人の祖先は、紀元前1200～前800年頃に西ポリネシアの島々に入植した。その後1500年ほどの長い休止期間（西ポリネシアと東ポリネシアは結構離れている）のあと、紀元600～800年くらいに東ポリネシアに入植した。そして、紀元900年頃には、最先端のイースター島にまで入植者がやってきたと考えられている。つまり、900年から1722年までの800年ほどの間に、イースター島に入植者が現れ、8,000～30,000人（諸説あり）にも増えて文明を築き、そしてその技術を失って僅か2,000人ほどにまで衰退したのだ。

以上が、イースター島の歴史および環境に関する背景情報だ。このようなイースター島だが、研究の結果によると、かつては、数倍の人口と進んだ文明（といっても、人力による様々な工作技術を保持していたレベルだが）を保持していたことが分かっている。では、その文明はどうして消滅したのだろうか。

結論としては、人口が増えすぎたからだ。

イースター島は、以前は多くの高木の森が存在する亜熱帯性雨林の島だった。高さ20m、直径１mにもなる世界最大のヤシであるチリサケヤシも生えていたことが分かっている。それどころか、ポマデリスのような高さ30mにもなる木もあった。

さらに、陸鳥（海を渡らない鳥）が６種（現在は存在しない）、海鳥も25種いて、イースター島が、太平洋で最も豊かな海鳥の繁殖場だったことも分かっている。

しかし、これらはほとんど絶滅した。ヨーロッパ人が来島した時には、島には３m以上の木はなく、陸鳥は全滅し、海鳥もイースター島近くの小島に細々と生き延びていただけだった。

モアイや台座などの建造に大木が多用され、他にもカヌーや住宅など、大量の木が伐採されたからだ。同時に、森が減って住みにくくなった上に、食料として野鳥を狩ったために絶滅していた（代わりに、鶏は大々的に飼育されていた）。

だが、他にも太平洋上には多くの島々が存在したのに、なぜイースター島だけが、このような極端な衰退を起こしたのか。基本的には同じ民族なので、イースター島の住人だけが愚かだったとは考えにくい。つまり、イースター島に、人間が繁栄しにくい何らかの条件があったのではないかと考えられる。

イースター島が、衰退することになった理由は、幾つも考えられる。

1. 雨量
   イースター島は、他の島に比べて比較的雨量が少なく乾燥している。雨量が少ないと、植物の生育が遅くなる。
2. 緯度
   イースター島は、他のポリネシアの島より高緯度で、温度が低い。このため、植物の生育が遅くなる。
3. 火山島としての古さ
   新しい溶岩には、それだけ植物に必要な栄養素を多く含む。しかし、古くなると、栄養素が水で流れ出したり、植物に吸収されたりして、少なくなる。
4. 火山灰が降下するか否か
   イースター島は、火山灰が降下しないので、新たな栄養素を含んだ土が生成されない。

5. 風送ダスト

火山灰が、風に乗って遠くの島までやって来ることによって、栄養を得られることもある。これを風送ダストと言うが、イースター島では、それもない。

6. マカテア地帯

マカテアは珊瑚が隆起して地形となっている土地で、地面が鋭い尖った珊瑚で覆われ、歩くのも困難だ。このため、土地の開墾や木材の伐採が進みにくい。

7. 海抜

海抜の高い島は、山地で霧や雲が生じて雨が降りやすく、水分と不足する養分を大地に補給する。このため、海抜の低い島は、植物の生育に不向きとなる。

8. 遠隔地

他の島との距離が近く、交流が起こりやすい島では、過剰な人口を移住させたり、交易によって必要資源を入手したりできる。しかし、交流できないほど遠隔地の島では、島を開発する以外に手段がない。

9. 面積

面積の狭い島は、環境破壊が起こりやすい。海洋資源などの関係から、人間は海の近くに居住することが多い。つまり、海岸およびそれに近い平野に人間は居住する。つまり、島では海岸の長さに人口が比例しやすい。そして、面積は外周の長さの二乗に比例するので、人口に比して、島の面積が大きくなる。つまり、環境破壊が起こりにくくなる。

残念ながら、イースター島は、上の9つの条件において、全て環境が悪化しやすい方になっている。他の島は、これらの条件で多数が悪い方に当てはまっている島はない。

つまり、イースター島の住人が特別愚かなわけでも強欲なわけでもなかった。ただ、島の条件が悪かったというのが結論だ。

イースター島は、宇宙船地球号の隠喩として考えることもできる。限りある資源に限りある土地面積、そして増え続ける人口。スケールが違うので、イースター島ほどの急激な崩壊はないにせよ、同じパターンの崩壊がやって来る可能性はある。

異世界転生においても、このような悪条件の文明に生まれる可能性はある。いっそ、寒帯のように目に見える悪条件なら、住民も警戒して慎重になる。だが即座に悪化するほどの悪条件でないだけ、かえって目に見えないままで文明崩壊が近づくことはあるのだ。

では、どうすれば、イースター島文明は、崩壊しなかったのか。確実なのは、産児制限だ。イースター島の環境で20,000人もの人口を安定的に生存させるのは不可能だった。つまり、10,000人以下までで人口を抑えなければならない。現代の地球で、人口が100億人を超えたら地球が破滅すると言われているのと同じだ。

もう１つは、森林の再生だ。元々、人間には植林という考えはなかった。森林を伐採すると、その土地は自然回復に任された。だが、植林をすると、森林の再生が早くなり、植生を維持しやすくなる。また木材資源も得やすくなる。森林だけでなく、野鳥や魚類などの生物資源も、取り過ぎることなく資源維持の可能な範囲でのみ捕獲しなければならない。

そして、土壌崩壊の防止だ。火山灰などから新たな土壌を富ませる材料が得られないことから、また家畜なども少ないことから、人糞を堆肥化したもの、唯一の家畜である鶏の糞などを肥料として、土地に栄養を与えないといけない。

これらの工夫を凝らしたとしても、やはり20,000人の人口を維持するのは、無理があるだろう。

【ピトケアン諸島】

ピトケアン諸島も、イースター島と似ているが、こちらは交易の途絶によって滅んだ例だ。

ピトケアン諸島には、人間の住める島が３つあった。

最大の島はマンガレヴァ島だ。だが、この島には、良質の石材がなかった。石器文明だったポリネシア人には、大きなマイナスだ。

だが、ピトケアン島は、良質の石材の取れる島だった。しかし、それ以外の資源には恵まれていなかった。

最後のヘンダーソン島は、石材もその他の資源もほとんどない島だったが、良質の海産物が取れた。特に、ウミガメ（高級食材）は、首長クラスの食べるごちそうだった。

これら３島は、交易を行いながら発展していった。

だが、南東ポリネシアに位置するこれらの島も、イースター島と同様、森林が失われ、材木が得られなくなり、結果としてカヌーが作れなくなった。これによって、交易がストップしてしまう。

それでも、マンガレヴァ島は、イースター島同様に衰退し、人肉食まで行われて人口が大幅に減少したが、滅びはしなかった。

しかし、ピトケアン島とヘンダーソン島は持たなかった。

ヘンダーソン島の遺跡からは、涙ぐましい工夫の跡が発見されている。石斧が作れないので、二枚貝を斧代わりにする。穴を開ける錐の代わりは鳥の骨。焼き石の代わりに石灰岩や珊瑚、二枚貝の殻などが使われた。おそらく、すぐに壊れてしまっただろうが、彼らは他に材料を持たなかった。こうして、生き延びる努力をした結果、数十人の住人は100年以上生き延びることができた。しかし、200年は持たなかったのだ。

ピトケアン島の住人も同様に努力したらしい。９種類いた陸鳥のうち５種は絶滅し、農地を増やそうとしたのか著しい森林破壊が起こったことも分かっている。住人が、何とか生き延びようと、必死で食料確保に駆けずり回ったからだろう。しかし、時期ははっきりしないものの、住民はいなくなった。

少なくとも、バウンティ号の反乱で逃げ出した船員たちが上陸した1790年には、両島には住民は１人もいなかった。

ヘンダーソン島とピトケアン島の事例は、モノカルチャー経済（単一の産物に頼る経済）が脆弱であることを示す。

単一栽培農業だと、気候や害虫・病気などで一気に壊滅する可能性がある。ピトケアン島の石材のように、気候などの影響を受けなくても、交易が行えなくなって（他に、安い代替品ができたとか、他により良い交易先ができたなどの理由もあり得る）商品価値が失われても破滅する。

他の例としては、クウェートの真珠産業がある。クウェートは砂漠の国で、当時は石油が発見されていなかったので、ペルシア湾で取れる天然真珠が、ほぼ唯一の産業だった。だが、日本が養殖真珠の製法を確立し、安い価格で真珠を販売するようになると、クウェートの真珠産業は壊滅した。一時は飢餓が蔓延するほどだったという。王家は、周辺国で石油が発見されていることから国内で石油を発見できることを願って、未だ発見されていない石油採掘権を欧米企業に与えた。この賭けが成功して石油が発見されたため、クウェート経済は持ち直したが、失敗していたらクウェートという国自体がなくなっていたかも知れない。

しかし、現在のクウェートも、石油のみのモノカルチャー経済であることに変わりはない。もしも、石油が枯渇するか、石油以外の画期的エネルギー源が発明されるかした場合、再びクウェート崩壊の危機がやってくることは確実だ。もちろん、クウェート政府も危機感を持って様々な施策を行っているのは確実だろうが、残念ながら未だ結果は出ていない。

既に破滅したと例として、リン鉱石で生計を立てていたナウルがある。渡り鳥の糞が堆積したリン鉱石を輸出することで、国家が回っていたナウル経済は、リン鉱石が枯渇するとともに破滅した。リンによる収入で国民は遊んで暮らしていたため、収入がなくなっても誰も働こうとしない。失業率が90％を超え、国際社会からの援助で暮らしている。もしも、これが現代でなければ、他国からの援助などもなく、ナウルは国そのものがなくなっていただろう。

✔文明を崩壊させる要因

文明を崩壊させる要因は、大きく５つある。

○環境破壊

人類が環境に与えたダメージが、許容範囲を超え、不可逆的変化を起こしてしまう。

ただし、どの程度のダメージが許容範囲なのかは、場合によって全く異なる。

それぞれの環境は、脆弱性（ダメージの受けやすさ）と復元力（元に戻りやすさ）が異なっており、一律に決めることはできない。

しかも、その脆弱性と復元力は、環境の各項目（土壌だとか、植生だとか、海棲生物だとか、草食獣だとか、肉食獣だとか）ごとに決まっている。

例えば、イースター島は、増えすぎた人類による森林伐採などの環境破壊によって文明が崩壊した。巨石文明を作るだけの文明が失われ、ヨーロッパ人が来た時には、少数の生き残り（2,000～3,000人くらい）が石器時代レベルの文明を維持するのがやっとだった。このため、ヨーロッパ人には、モアイなどを作ったのが何者か理解できず、謎の遺跡と言われていた。

その後、ヨーロッパ人によって島民が奴隷として連れ出され、1872年には島民がわずか111人にまで減少した。この時期、それまで継承されてきたロンゴロンゴ文字などの文化が完全に失われた。111人では、文字文化を継承するのに不足だったということだろう。

別の例では、植生は頑丈で復元しやすいが、肉食獣の種類が少なく一度いなくなると戻らないということもある。日本の森林などは、専門の大型肉食獣がニホンオオカミしかおらず、それらがいなくなったために、鹿などの大型草食獣が野放図に増えてしまって困っている。

人間によって破壊された環境は、最低でも何十年も元に戻らない。それどころか、二度と元には戻らない場合もある。

時間はかかるが、敵国が自国の利益になると思い込んで、実は環境破壊になる政策を取るように仕向けることは可能だ。日本におけるニホンオオカミの駆除は、その例だ。

1. オオカミを駆除して絶滅させる。
2. オオカミが餌にしていた大型草食哺乳類が増殖する。
3. 大型草食哺乳類が増殖したため、山に餌が不足する。
4. 大型草食哺乳類が人の住む領域に来て、農産物などに被害を与える。

現代日本において、鹿などの大型草食哺乳類による農産物被害は非常に大きい。日本が今や農業国ではないので、あまり重要視されていないが、農業国のままだったら鹿の被害は国のGDPを左右するほど大きい。

○気候変動

現在では、人類による地球温暖化の別名だと思われているかも知れないが、地球の気候は何十年、何百年単位で変動している。その最も極端な例が氷河期だ。

そこまでいかなくとも、平均気温のわずか1度の変動で、今までの収穫がほとんどダメになってしまいかねない。

特に、人間が環境に負荷をかけてギリギリの状態にある場合、最後の一押しを気候変動が引き起こして、人類社会を壊滅させてしまうことは、歴史上よくあることだった。

○敵

もちろん、人類の最大の敵は人類だ。そして、社会の最大の敵は、別の社会だ。
　戦争によって滅んだ国など、数えられないほどある。ただ、戦争だけで滅んだ国は、意外と少ない。
　例えば、西ローマ帝国は蛮族の侵入によって滅んだとされるが、それまでの何百年もの間も、蛮族は存在していたし、ローマ帝国に侵入しようとしていた。だが、それまでの西ローマ帝国は、蛮族を撃退して、国を保っていた。ではなぜ、以前の西ローマ帝国にできたことが、その時の西ローマ帝国にはできなかったのか。
　可能性としては２つある。
　１つは、西ローマ帝国が弱体化したという可能性だ。西ローマ帝国の社会システムが劣化したか時代に合わなくなって、そこを突かれて滅んだという可能性だ。
　もう１つは、蛮族が成長したという可能性だ。西ローマ帝国などから技術を吸収し、国力・戦力をアップして西ローマ帝国を倒すだけの力を得たというものだ。しかし、考えてみれば、同じ時間は西ローマ帝国にもあった。蛮族が成長する時間、西ローマ帝国も進歩していれば、差は縮んだかも知れないが、それでもまだ差はあったはずだ。
　これについては、まだ結論は出ていない。ただ、停滞し、衰退する国は、敵に滅ぼされるということは確実だ。

○味方

　敵の登場ではなく、味方の減少も、文明の崩壊を引き起こす。
　なぜなら、ほとんどの文明は、独り立ちできず、余所との交易によって成立しているからだ。このため、必要物資を輸出してくれる友好集団を失った文明は、崩壊の危機に陥る。
　先のピトケアン島の問題も、森林資源の枯渇によって、友好集団との連絡ができなくなった文明が、崩壊していった話なのだ。
　これは、古代だけの問題ではない。1973年の石油危機は、現代文明が石油を必須としており、その石油を絶たれたらそれだけで崩壊しかねないことを教えてくれている。

○社会の能力

上のような問題点は、文明の危機ではある。しかし、この危機によって崩壊した文明もあれば、危機の克服に成功して継続した文明もある。

その意味では、文明の危機が現実化するかどうかは、社会がそれに対応する能力を持っていたか否かによって決まる。

その例が、グリーンランドだ。グリーンランドには、かつてバイキングの居留地があり、一時は、教会が数個建てられるなど、かなり大きな（人口数千人）ものになっていた。

しかし、居留地は衰退し、ついには滅んでしまった。今は、遺跡だけが残っている。

だが、同じ環境下で、イヌイットたちの部族は問題なく生き残っている。つまり、同じような厳しい環境にあっても、滅びる文明と生き残る文明がある。

○複合効果

文明を衰退させる５つの要因について書いたが、たった１つの要因で滅びる文明は滅多にない。

しかし、これらが複数重なると、文明を崩壊させる力となり得る。環境悪化に敵対的集団の登場、さらに社会システムの劣化があったりすると、文明を崩壊させるに十分な力となる。

敵国を滅ぼす、そして、文明レベルで根絶やしにするには、このような複合効果を狙う必要がある。といっても、さすがに気候変動は起こせないので、敵国の社会を弱体化させ、環境破壊を起こすような政策を進めさせ、その上で味方を減らして敵を増やすようこちらの外交が努める。

単に戦争で勝利するだけで、敵国を滅ぼすのは難しい。もうダメだと思わせるには、それ以外の＋αが必要なことが、この問題から理解できるだろう。

第９節 歴史人口学

歴史人口学は、1950年代にフランスで生まれた大変新しい分野の学問だ。だが、富国強兵という立場から見ると、非常に分かりやすい基準となってくれる。

✔国力は人口で決まる

土地の農業生産性や資源の有無など、国力を決めるデータは幾つもあるが、究極的には国力とは人口×１人当たりの生産性で決まる。そして、生産性は技術力と国家の組織効率で決まるから、同じくらいの文明国なら生産性に大差はない。つまり、その国力は人口で決まる。

人間１人の基礎能力については、日本だろうと、欧米諸国だろうと、現在まだ低開発諸国の国民だろうとほとんど変わらない。

日本人を優れた民族と思い込みたがる人々や、逆に事あるごとに日本人はダメだと言いたがる人々も存在するが、どちらも完全に間違っている。日本人は他の民族に比べて圧倒的に優れた民族でもないし、かといってどうしようもなく愚かな民族でもない。どの民族も、多少の傾向の違いこそあれ、その能力に大した差はないというのが、現代科学の結論である。

例として、100m走を考えてみよう。この競技で日本は全く勝てていない。日本人の不得意とされる競技だ。実際、世界記録が9.58秒なのに、日本記録は9.98秒でしかない。しかし、こんなにも日本人の苦手な競技ですら、その差は4.0％しかないのだ。つまり、人種・民族によって、得意不得意はあれども、その差はせいぜい数％程度でしかなく、しかも得意分野もあれば不得意分野もあるので、総合的に考えれば、各民族の能力に有意な差はない。

となれば、国力とは人口に比例するのは当然である。これは、日本だけでなく、世界のどの国でも同じだ。

ただし、１人当たり生産性に大差があれば、人口が少なくても国力で勝利することができる。帝国主義の時代に白人国家が世界中に植民地を作り、現地の人々を支配して搾取できたのは、先に産業革命を成し遂げ、統一された国家により効率的な運用を行うことで、国力が人口に比例しない状況を作り出せたからだ。

いわゆる転生者の技術チートも、帝国主義時代の白人と同じで、より優れた科学技術によって生産性を高めることで、国力を人口以上に高めることで成立している。

とはいえ、生産性を高めたとしても、人口そのものを急激に増やすことは難しい。最低でも数十年単位の時間がかかる。つまり、いかに技術チートを使ったとしても、人口の圧倒的な差には勝てないということだ。1人当たり生産性を10倍にしても、人口が50倍の国には勝てない。

この観点に立てば、そもそも、国家は過去の歴史時代において、どのくらいの人口だったのかという問題が発生する。少なくとも、人口は現代より少なかったはずだ。

過去に転生してしまった場合、人口が現代よりもずっと少ないこと、そのために色んな事業に動員できる人数が少ないことを忘れてはならない。それを忘れて無理な動員を行えば、最悪一揆や反乱が起こるかも知れない。

✔日本の人口推移

日本の人口は、次頁の表のように変遷したと推定されている(ただし、江戸時代以前は蝦夷を含まず、明治時代以前は琉球を含まず)。日本の過去をベースとした転生ものを考える場合、その人口に比例する国力しかないことを前提に考えなければならない。江戸時代でも約3,000万人、つまり現在の4分の1の人口しかいないのだ。

安土桃山時代など、1,200万人あまりしかいない。しかも、現代に比べて生産性が低く、人口の多くを農民にしないと食料不足になる時代だ。こんな時代に、15万人以上の兵が参加した関ヶ原の戦いは、本当に総力戦だったに違いない。現代日本で150万人以上が戦っている以上に、遙かに負担の大きい戦いだったと考えられる。

時期	年代	人口（万人）
旧石器時代	BC10000	1.5
縄文時代	BC8000～3000	2～26
弥生時代	BC1800	59
奈良時代	725	451
平安時代	800～1150	551～684
鎌倉時代	1280	595
室町時代	1450	1005
安土桃山時代	1600（慶長５年）	1227
江戸前期	1721（享保６年）	3128
江戸時代	1756～1846	2987～3263
明治時代	1873（明治６年）	3330
明治時代	1890（明治23年）	4131
大正時代	1920（大正９年）	5596
昭和時代	1950（昭和25年）	8411
昭和時代	1975（昭和50年）	11194

日本の人口変遷は、大きく４つの波がある。

第一の波は、縄文時代の人口循環だ。日本の人口は、縄文初期には約2.0万人、前期には10.6万人、中期には26.1万人、後期には16.6万人、晩期には7.6万人と変化している。これは、気温の変化によると考えられている。

縄文前期には、平均気温は現代よりも1.0℃ほど高く、中部から関東地方まで落葉広葉樹林帯（ドングリなどが採れる）に入っていた。このため、東日本は食料が多く人口が増加していた。西日本は食料資源があまりなく、人口増加は緩慢だった。

ところが中期以降は寒冷化のため現代より2.0℃ほど低くなった。このため、関東の平野部でも、落葉広葉樹林帯でなくなり照葉樹林帯（常緑広葉樹で食べられる実は成らない）になってしまう。このため、南関東で人口が90％減、北陸で80％減という、壊滅的な人口減少が起こっている。ただし、西日本は、食料の管理能力を高め、また大陸から進んだ植物栽培の知識などが入ってきたことで、人口は1.5倍に増加している。

だが、日本列島全体では、中期以降の人口大幅減となっている。

縄文中期以降の関東などに転生してしまった場合、毎年僅かずつ気温が下がり、森から実の成る樹木が消えていく。何が何でも植物栽培を始めないと、飢えて死んでしまう可能性が高い。

第二の波は、弥生時代から奈良時代にかけての人口増加だ。およそ10倍近くにまで人口が増加している。この時代の人口中心は、西日本になっている。というのは、大陸から稲作がもたらされたからだ。稲は本来亜熱帯植物で、暖かい地方で育ちやすい。そのため、気温が高く、しかも技術の伝わりやすかった西日本で稲作が行われ、人口増加につながった。そして、稲という生産性の高い作物によって、人口が大幅増となった。

この時代の日本の中心が、難波・奈良・京都などの近畿地方になったのは、人口動向から考えても当然のことだったのだ。他の地域には、政権を支えるだけの人口が存在しなかった。北九州なら何とか可能だったと考えられるが、近畿地方に比べれば人口的には苦しい。

第三の波は、平安時代から安土桃山時代までだ。この時代は、残念なことに直接的な人口統計データが存在しない。班田収受などが行われなくなったので、人口統計を取らなくなってしまったからだ。ただ、各地の耕地面積から人口を類推している。これによると、平安から安土桃山までは、人口が増えてはいるものの、その増加率は鈍い。

平安時代後期になると、温暖乾燥の時代となる。このため、元々水源に乏しい西日本では、日照りや干ばつに悩むことになり、人口は停滞する。逆に、気温の上昇につれて、関東はもちろん東北地方でも農業が広まり、東日本の人口が増加する。鎌倉幕府が成立する背景は、この東日本の人口増加がある。源頼朝が京都から離れて政権を作ろうと考えた時に、鎌倉を候補とできるだけの人口が、その時代の関東には存在したのだ。

だが、室町時代に入ってすぐ、小氷期が訪れる。この小氷期は1850年頃まで続く。これによって、再び日本の気温は低下する。足利尊氏が倒さなくとも、関東を基盤とした鎌倉幕府は、この小氷期によって倒れざるを得なかっただろう。

小氷期によって、飢饉が発生しやすくなる。それまでは３～５年に１

度だった飢饉が、２年に１度の割で発生するようになってしまう。これでは、政権が安定するはずもない。弱い政権であり、いずれ戦国時代に突入してしまう室町時代だが、これは足利尊氏の作った室町幕府が弱かったせいもあるが、日本の生産力が不安定になってしまったことが根本的な原因だと考えることもできる。

だが、戦乱の時代に入り、さらに飢饉が頻発したにもかかわらず、日本の人口は増えている。これは、牛馬耕などが広まり、農業の生産性が高まったこと、西日本で二毛作が始まったこと、戦国大名が国力強化のために新田開発を熱心に行ったことなどが原因と考えられている。

江戸時代は、前期に飛躍的に人口が増えたものの、中期以降は停滞して、±10％以内で揺らいでいるだけだった（飢饉などが起こると減少する）。ごく僅かしか貿易を行わない状況と当時の技術力では、日本という土地における人間の生存可能人数は3,000万人程度が限界だった。

実際、この時代には、人口による環境負荷に山野が耐えかねていたことが分かっている。そこで、幕府は寛文６年（1666年）には「諸国山川掟」を定めて、草木を根こそぎ取ることを禁止し、木のない山には植林する、新規の焼畑を禁止するなどの環境維持法制を制定し、さらにこれを空文化しないために各地に検査官を派遣している。3,000万人もの大人口を平野の少ない日本列島で養うためには、山野の維持に人間のサポートが必要だったのだ。

日本の山野を自然の産物だと思い込んでいる人々は、根本的に誤っている。よほどの奥山を除き、江戸以降の日本の山野は人間の手が入ることによって維持されていたのだ。

江戸時代後期は、少子晩婚化が広まった。これは、都市に住む貧しい労働者が、結婚できなかったり、できたとしても晩婚であり、子供も少ないという、まるで現代日本の若者と同じような状況になっていたと考えられている。男性の初婚年齢は28歳、女性も22歳と、江戸前期よりも２～３歳ほど晩婚になっている。現代の目では晩婚に見えないかも知れないが、栄養状態が悪く人間の老化が早い江戸時代では、現在で言うなら男性が35～40歳、女性30～35歳くらいに相当するほどの晩婚化であった。

第４の波は、明治から現代までの波だ。これは、明治維新によって、海外の新技術が導入され、また外国と貿易ができるようになり、人口は一気に増加し始めたからだ。

工業化による経済成長が人口増加を支えて、人口増加がさらなる経済成長をもたらすという、正のスパイラルが働いた。

だが、この正のスパイラルは、最近になって終了し、日本は人口減社会になっている。といっても、日本の人口が減ったのは、これが初めてではない。縄文時代中期以降、鎌倉時代、江戸中期の飢饉時など、何度か存在している。これらの人口減は、新たな社会システムの導入によって解消され、人口増へと向かった。現在の日本の人口減もそうなるのかはまだ分からないが、可能性はあるのかも知れない。

これらのデータによって、日本という土地が支えられる最大人口がおおよそ計算できる。ただし、最大人口は社会システムの進歩によって上昇してきた。

社会システム	文明	最大人口
縄文システム	狩猟採取文明	26万人
稲作システム	先市場農業文明	700万人
経済社会システム	経済社会化農業文明	3,000万人
工業社会システム	工業化社会文明	13,000万人?

日本の過去においてチートを行う場合、この最大人口を考えなければ、破滅することになるので注意する。

他の国でも同じような傾向は存在するので、この国で、現在の社会システムで、どれだけの人口が養え、どれだけの人口が余剰人口として技術開発や軍などに利用できるのかは、きちんと検討した方が良いだろう。

✔世界の人口推移

世界の人口推移も、やはり社会システムの発展とともに拡大してきた。

人類の誕生から中期旧石器時代まで、人口は僅かずつしか増えていない。中期旧石器時代で世界の人口は70万人と推定されている。

第1の人口爆発は、中期旧石器時代から後期旧石器時代の過渡期(紀元前37000～前35000年)に発生する。石器製作技術の発達により、狩猟の生産性が上昇したことに起因すると言われている。しかし、それ以上の技術発達がなかったために、後期旧石器時代は500～800万人で再び停滞したままとなる。

別の言い方をすれば、中期旧石器時代以前に、後期旧石器を開発できれば、人口を10倍にできるほどのチート石器となる。ただ、こんな時代でチートしても嬉しくないかも知れない。

第2の人口爆発は、新石器時代だ。農業革命がこの時代に起こった。つまり、人類が農業を発明したのだ。これにより、人類は定住が可能になる。つまり、集落ができたのもこの時期だ。これによって、人口は5,000万人ほどになる。農業の発明も、人口を10倍にするチート発明だった。

さらに、農業が安定して生産可能になると、集落が拡大する。そして、紀元前3500年頃には、ついに中東において世界最初の都市が形成される。そして、都市が拡大していってギルガメッシュが王となったのが、この時代（紀元前2600年頃）だ。

ちなみに、ギルガメッシュは世界最初の王ではない。なぜなら、彼はウルク第1王朝第5代王だからだ（ただし、実在が確実視されている王としては、ギルガメッシュと、彼と戦って敗れるキシュ王エンメバラゲシが最も古い）。初代はメスキアッガシェル王で、世界最初の王となるのは、この人物だと思われる。ただ、同時期にはメソポタミアに幾つもの都市国家が存在していたので（キシュもその1つ）、誰が本当に世界初かは分からない。ただ、名前の残っている中ではメスキアッガシェル王が最も古い。

第3の人口爆発は、歴史時代に入ってからだ。1億人以下だった人口が、2～3億人に増加した。紀元前800年～紀元1年くらいの古代国家が成立した時代だ。アッシリアやメディアといったオリエントの大国が次々と興亡し、さらにはペルシア帝国、アレクサンドロス帝国、ローマ共和国→帝国など古代帝国が成立した。中国でも周から春秋戦国を経て前漢の時代だ。大帝国の成立によって、交易が盛んになり、人口増加につながったものと考えられている。

第4の人口爆発は紀元800～1200年だ。2億人が4億人くらいになったと言われている。中世の終わりになって、東西の交流が大きくなった。

中国の発明品がヨーロッパに持ち込まれたのもこの時代だ。また、中東は世界の先進地域で、後のヨーロッパを発展させた技術の多くが、この時代の中東で作られている。

この時代以前に、中国の発明をヨーロッパで実用化すると、かなりのチートになる。鐙(あぶみ)なども、その一例だ。

最後の人口爆発は紀元1700年以降で、まだ終わっていない。10億人以下だった人口が、現在に至っている。これは、農業革命によって、農業生産性が一気に上昇したことによって始まった。さらに、産業革命によって工業化社会に入ったこと、高度工業化社会になったことなど、人口を増加させる要因が次々に発生したために、人口爆発が終了しない。

これらの人口爆発の時期の後には、ほぼ必ず人口減少期が存在している。特に、第３の人口爆発が終わり、古代帝国が崩壊して中世になった時代には、人口が２億人以下になったのではないかとまで言われている。人口が、第３の人口爆発後と同じになるまで復活するのは、紀元800年頃にならなければならなかった。

物語作成に有用な個別のデータを検証してみよう。

アーサー王のいた時代のブリテン諸島（イングランド島とアイルランド島を合わせたもの）は人口100万人ほど。イングランドだけなら80万人ほどしかいない。これでは、貴族階級も、女子供合わせて１万人がせいぜいだ。騎士団といっても、1,000人もいれば大集団だと考えて良い。それがイングランド全域に広がって存在していたのだから、集まるには非常な時間がかかる。通常は、100人単位の戦い、しかも従騎士や歩兵も含むから馬に乗った騎士は10人単位と考えれば良いだろう。僅かな数の有力な騎士（ランスロットやガウェインなど）がいるだけで、圧倒的に有利になるのも理解できる。

これに対し、三国志の頃に中国は6,000～5,000万人ほどの人口だった（飢饉と戦乱で6,000万が5,000万に減少したと考えられている）。確かに、広い中国全土に6,000万人だから、現代に比べれば圧倒的に過疎だったのは確かだ。だが、これだけの人口がいて、しかもヨーロッパの小麦よりも効率の良い米を栽培していることから、万単位の軍を組織して戦うことも当然と考えられる。

フランス革命からナポレオン帝政の時代のフランスなら、2,900万人と言われている。ちなみに、この人口は、当時のヨーロッパではロシアを除いて圧倒的だった。

1800年頃の各国推定人口

国名	推定人口
フランス	2900万人
イギリス（アイルランド含む）	1600万人
ドイツ	1800万人
イタリア	1900万人
ベルギーとオランダ	500万人
スペイン	1150万人
ロシア	3600万人

ナポレオンが勝利できたのは、何よりこの圧倒的な人口による。もちろん、イギリスとドイツが組めばフランスよりも多いわけで、そうやって各国はナポレオン包囲網を敷こうとしたが、どうしても各個撃破されてしまった。

結局ナポレオンは、フランスよりも人口も面積も大きいロシアに攻め込んで敗北することになった。人口から見ても、妥当な結果と言えるだろう。

✔平均余命

現代日本人の平均寿命（生まれたばかりの赤ん坊の平均余命）は男女とも80歳を超えている。しかし、このように長生きの時代は、ごく最近できたものだ。

縄文時代など、平均寿命が15歳程度だ。子供の死亡率が非常に高く、15歳までに６割の子供が死んだと言われている。そして、15歳まで生き残ったとしても、その平均余命は16歳でしかない（つまり30歳ほどで死ぬということ）。

この平均余命は、鎌倉時代くらいまであまり変わらなかったと推定されている。日本人の寿命が延び始めたのは、15世紀頃からのようだ。

戦国時代は、信長の謡う『敦盛』ではないが「人生五十年」の世界だ。

ただし、これは大人になれた人間が戦死などをしなかった場合の平均死亡年齢であって、10歳以下の子供が大人になれずに大量に死んでいるので、平均寿命は20歳程度だと考えられている。実際、良い食事を食べていたと思われる大名たちは、戦死しなければ60歳以上生きている人が多い。逆に、長生きだったからこそ、歴史に名を残す活躍をする余裕があったと考えるべきなのかも知れない。

江戸時代になると、平和になって豊かになった分、平均寿命も延びて20～30歳くらいはあったと言われている。ただし、これも子供の大量死によって平均寿命が下がっているので、大人になれた人間の寿命は50歳くらいはあった。

その後、明治に入ると、平均寿命は30代後半になる。大正には40歳を超える。そして、平均寿命が50歳を超えるのは、1947年（昭和22年）のことだ。このように急速に平均寿命が延びていったのは、何よりも乳幼児死亡率が下がったことによる。

✔マルサスの人口原理

トマス・ロバート・マルサスは、18～19世紀の経済学者で、1798年に『人口論』を書いた。

マルサスの論説は、以下の２点によって成立している。

1. 食料その他の生活資源は、人類の生存に必須である。
2. 異性間の性欲は必ず存在する。

このことから、何が言えるか。

1. 食料などの生活資源は、土地を開拓することによって増加する。このため、算術的増加（1・2・3・4……と増加する）となる。
2. 人口は、人間の性欲が制限されない場合、幾何級数的増加（1・2・4・8……と増加する）となる。

実際、18世紀アメリカ合衆国の例では、25年で人口は倍になっている。しかも、これは理論的限界ではなく、環境が良ければもっと増えることすら可能だ。

だが、25年ごとに農業生産を倍加させることは可能だろうか。確かに、ある25年に限れば可能かも知れないが、その次の25年、さらに次の25年も倍々と増やすことなど、到底不可能である。

野生動物の場合、食料不足は、個体数の減少を招く。餌を十分取れなかった野生動物は弱り、死亡する。これによって、土地の生産できる食料が、野生動物の生息数の上限を決定する。

人間も似たようなものだ。土地のキャパシティを超える人口が存在すると、様々な問題が発生する。例えば、貧困な人間は食料を十分に得ることができず、当然結婚もできない。このような社会に軋轢を発生させる人口要因を、デンマークの経済学者ボーズラップは「人口圧力」と呼んだ。

しかし、人類は、この人口圧力に対して、創意工夫で対応した。そして、新しい文明システムを開発し、キャパシティを増やすことで、人口増加を許容した。

逆に言うと、新しい文明システムを開発しない限り、いつかは人口増加が農地面積増加を上回る時が来る。

これを**マルサスの限界**という。

もちろん、これには幾つも反論があるし、実際に実証されている部分もある。

- マルサスによれば、豊かになった人間は、子供をたくさん作り、人口が爆発すると考えた。しかし、実際には、豊かになった世界は、子供の数が減り、少子化によって人口が減少するほどになっている。
- 食料は、貿易の拡大と低コストの食料生産国の発展によって、かえって増加している。

つまり、技術が発展し、豊かになったことで子供の死亡率が下がり、予備として子供を作る必要がほとんどなくなった。また、多数の子供を作ると、豊かな生活を子供に分け与えるのが難しくなる。

このような理由によって、豊かになった国は少子化に向かい、マルサスの限界は発生しないと考えられている。

逆に言えば、国民が豊かにならず、あまり技術も発展しない状態で、ひたすら農地開拓だけをやっていると、マルサスの限界に到達してしまう可能性があるということだ。

転生者なら、マルサスの限界を敵国に引き起こす計画を立てても良いだろう。

第10節 意志決定

人は、様々な場面で、自らの意志を決める。しかし、人はどのような基準で、それを決めるのだろうか。多くの人は、その基準は、合理的で正しいものでありたいと考えているはずだ。

しかし、その基準は、本当に合理的で正しいだろうか。また基準自体は合理的で正しいとしても、人間はその基準通りに決定できるのだろうか。

人間が何を基準に、どのような選択を行うのかを知ることができれば、どのような利点があるだろうか。

- 自分が、誤った基準を元に誤った選択を行ってしまうことを防ぐことができる。
- 交渉時に、相手がどのような基準でどのような選択を行うかを予測し、対処できる。
- 敵に、誤った基準を元に誤った選択を行わせることができる。

これは、政策や事業だけでなく、戦争においても同じことだ。敵国がどのような選択を行うか予測できれば、それだけで勝利は近い。

✔何もしないという選択

人は、迷った場合、保守的選択（＝何もしないor標準とされるもの）を選びがちになる。

例を挙げてみよう。ヨーロッパの国々では、臓器提供プログラムに則り、臓器提供カードを人々に配布している。しかし、不思議なことに、ヨーロッパの国は完全に２つに分かれているのだ。それは、ほとんどの人が臓器提供カードで提供を選んでいる国と、ほとんどの人が提供しないを選んでいる国とにだ。

国名	提供の意志のある人の割合
オーストリア	100%
フランス	100%
ハンガリー	100%
ポーランド	100%
ポルトガル	100%
ベルギー	98%
スウェーデン	86%
オランダ	28%
イギリス	17%
ドイツ	12%
デンマーク	4%

文化的差異が原因かとも考えられたが、それならかなり近い国々（ドイツとオーストリア、ベルギーとオランダ、スウェーデンとデンマークなど）が全く逆傾向であることが説明できない。

調べてみると、その理由は非常に簡単な問題だった。**オプトイン方式**と**オプトアウト方式**の違いだ。オプトイン方式とは、明示的に選択を行った場合に実施する方式。オプトアウト方式とは、明示的に拒否した場合にのみ実施を止める方式だ。

つまり、臓器提供カードでは、上がオプトイン、下がオプトアウトになる。

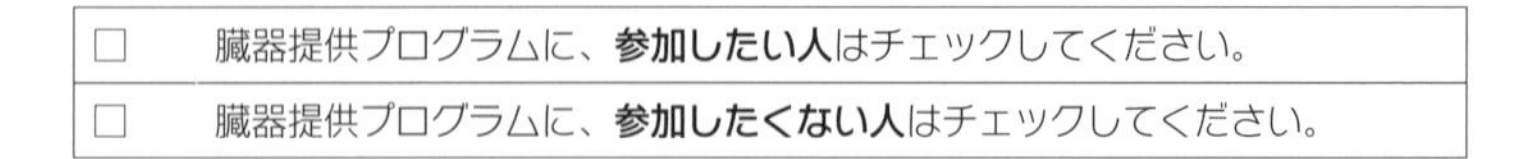

□	臓器提供プログラムに、**参加したい人**はチェックしてください。
□	臓器提供プログラムに、**参加したくない人**はチェックしてください。

もちろん、オプトアウト方式の国では、ほとんどの人が臓器提供を選ぶ。逆に、オプトイン方式の国では、ほとんどの人が選ばない。

つまり、ほとんどの人は、何もしないorわざわざチェックしないで標準（質問する側が標準と考えている方）を選択している。

このように選択肢を作ることで人を誘導できるのだ。これを、**選択肢の設計**という。

もちろん、選択し終えた人々に、どうしてそちらを選んだのかと聞いても、「何もしない方を選んだ」という答が返ってくるわけではない。「人々の役に立ちたいから」とか「蘇りの日に臓器がないのは困るから」とか、色んな答が返ってくる。そして、答えた人も、その答が本当で、そう考えたから選択したのだと思い込んでいる。しかし、実際には、選択肢の設計者の選んだ選択肢を、なんとなく選ばされているのだ。

これは、民衆を誘導するのにも使うことができる。つまり、標準選択を、為政者の都合の良い方にするのだ。

実際、日本でも最高裁判所裁判官国民審査で、同様のことをしている。国民審査では、罷免したい裁判官に×をつける。こうすると、ほとんどの人間が何も書かないので、裁判官は問題なく再任されることになる。もしも、留任して欲しい裁判官に○を付けるというシステムだった場合、罷免される裁判官が頻出するだろう。○と×をつけて空白は白票とするシステムであっても、罷免される裁判官は結構出るに違いない。

✔目標と意志決定

一般には、ある程度以上真面目な人間は、目標を持ちそれに向かって努力していて、その目標を実現できるような意志決定を行うと考えられる。

しかし、残念ながら、それはほとんど嘘だ。

実際には、目標や希望が、個々の意志決定と行動に影響を及ぼすことはほとんどない。これこそが、人が目標を持っているにもかかわらず、日々の努力が実行できない原因だ。

ダイエットしようとしているのに、ついつい甘いものを食べすぎてしまう。目標の大学があるのについついマンガを読みふけって勉強をサボる。これらは、全て目標が行動に影響を及ぼせないことが原因なのだ。

つまり、太っている人に、ダイエットして体重を減らすという目標を与えても、意味がない。確かに、それは目標になるだろう。しかし、その人の目の前にある食べ物を食べないで我慢させる役には立たないのだ。

それよりも、その人の皿を少し小さいものに変える（相対的に食品が大きく見えるので、食べた満足感が得られる）とか、そういう直接的かつ小さな問題から解決することの方が重要だ。

✔ソーシャル・プルーフ

人は、自分だけの意見を持ち続けることは難しい。ついつい、他人に流されてしまう。このような行動を、**ソーシャル・プルーフ**（社会的証明）という。

例を挙げてみよう。深夜の通販番組で、最後に「オペレーターがお待ちしています。お電話ください」と言っていた。だが、ある時、アドバイスを受けて「電話がつながらない時は、お掛け直しください」に変えた。すると、電話が倍増し、売れ行きも上昇した。

ぱっと考えると、「電話がつながらない」などというマイナスについて語るのは、良くないように思える。視聴者は、そんな面倒に合うくらいなら、電話は止めようと思わせるかも知れない。ところが、それこそが電話を増やす要因となったのだ。

これが、ソーシャル・プルーフの力だ。視聴者は、「電話がつながらない」＝「皆電話をかけている」と理解したのだ。そして、そんなマイナスを語るのなら、本当に電話がいっぱいなのだろうと考えた。そのため、自分が電話をかけても良いのだと、心理的に後押しされたわけだ。

人間は本能的に、他の人がやっている行動は正しいと思い込んでしまう。だからこそ、面倒くさくても、ガラガラの店ではなく、行列ができる店に並んで食事をする。また、実際に、多くの人が行う選択は、たいてい正しいので、その方法で多くの場合は上手くいく。

もちろん、このような同調行為にも、物知りの人間に従う**合理的な同調**と物知らずな人間につい合わせてしまう**不合理な同調**がある。そう、人間は、その判断がおかしいと思っても、同調してしまうことが多いのだ。

多くの場合は、合理的な同調なので、上手くいくことが多い。しかし、時には不合理な同調によって致命的な間違いを犯してしまうこともあるのだ。例えば、選挙でナチスドイツに圧倒的な得票を与えてしまうとか。

ある実験を行った。

右の図で、基準線と同じ長さは、ABCのうちどれかという質問を行う。普通、誰もが「A」と答えるだろう。

これを、複数の人間に質問する。実は、答える人間はサクラで、実験対象となっているのは、最後に答える人だけなのだ。

そして、サクラたちは、次々と「B」と答える。そして、全てのサクラが「B」と答えた時、実験対象の人間は何と答えるだろうか。

意外にも、75％もの人間が、「B」と答えてしまうのだ。内心では、絶対に、そんなことはないと思っているにもかかわらず。

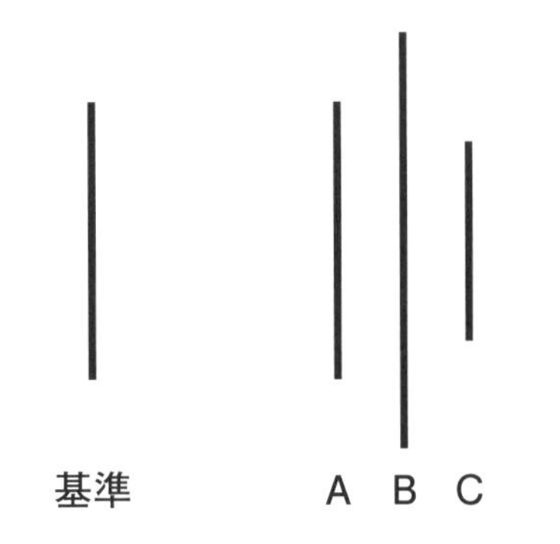

▲不合理な同調

そして、サクラの人数が増えると、同調する確率は上昇する。最も高いのはサクラと被験者合わせて12人の場合だった。

だが、面白いことに、1人でも「A」と答えた人間がいると、被験者も安心して「A」と答える。被験者は、「A」と答えたサクラに、まるで戦友を見るかのごとき視線を送るようだ。

同様の試験を、被験者にMRIにかかってもらいつつ行うと、他の人間が自分と異なる答であることを知った時、被験者の脳の感情を司る部分が活性化する。それは、痛みを感じた時のパターンに似ているらしい。そして、そのすぐ後には、視覚を司る部位も活性化する。

恐らく、他人と違うことに不快を感じた被験者は、何とか視覚を活性化して、他人と同じ見方ができないか試しているのだろう。

この同調が、パニックを引き起こすのが、**群衆効果**だ。火事などの時に、皆が1つの出口に密集してかえって逃げられなくなって死者が出たりするのも、群衆効果の一例だ。

つまり、多くの人が選ぶ選択は、たいてい正しいが、絶対ではない。安易に、他の人の真似をしていると、肝心な時に失敗するということだ。どうでも良い選択を行う時は、楽をして他人の物真似でも構わない。だが、重要な選択、例えば自国の政権を決める選挙などでは、マスコミなどの多数派に踊らされずに、自分で判断を行った方が良い。

✔匿名性

人は、他人が見ていると、その行動が縛られる。他人にどう思われるかが気になるためだ。そのため、自分の思い通りに行動できない。

だが、**匿名性**があると、その枷が外れる。

その最もよくある例が、ネットリンチだ。誰かがネット上で不謹慎な行為をしてしまう。すると、多数のネットユーザーが集まってきて、その人をネット上で非難し、馬鹿にし、貶める。

だが、匿名性による利点もある。

男女それぞれ３人を、部屋に入ってもらって１時間過ごしてもらう。通常の場合、彼らは雑談をして過ごす。ほとんど無意味な話しかしない。

ところが、あらかじめ部屋を真っ暗にしておくと、まずお互いの位置を確かめ合った。そして、個人的なことや性的なことなど、なかなか話せないことを話し合った。90%の人は互いに触れ合い、50%はハグをしたという。そして、80%の人は、性的に興奮したという。

これは、暗闇の匿名性が有効に働き、なかなか話しにくいことも話せるようになったのだ。

キリスト教の告解は、牧師と告解者がそれぞれ顔を合わせることなく小さな小部屋に入り、互いの声だけが聞こえるようにする。そうしておいて、告解者は自らの罪を牧師を通じて神へと懺悔するのだ。この仕組みも、牧師と告解者が互いに顔を合わせず匿名であるという建前（現実には、声などである程度推測できるのかも知れないが）が、罪の告白をやりやすくしているのだ。

つまり、匿名性は上手く活用すると、より深い話し合いができる。王が、別名で現れる*30のも一種の匿名の利用であり、王には言いにくいことでも、同格の貴族同士なら話し合えることもある。

✔感情と決断

感情は何のためにあるのか。それは、何も考えないのに、行動を支配するためにあると言われている。

つまり、人間の先祖が、恐ろしい捕食獣と出会ったとしよう。敵味方

---

*30 中世の王は、他にも多数の爵位を保持していることが多い。その１つの爵位を使って、その名前でパーティに出席するなども、その一例。

の戦力を比較し、自分の行動計画を立て、実行に移していたとしたら、その間に食い殺されているだろう。恐怖で何も考えずにひたすら逃げることが必要な行動だ。

感情は、このような緊急行動のために発達してきたと考えられている。そのため、以下のようなことが分かっている。

- 感情は、思考よりも上位にあって、人間の行動を支配する。
- 感情に結びついた出来事は、長く記憶に残る。
- 感情そのものは、あまり長続きしない。

感情の発端は何なのか。人は読み違えることがある。その一番端的な例が、**吊り橋効果**だ。

揺れる吊り橋の真ん中で男女が出会うと、恋に落ちる確率が上がる。これは、揺れる橋の上でドキドキする。そして、ドキドキする時に異性と出会うことで、異性に出会ってドキドキしたのだというストーリーを脳内で組み立ててしまうからだ。

感情が行動を支配することで、様々な問題が生じる。その一番の問題は、問題が大きくなればなるほど、人々の関心は少なくなるという点だ。

これは、アメリカの寄付金の額の研究で分かってきた。被害者が多い大問題ほど、寄付金は少ないのだ。カトリーナ台風や9.11テロは、確かに悲惨であったが、被害者は1万人程度だ。彼らには、数百億円もの寄付が集まった。しかし、エイズの患者数は数十万人、マラリアの患者数は数百万人もいるが、集まる寄付金は一桁少ない。

というのは、あまりにも被害者が多いと、もはや人間は数値になってしまうからだ。そして、数値に対して、人々の感情はピクリとも動かない。スターリンは「1人の死は悲劇だ。だが、100万人の死は統計上の数字に過ぎない」と言ったが、ソ連を支配できた独裁者だけあって、人々という固まりをどう扱えば良いか、よく分かっていた。

つまり、ジェノサイドを起こしても、意外と人々は関心を向けないのだ。しかし、その中の1人にスポットライトが当てられ、可哀想な子供というアイコンが見えた瞬間に、人々の感情は動く。

以下のような実験を行った。

1. 1人の子供の写真を見せて、彼女は助けを求めています。と寄付を募る。
2. ○○国では、300万人の人が飢えに苦しんでいます。と寄付を募る。
3. 1.を行った上で、彼女のいる国では300万人の人が飢えに苦しんでいます。と寄付を募る。

寄付の額は、高い順に、1.3.2.だった。2.は1.の半分ほどしか寄付を集められなかった。つまり、感情において、300万人の人は、1人の子供の半分の価値しかない。しかも、子供の話をした後で、300万人の話をすると、かえって寄付が減る。つまり、300万人の話は、感情の面ではマイナスにしかなっていない。つまり、感情に訴える方法と、統計によって理性に訴える方法は、共存できない。

政治とは感情ではなく、理性によって判断されなければならない。それこそ、数字で判断すべきだ。だが、残念ながら民主主義における有権者は、そのような訓練などされておらず、感情によって判断してしまう。これが、**衆愚政治**が発生する原因だ。

逆に言えば、大衆は感情で動くことを理解した人間こそが、上手く大衆を誘導することができる。ナチスドイツの宣伝相のヨーゼフ・ゲッペルスなどは、それを最も理解し利用した人間だろう。

✔現在と将来

人の意志決定において、現在と将来の重みはどう違うのだろうか。

双曲割引という概念がある。物の価値は、近い先になると急激に下がるが、それ以降はゆっくり下がる。

つまり、今チョコレートをもらうのと1週間先にもらうのでは、今のチョコレートの魅力は非常に大きい。しかし、

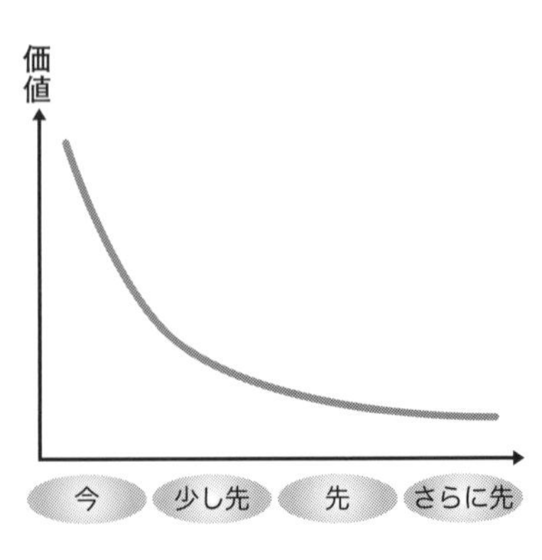

▲双曲割引

1年後のチョコレートと2年後のチョコレートの魅力の差はほとんどない。

人は現在に生きるもので、未来に生きてはいない。そのため、現在の自分は、常に今の魅力に負けてしまう。

そのため、将来のために何かするのだと人を説得しても、ほとんどが無駄に終わる。

そこで、人が発明したのが**代替報酬**だ。つまり、将来のためではなく、今すぐ何か良いことがあるので、行動するのだ。人が歯磨きをするのは、歯磨き粉のさわやかな味を感じてすっきりするためであって、将来歯槽膿漏にならないためではない。**ゲーミフィケーション***31も、ゲームのような楽しみを感じさせてくれるから、行動する。これらは、全て今の魅力を与えることで、間接的に将来への備えを行わせようというものだ。

王侯編

*31 様々な社会的活動（仕事や買物、趣味やボランティアなど）において、ゲームの手法（レベルアップ、順位付け、ポイント取得など）を用いて、活動の動機付けを行ったり顧客満足度の向上を図ったりすること。

第11節 錯誤

人間は、様々な誤りをおかす。

だが、これは必ずしも、その人のせいではなく、人間の物理的限界などによるどうしようもない問題も多く含んでいる。

✔色覚の限界

今、見ている世界は、色覚異常の人でない限り、全面的に色が付いているだろう。それこそ、視界ぎりぎりの端っこですら、ちゃんと色が付いている。

しかし、実はこれは目に実際に写っているものとは異なる。というのは、人間の網膜には錐体(すいたい)細胞と桿体(かんたい)細胞の２つがある。この２つの細胞が光を受けて反応することで、人間はものを見ているのだ。

しかし、この２つには、機能に差がある。

- 錐体細胞は明るいところで色を見るための細胞で、網膜の中心に分布している。
- 桿体細胞はわずかな光でも反応するが色の区別はできない。そして、網膜に広く分布している。

このため、暗くなると段々と色が分からなくなる。薄暗くなると、世界が青黒く見えてくるのは、誰しも体験したことがあるだろう。これは、青い光は周波数が高く、それだけエネルギーが大きいため、錐体細胞で最後まで見えるからだ。青く見えるのではなく、赤やそれに近い色がどんどん見えなくなっていくため、青だけが残って見える。

そして、さらに暗くなると、全く色が分からなくなり、ついには桿体細胞からの情報だけでものを見ることになり、すなわち薄暗く色のない灰色～黒の世界になるのだ。

だが、明るい時でも、目の端では同じことが起こっている。というのは視界ギリギリの所には、そもそも錐体細胞が存在しないので、色を感知することができない。だが、実際我々が見ている世界は、ちゃんと視界内全てで色が付いているように見える。

これは、実はそれぞれの色を記憶していて灰色の画像を脳内で着色しているのだ。その証拠に、赤鉛筆と青鉛筆を持って、両方をシャッフルして、どっちか分からないようにしてから、目の右端（左端でも良い）から少しずつ寄せてくる。すると、視界にギリギリ入った状態では、実は色が分からないので、灰色に見える。だが、誰かに、それは青鉛筆だと教えてもらうと、視界の端に見えた瞬間から青く見える。実は、本当は赤鉛筆でも。

これを利用すると、薄暗いところや、目の端で辛うじて見えたものなど、色を誤認させることができる。

✔錯視

錯視はもはや非常に有名だ。図の左側の上下にある２本の縦棒に、斜めの線を付けると、上の方が長く見える。しかし、この２本は、実は同じ長さなのだということは、皆知っている。

これは、元々は部屋や建物などの高さを認識する時、上は、右のように室内のようすであり、縦線は奥にある。それに対し、下の方は建物の高さなどで縦線は手前にある。

このため、遠くにある縦線は、本来はもっと長いと理解し、手前にある縦線は本来はもっと短いと理解するからではないかと言われている。

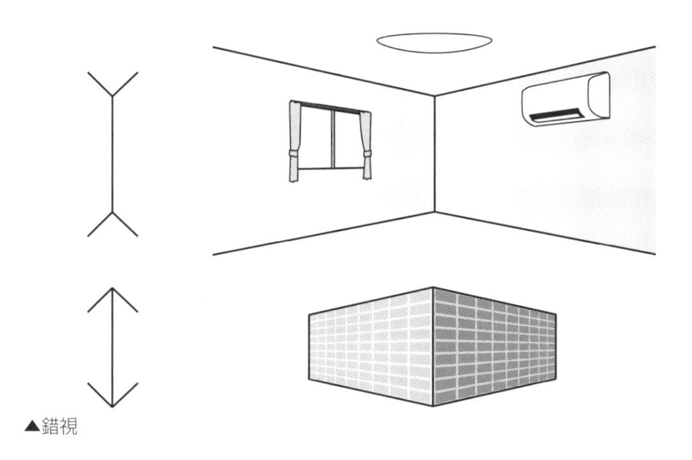

▲錯視

第3章

宰相編

転生者が偉くなるコースは軍人だけとは限らない。文官[*1]として出世することもできる。戦いに慣れない日本人には、武官コースより文官コースの方がなじみやすいかも知れない。
ただ、文官コースは、武官コースと異なり、目に見える転生チートが少ない。もちろん、内政チートの種は無数にある。医療や農業など、転生者の科学技術は圧倒的かも知れない。ただ、それは文官というよりは技官への道だ。文官の行う政治という分野は、転生チートが目に見えるものとして存在していない。しかし、目に見えにくいだけで、政治経済といった社会科学の分野にも、進歩は存在している。
役人として、現代社会科学チートによって功績を上げて、宰相を目指すのは、決して不可能ではないのだ。

*1 武官は、役人のうち軍人のこと。技官とは役人のうちで、専門技術によって働いている者、つまり技術者だ。文官とは、それ以外の、一般の役人。

第1節 国家経営

国家を破産させずに運営するというのは、実に困難な事業だ。

経済の基本として、最も重要なことが1つある。それは、「経済とは金が回ることで成立する」ということだ。

Aさんが買い物をしてお金をBさんに支払う。Bさんがそのお金で買い物をしてCさんに支払う。これを続けていくことで、国全体でお金がグルグル回っていること。これが良好な経済状況（いわゆる好況）である。

逆に、どこかの金持ちが金を貯め込んでいた場合はどうだろうか。その金持ちは、裕福だろうし、満足するだろう。しかし、国家全体としては金持ちが死蔵している分だけ、市場に流通する資金が少なくなる。すると、誰もが資金繰りに窮屈になって困る。これが、悪い経済状況（いわゆる不況）である。

つまり、好況でも不況でも、市場に存在する現金が増減しているわけではない。単に、死蔵されてサイクルしていない現金が多いことを不況と言い、ほとんどの現金が市場をサイクルして回っていることを好況と言うのだ。

ただし、好況も良すぎてはいけないことが知られている。いわゆるバブルだ。景気が良すぎて需要が実需以上に過大になって、ものの値段が本来の価値不相応に上がってしまう状況をバブルという。しかし、過大な需要は、いつか元に戻る。すると、不相応に上昇した価格は暴落し、ものの値段が上がることを前提に投機を行っていた人間が、大損をする。これがバブル崩壊だ。

バブルは少なくとも17世紀[*2]から存在が確認されているし、21世紀[*3]にも発生した。バブルは、いつかはじけてしまい、大不況をもたらすので、好況がバブルにならないように調整しなければならない。

そして、もちろん、不況なら不況を終わらせて、好況もしくはせめて

---

*2 オランダのチューリップ・バブルは17世紀に発生している。貴重なチューリップの球根1個の価格が、職人の親方クラスの年収の10倍を超えるまでに高騰した。現代日本に例えると、球根1個が1億円以上になるようなものだ。

*3 リーマンショックも、サブプライムローンという、アメリカの住宅価格が上がり続けるという過度な楽観から作り出された高金利ローンの焦げ付きから発生した。その意味では、住宅バブルの産物と言えるだろう。

並程度に持って行かなければならない。

経済状況を調整するために国家が取れる手段には、大きく２本の柱がある。それは、**財政政策**と**金融政策**だ。

✔財政政策

財政政策とは、国の税制を決め、公共投資や社会保障などにどう使うかを決めるという問題だ。

別の言い方をすると、誰に税金負担を押しつけて、集めた税金を誰のためにどのように使うのか、それを決めるのが財政政策だ。

○歳入

政府（中央政府・地方政府など様々なレベルがある）の歳入（政府に入る金）は、以下のようなものからなる。

1. 税金
2. 公債
3. 賠償金
4. シニョレッジ
5. 事業益

現代国家における基本は、税金と公債だが、それ以外も重要だ。

【税金】

税金は、現代の国家においては、歳入の大部分をなす。これに次ぐものは公債くらいで、しかも公債は借金であり返さなければならないことを考えると、やはり税金こそが歳入の柱であることは否定できない事実である。

税は、基本的には、その国の国民や、国に所属する企業などから集める。ただし、関税のように、海外からの輸出入にかかる税金などもあるので、絶対ではない。また、最近では、税金逃れに本社をタックスヘイブン[*4]

*4 異常に税金が安く設定されている国家。一般に、弱小で人口も少なく土地も狭い国が、身の丈を超えた大企業の本社を置いてもらうことで税金収入を得ようというもの。税率が低くても弱小国にとっては莫大な税収であるし、企業にとっては税金が安上がりですむ。一般には、脱税に近い方法と考えられている。

に置く企業もあり、収入を自国から得ているのに、税金は（税率の安い）他国に払う企業や金持ちは多い。そして、これをズルだと考える人は非常に多い。そのため、タックスヘイブンの利用を許さず、企業などが収益を得た国で、その国が税金を取るようにしようという考えも広まっている。

タックスヘイブンという方法は、帝国主義の時代以前には成立し得ない[*5]もので、現代の平和主義の時代のあだ花と言えよう。

税を誰から多く取るのかは、その国の政策による。つまり、税制とは、その国がどんな国を目指しているのかの表現でもある。一般に、以下のようなことが言える。

- 所得税のように収入に税をかける場合、現代では高収入の人ほど税率が高くなる。これを、**所得累進性**があるという。ただし、一般には高収入の人間ほど、税金処理が上手く（税理士への依頼費も払えるから）、様々な控除や経費を盛り込んで、払う税金を減らすことができる。また、収入の完全な捕捉が難しいこともあり、きちんと累進性が成立しているかどうかは、確実ではない。中世ファンタジー世界（p.085参照）においては、貴族は免税というところすらあり、大金持ちに税金がかからず、さらに大金持ちになるということが普通だった。
- 消費税のように商品に一律に税をかける場合、基本的には貧困層に負担が大きく、富裕層にとっては負担が軽い。なぜなら、貧困層はその収入のほとんどを生活支出にまわさなければならない。つまり、消費税が10%ならば、収入から10%の税金[*6]を取られているのと同等だ。しかし、富裕層は収入のほとんどを投資や貯蓄にまわすことができる。生活支出に全収入の20%しか使っていないとしたら、収入の２%しか消費税を取られることはないということだ。このように、所得が少ないほど負担が多い税のことを、**所得逆進性**があるという。
- 基本的に、税金を多く取られれば取られるほど、取られた人間は支出を減らそうとする。そして、人々が多く支出する方が景気が良いので、税金は少ない方が良い。しかし、歳出として必要な金額もあることから、税金をあまり安くし過ぎるわけにもいかない。

一般論としては、税は所得累進性がある方が良いとされる。なぜなら、あまりにも貧しい人間がたくさんいる国は、国の総生産は少なくなる、

*5 もしも、そんな弱小国があれば、税金を損する強国が攻め込んで征服してしまうから。もしくは、外国企業として、国内企業と比べて明白な差別を受けるから。帝国主義の時代には、この程度の強権発動は国家の当然の権利とされた。

*6 厳密には、10／110なので、9.09%である。

つまり、最終的には国が貧しくなり、税収が減る。逆に言えば、一般国民が良い生活ができる国は、すなわち国民の大多数がちゃんと支出を行う国である。国民総支出は国民総収入でもあり、総収入が増えれば国は豊かになり、税収も増えて、強国になれる。

このため、富裕層から税を取って貧困層に投入するのは、国を富ませることに役立つ。そして、国が富めば、最終的には富裕層にも収入として還元される。なぜなら、貧困層の収入は足りないので、投入された金もほとんどすぐに消費してしまう。つまり、どこかの商品を売っている店の売り上げになるのだ。ということは、その商店に卸している問屋や、問屋に出荷する製造業の売上にもなる。つまり、富裕層が保持して使われない金が、貧困層に回って使われることになる。つまり、国全体としては売上が上昇することになる。

消費税のような所得逆進性のある税金を課す場合、逆進性を緩和するために生活必需品に軽減税率を適用したり無税にしたりする。例えば、イギリスの付加価値税*7は20%であるが、食料品などの生活必需品は無税となっている。しかし、レストランで食事をするのは税がかかるが、スーパーで食材を買うと無税だ。では、総菜を買うと税金はかかるのか*8。ビスケットはイギリスでは食事扱い*9なので無税だが、チョコビスケットはお菓子なので税金がかかる。などのように、細かい分類が大変だ。イギリスの付加価値税は、これらを定義するために、ものすごく長いリストが付属している。他国も似たようなもので、フランスでは、マクドナルドで食べると付加価値税19.6%だが、テイクアウトなら5.5%だ*10。とてもじゃないが、情報技術なしに、これらの管理を行うのは不可能だ*11。つまり、中世ファンタジー世界では、高度な魔法によらずして消費税の逆進性を緩和することは不可能だと考えて良い。

税金の計算は、面倒なものだ。特に、現代のような様々な控除や税率

---

*7 日本の消費税のような税金。

*8 答は「かかる」なので、自炊しないのは贅沢らしい。

*9 帆船時代など、海軍の船上での食事はビスケットだった。

*10 パリッ子が、フランスパンの長いバゲットを買って、オシャレに歩いていたりするのは、外でサンドイッチを食べると19.6%の付加価値税だが、持ち帰ってもしくはテイクアウトして街角で食べているなら5.5%ですむ。オシャレなのではなく、税金の節約なのだ。

*11 いくつかの作品にある、倒したモンスターを自動的に記録してくれる冒険者ギルドカードのような、高度な情報化魔法がある世界なら、可能かも知れない。

の変化のある複雑な税制は、コンピュータなどのサポートなしに計算するのは困難だ。中世ファンタジー世界の税が人頭税や土地税になるのは、それが最も簡単で、計算が必要ないからだ。

ユダヤ教における十分の一税[*12]がユダヤ人に与えた影響は、収入をきっちり把握しなければその十分の一を計算できないので、自分の収入を理解することで、収入に見合わない浪費をしなくなることだという説を見たことがある。確かに、それも大きな要因だ。しかし、そもそもあらゆる収入[*13]の十分の一を計算する能力を全てのユダヤ人に求めたことは、ユダヤ人全体の計算能力を底上げすることになった。それが後にユダヤ人が金融において重きをなす背景にあるのではないかと、筆者は考える。

税金には、色々なものがあり、その功罪はそれぞれ異なる。

名称	説明	功罪などの解説
人頭税	人間１人あたりいくらという形で払う税金。	多額の金を稼ぐ人間にとっては安い税金。しかし、貧乏人にとっては、金を稼げない幼児や老人にも課税されるので、子沢山になると生活が苦しい。このため、赤ん坊の間引きや、姥捨てといったことが発生しやすい。 人口を増やしたい場合、子供が大きくなって稼げるようになるまでは、非課税にするなどの対策が必要。なんだったら、子供の数が多いと人頭税を減免するという政策をとれば、人口増にさらに寄与するだろう。人口を抑制したい場合、赤ん坊から課税する。 人頭税を逃れるために、子供ができても届けなかったり、老人をさっさと死んだことにしたりするごまかしもある。
土地税	土地一定面積あたり、税を納める。農地の場合は、米麦を納めることもある。	都市の場合は、家の区画面積によって税額（通常金銭）が決まる。農地なら、農地面積によって税額（通常は米か麦での物納）が決まる。このため、常に一定の収入が得られる。しかも、一度台帳を作ってしまえば、後は開拓などで調整するだけなので、中世ファンタジー世界の低レベルな官僚組織でも管理が簡単だ。ただし、土地の善し悪しを考えていないので、

*12 収入の十分の一を教会に寄進しなければならないという規定。

*13 厳密に言うと、あめ玉をもらったら、あめ玉の十分の一（もしくはそれに相当する金額）を喜捨しなければならない。真面目なユダヤ教徒ほど、計算能力が高まるのは当然だ。

		・都市の外れの住人や荒れ地を耕す農民は苦しい。 ・農地では飢饉の時などにも同量の税を取ろうとするので、農民が飢える。 ・商品作物を植えた場合どうするのか考えていない。 といった問題がある。対策としては、 ・土地にランク付けをして台帳に記録しておき、税額を変える。 ・飢饉などの例外時の税の軽減率をあらかじめ決めておく。 ・商品作物は通貨で納税させる。 などがある。 都市では難しいが、農民の側は秘密裏に開拓した隠し農地を使って、税をごまかそうとするだろう。都市では、建物を高層にして、たくさんの人間を住まわせることで、税を安くしようとした。
労役	政府のために無賃労働を行う。	治水や灌漑などの公共事業を行う際に、コストを下げるために、賃金を支払わずに働かせる。しかも、食事は当人持ちで働かせるので、人々の負担は大きいものだった。 食事だけでもたっぷり与えると、貧乏人は喜んで働くし支配者としての評判も上がるので、費用負担が可能ならば検討すべきだろう。 これも、人頭税と同じく、登録されている人数によって定められるので、人口をごまかす村などもある。
兵役	兵士として戦う。	労役の一種とも考えられるが、兵士として徴集されて戦わされる。 最も強く労働力も高い働き盛りの男子が徴収され、最悪死んだり不具になったりするので、最も嫌がられるものだった。 病人の振りをして徴兵を逃れようとするのは、ごく当たり前にあった。日本でも、徴兵逃れに検査の時に醤油を一気飲みして体調を悪化させるなど徴兵逃れの方法が幾つも伝えられている。 ただし、ローマ市民権のように、兵役に大きな権利が付属している場合は、嫌がられることは少ない。上手くすれば、初期のローマのように、兵役を務めることを誇りとすることも可能だ。

個人所得税	個人の収入から一定割合を税として納める。	個人の収入のうち、一定の割合を税として納める。現代の所得税は、基本的に累進税率を採用している。つまり、収入の多い人ほど、税金の率が高くなる。例えば、日本では５～45%と、収入の多い人は、半分近く税金で取られてしまう。 中世ファンタジー世界などでは、収入の把握が困難であること、納税者の計算能力が当てにならないことなどから、所得税の申告や累進課税の計算などは期待できない。完全に一定税率の所得税であっても、実施は面倒だ。行うとしたら、源泉分離課税（団体が個人に支払う時に、あらかじめ一定率の金額を引いて支払い、それを団体がまとめて納税する）くらいしかないだろう。実際、冒険者ギルドの報酬から一定率の金額を引くという設定を行っている作品も存在する。商家のような、計算能力の高い家だけに所得税をかけるということも可能かも知れない。
法人所得税	法人の収入から一定割合を税として納める。	法人（もしくはそれに相当する団体）の収入から、一定割合を税として納める。 法人税は、基本的に利益課税なので、赤字法人もしくは、ほとんど利益がゼロの法人は、法人税を払わなくて良い。このため、無駄な経費を計上して、会計上赤字にして納税を逃れるなど、様々な問題が発生している。 もう１つは、現代の問題だが、外国企業が国内で営業を行う場合、納税はどの国に行うのかという問題がある。例えば、AMAZONは、米国企業であることを理由に、日本で莫大な利益を上げているにもかかわらず、法人税を納税していない。
固定資産税	資産に課税する。	土地や建物、その他の持ち主がいて、しかもなかなか持ち主の変わらないような資産に、その資産価値の一定割合を税金とする。 しかし、中世ファンタジー世界は、土地などの持ち主は、貴族や寺社であることが多く、そういう所から税を取ること自体が難しい。絶対王制のような王権の強い政治制度になってから検討すべきだろう。それでも、難しいだろうが。

消費税	物を買った時に支払う税金。	国によっては付加価値税ともいう。個別の商品による税率の差のない単純な消費税は、中世ファンタジー世界でも、何とか実現可能だろう。なぜなら、庶民の計算能力は足し算引き算がせいぜいだが、さすがに物を売っている商人は、もうちょっと計算能力があるからだ。 ただし、販売記録がいい加減な世界では、ごまかしが簡単にできてしまうため、正しい税収が得られるとはとうてい思えない。そちらの面から、実質的には消費税は不可能と考えるべきだろう。
関税	国もしくは領地に出入りする場合、人数や輸送する品物に応じて税を払う。	領地の端には、多くの場合、見張りが存在する。このため、この見張りに関税の徴収を任せれば、一石二鳥だ。 問題は、関税を取る所が多すぎると、ものすごく輸送費が高騰してしまうことだ。こうなると、そもそも交易の利がなくなってしまい、交易自体が衰退する。戦国時代の日本の例では、尾張（愛知県）から京（京都府）までの間に何十カ所も関所があって税を取ったので、よほど利益の出るものでないと交易が成立しなかった。

このように、税の種類は色々あるが、中世世界においては、人頭税と土地税、後は関税くらいしか、まともに徴収するのは困難だ。

それ以上は、ファンタジーの情報魔法に期待するしかないだろう。

【公債】

公債は、政府が行う借金だ。政府が国民や諸外国から金を借りて後で返済するものだ。その中でも、国が発行する公債を、国債という。地方自治体が発行する場合、地方債という。特に、現代の国家の歳入は、ほとんど税金と国債である。日本だと、歳入の４割近くが国債だ。

収入の４割も借金だと、通常の個人では破綻まっしぐらである。ところが、日本は、この状態を何年も続けているが、破綻していない。これは、国の国債と個人の借金が、根本的に異なるからだ。

もちろん、国債によって破綻する国もある。現代では、ギリシアなどがそうだ。

では、この違いはどこにあるのか。中世ファンタジー世界では、どうなるだろうか。

これらは、大きく2つの要因によって異なる。

- 自国通貨で国債を発行しているか、他国通貨で発行しているか。
- 発行している通貨が、兌換紙幣か不換紙幣か。
- 国のインフレ率*14。

他国通貨で、国債を発行する場合、返済期限が来たら、返済分に相当する他国通貨を手に入れなければならない。ところが、借金をしているくらいだから、そんな通貨は持っていない。とすると、借金が返せないので、破綻する。

ところが、自国通貨で国債を発行するとどうなるか。いざとなったら、通貨を刷ってしまえば良い。100兆円を返済するのなら、100兆円分の紙幣を刷って、はいと渡すことができる。

これは、円が不換紙幣*15であることによる。兌換紙幣の場合、紙幣を発行するためには、その金額に相当する金を国が所有していることが必要だ。つまり、金を持っていないと、紙幣を発行することもできない。しかし、不換紙幣なら、いくらでも印刷できる。

もちろん、あまりに大量に印刷してしまうと、市場に存在する通貨量が増えすぎて、その分だけ通貨の価値が大幅に下がる。つまり、ハイパーインフレ*16を起こしてしまい、自国通貨の価値が毀損される。それこそ、今までは100円で1ドルに交換できたのが、1,000円とか10,000円とかでようやく1ドルに交換できるということになってしまう。これでは別の意味で国家が破綻してしまうので、そうならない程度に印刷の量は調整しないといけない。

また、不換紙幣というものは、国が金額を主張しているもので、国に

---

*14 インフレ率とは、物価が前年に比べて何%上昇したかを表す。例えば、色んなものの値段が、100円から110円になったとしたら、インフレ率は10%だ。

*15 紙幣は単なる紙切れにすぎず、そこに書かれた金額は、あくまでも発行国がそう主張しているだけの紙幣。このため、国の主張が信じられなくなれば、紙幣は紙幣としての価値を失う。ほとんど紙切れとしての価値しかないジンバブエドルなどが、その例だ。これに対して、兌換紙幣は、その金額に相当する金に交換できることを国が保証している紙幣。

*16 インフレ率が、異常に高くなってしまうこと。インフレが月率50%(1年で13000%)を超えると、ハイパーインフレという。つまり、100円のものが翌月には150円になり、来年には13100円になってしまうのだ。

信用がないと価値は失われる。だから、ジンバブエドルや第一次大戦直後のドイツマルクなどの価値が失われたのも、ジンバブエ政府や、第一次大戦に敗北したドイツ政府を、誰も信用しなかったからだ*17。

インフレ率は、ものの値段が上昇するという意味では、あまり良いものと思わないかも知れない。特に、近年の日本では、インフレどころかデフレ*18気味であり、ものの値段が長らく上がっておらず、同時に収入も増えていない。この状況では、ものの値段が上がることを悪いことだと考えてしまうのも仕方がない。

しかし、インフレが悪いのは、それに合わせて収入が上がらないためだ。インフレ率と同程度に収入が増えるのなら、誰も困らない。それどころか、インフレには、素晴らしい利点がある。それは、借金の負荷が減るということだ。

どういう事かというと、インフレでものの値段が10%上がったとする。ある家庭の年間の生活費が、去年は300万だったのが、330万になるわけだ。これだけだと困ってしまうが、同時に昨年500万だった収入も10%増えて550万になったとする。これだと、今までより10%多い収入で、今までより10%高い品物を買うのだから、生活のレベルは不変だ。ただし、この家庭に年利５%で1,000万の借金があったとすると違ってくる。1,000万の借金は10%のインフレでも、1,100万になるわけではない。あくまで年利５%で1050万にしかならない。すると、相対的に、収入に対する借金の比率は下がる。つまり、この家庭にとっては、借金の負荷が減ったことになる。

このように、適度なインフレは、国家財政的には国債の負担が減るので、ありがたいことだ。そもそも、多くの国債は、このようなインフレを期待して発行されている。

中世ファンタジー世界では、そもそも紙幣に信用が全くないので、基本的に硬貨を使うことになる。このため、不換紙幣で払うといった手法を取ることはできない。

では、中世ファンタジー世界では、公債の発行は不可能なのか。必ずしもそうではない。国家に信用があれば、公債の発行が可能になる。ま

---

*17 最悪の時期のドイツは、月インフレ率が30000%を超え、パン１個が4280億マルクにもなった。
*18 ものの値段が、全般的に下がっていくこと。

た、その公債の返済がちゃんと期待できること、公債を買う利益がちゃんとあることなどによって、公債を買ってもらえるだろう。
つまり、公債を発行して買ってもらうためには、以下のような条件が必要だ。

- その国が、当分滅びそうもない。戦争で今にも負けて消滅してしまいそうな国に金を貸してくれる人はいない。
- 公債の使い道が建設的で、国の税収が増えることが期待できる。開拓事業などのための公債なら、開拓後は税収が増えると期待できる。しかし、王家が贅沢をするための借金が返ってくるとは思えない。
- 国の宣言に信用がある。今まで何度も借金の踏み倒しをしてきた国に、金を貸すのは危険だ。

これを現代の言葉で言うなら、赤字国債の売れ行きは期待できないが、建設国債の売れ行きは期待できるということだ。現代では行われないことだが、公債の返済を開拓した農地で配分して、その農地の税を何年か免除するとかいった特典が付いていたりすると、利益を期待して買う人間も増えるだろう。
もちろん、ハイリスクハイリターンを好む人間も少数存在する。滅びそうな国の高利の公債を購入するという賭けを行う人間もいるだろう。特に、一見滅びそうだがちゃんと逆転の手を用意していることを知っているならば。また、転生者なら歴史の先を読めるので、今は滅びそうに見えるが復活する国の公債を安値（額面の半分とか10%とか）で購入するという手も使える。桶狭間直前の織田家やその家臣の借用証など、二束三文で買えるだろう。
また、バランスを保つためと、いざという時の備えとして、勝ちそうな側だけでなく負けそうな側にも一定の資金を入れておく人間もいるだろう。万が一負けそうな方が勝ってしまった場合でも、言い訳が効くようにするためだ。

【賠償金】
第一次大戦以前には、戦争の賠償金も国家の大事な収入だった。もちろん、中世ファンタジー世界でも、これらは有効だろう。

賠償金は、政府同士が戦争して勝利した場合に得られる。戦争に敗北した国家が課せられるペナルティの中で最も軽いものが、賠償金の支払いだ。何しろ、金だけで済んで、領土も利権も奪われないのだ。といっても、戦勝国の使った戦費＋戦勝国の儲けに相当する金額を取られるので、かなりの大金だ。また、領土や利権を奪われた上で、ついでに賠償金も取られるとなると、泣き面に蜂で非常に痛い。

ただし、賠償金は、戦争がまだ総力戦*[19]ではなく、貴族や騎士によって争われる時代でのみ意味のあるものだ。総力戦において賠償を取ろうとすると、とんでもない金額になり、敗戦国の経済は崩壊するしかない。

これが明らかとなったのが、第一次大戦だ。世界初の総力戦となったこの戦争でも、戦勝国は敗戦国に、今までのように賠償金を課した。しかし、あまりにも莫大な戦費を敗戦国たるドイツからむしり取ろうとしたため、ドイツ経済は完全に崩壊するしかなかった。このため、ドイツでは戦勝国への憎しみが高まり、それが結局はナチスドイツの台頭を生むことになった。そして、第二次大戦が発生し、第一次大戦の賠償金より遙かに高額な戦費がかかってしまい、かえって損になってしまった。

つまり、戦争が国家総力戦となった時点で、戦勝国は敗戦国から賠償金は取れないと覚悟しなければならない。

逆に言えば、戦争が中世レベルに留まっているなら、賠償金で儲けることも可能ということだ。特に、現代知識を使って軍備の高度化に成功し、自軍の損害を極小に抑えられるなら、賠償金で金儲けという手段も使えなくはない。

【シニョレッジ】

シニョレッジは、通貨発行益ともいう。

多くの貨幣は、そこに含まれる金属の価値よりも高額の額面を付けられる。一応、それは加工費や管理費などの分ではあるが、それ以上の額面を付けられることも多い。このため、通貨の額面と、材料費＋加工費の差がシニョレッジとして収入になる。

これが意外とバカにできない収入になる。

*19 国家の総力をあげて行う戦争。国民は徴兵され、国の産業は戦争のために使われる。もちろん、莫大な費用がかかる。

特に、中世ファンタジー世界では、紙幣に信用がないため、通貨のほとんどは貨幣である。つまり、シニョレッジがわずか10%ほどしかなくても、全国の通貨流通量の10%もの金が儲かるのだ。例えば、日本円の通貨流通量は100兆円ほどなので、もしも日本円が貨幣のみで使われているとしたら、10兆円のシニョレッジとなる。

もちろん、これが毎年入るわけではなく、いったん作られた通貨は20年くらいは通用するので、1年あたりは、5,000億円ほどだ。日本の国家予算からすると僅かではあるが、決して無視できるものではない。

それに、シニョレッジは、もっと比率が高い。例えば、日本の500円玉によく似た（わずかに重い）500ウォン玉を削って自販機に入れるという通貨偽造事件があったが、あれは重量も材質も500円玉と500ウォン玉がほとんど同じ（しかも、500ウォン玉の方が重い）だから成立している。ちなみに、500ウォンは50円ほどの価値だ。500ウォン玉の製造費用が500ウォン以上とは思えないので、500円玉の製造費用も50円以下と考えられる。つまり、500円玉のシニョレッジは90%以上もある。

さすがに、中世ファンタジー世界では、貨幣に金属の価値を求めるので、ここまで酷いごまかしはできない。しかし、それでも30～50%くらいは普通にある。

つまり、シニョレッジ50%とすれば、金を手に入れて、それを通貨にするだけで、価値が2倍になるのだ。こんな美味しい話はない。

しかも、中世ファンタジー世界は、たいてい通貨不足である*20。市場に流通している通貨の総量が少ないため、商取引などがスムーズに行われない状態だ。つまり、いくら通貨を作っても、余ることはほとんどない。どんどん作って、どんどん儲けることができる。

ただし、シニョレッジを狙いすぎると、通貨価値は落ちる。江戸幕府は何度も通貨改鋳を行い、そのたびに小判の金の含有量を減らした。同じ量の金から、より多くの小判を作ろうと考えたからだ。だが、庶民は、小判の輝きが薄れていることを敏感に察知し、小判の通貨価値を下げることで、それに対抗した。結局、小判の改鋳をして小判の枚数を増やしても、あまり得にはならなかった。

---

*20 為替というものが発明されたのも、通貨が不足していたことが背景にある。

【事業益】

国が事業を行い、その収益を財源として利用する。

日本でも、かつては、タバコや塩の専売制度*21があり、日本専売公社が、タバコ、塩、樟脳などを専売していた。

ただし、専売制にあぐらをかいたお役所仕事の無駄を抱えた組織になる可能性も高い。

また、専売制は維持するものの、専売事業を民間に請け負わせて、組織の無駄をなくそうという考えも存在する。江戸時代には、藩の特産品などを商人に専売を請け負わせて、収益を得るという方法も行われた。しかし、商品作物を農民に強制し、しかも無理矢理安く買い上げるなど、農民の不満が高まった。一揆になった藩もある。さらに、商人と藩高官との癒着が発生するなど、様々な問題も生じている。

現代科学チートを用いて、他国に存在しない特産品を作った場合、専売によって利益を極大化すること自体は間違っていない。しかし、

- 専売にあぐらをかいた、無駄な役所ができて、かえって損をする。
  役人は、専売事業に成功しようが失敗しようが、関係がないという態度で、いい加減な仕事をするかも知れない。幸い、中世ファンタジー世界には労働法などないので、役人をクビにしてはいけないといった縛りはない。無能で働かない役人のクビはどんどん切ることで、緊張感をもって仕事をさせる。汚職や着服をした役人などは、物理的に首を切っても良いだろう。最悪、専売事業をいったん廃止して、役人を全員クビにしても良いかも知れない。
- 民間に請け負わせることで、役人との癒着や賄賂が横行する。
  これは、役人の雇用条件を良くすると同時に、賄賂などへの罰則を強化することで、ある程度防ぐことができる。罰則が緩ければ、それに甘える役人が出るのは当然だ。罰則だけ強化しても雇用条件が悪ければ、少ない収入を補うために誰もが賄賂を取るようになり、罰則が有名無実になる。このため、良い雇用条件と厳しい罰則の両方が必要になる。もちろん、十分な監察も必要になるだろう。
- 専売事業に関わる人間の待遇を悪くし過ぎて、秘密がすぐに漏れる。
  専売事業は、その製造法の秘密などを守ることによって専売を守ることができる。さもなければ、国の専売では他国が、貴族の専売では国内の他貴族が、専売を無視する可能性が高い。しかし、その事業の製造機密は、職人を囲い込まなければ漏れてしまうだろう。高給で他から引き抜かれるかも知れないし、暴力で誘拐されるか

*21 その商品を、独占して売ることができる制度。国によって定められ、アルコールやギャンブルなどは、現在でも専売制を定めている国が多い。

も知れない。待遇を良くするのと、職人を家族とともに守ることの両方が必要になるだろう。

以上のような、問題が発生する可能性があるし、実際に歴史上幾つも例がある。

日本専売公社は、かつてはタバコ・塩・樟脳などを専売していたが、いずれも民間に移管した方が無駄がないということで、会社組織になった。

江戸時代は藩の特産品を藩だけが売ることができる藩専売制が良く行われた。確かに、藩の財政危機を救うことにもなったが、賄賂を使って御用商人になって大儲けするものも、また多かった。これによって、藩の財政が好転しなかった例もある。

専売ではないにせよ、日本企業が技術者の待遇を低く抑えているために、中国企業などにヘッドハンティングされて、ノウハウなどが流出した例は、枚挙に暇がない。

○歳出

国の税金は、何のために使うのか。幾つか考えられる。

1. 国民を、幸福にするため。少なくとも不幸にしないため。
2. 国を富ませて、発展させるため。
3. 王家や貴族が贅沢三昧をするため。

現代の考え方では1.となるだろうが、少し古い時代には、2.だった。さらに古い時代には、3.もあったが、さすがにこれは勧められない。

とすると、1.と2.の、どちらを優先させるかという問題になる。現代人たる我々は、1.を選びたい。しかし、中世ファンタジー世界では、それは理解されないだろう。基本的には、2.を選ぶしかない。

だが、幸いなことに、この2つは、両立させることも可能だ。国家を維持発展させることで、結果として国民を幸福にすることは可能なのだ。それは、現代までの歴史が証明している。

それに、国家が崩壊した場合、その国民は、ほぼ100%の確率で不幸になることは歴史上明らかだ。このため、少なくとも国民を不幸にしないために、国は存続する必要がある。

国家を維持発展させるためには、国民の経済力を高める必要がある。国民の経済力が高まれば幸福になれるとは限らないが、不幸になる確率は確実に下がる。

このため、現代の歳出を、国家を維持発展させるという立場から見直してみよう。

【福利厚生】

国民福祉や厚生の予算は、一見すると国家の維持発展とは関係なさそうに見える。逆に、福利厚生に予算を使うと、国力増強の予算が減ってしまうのでマイナスなのではないかと考えることもできる。

確かに、それも一面の真実ではあるし、実際に中世ファンタジー世界の国家はそう考えている。しかし、それは真実の全てでもない。

福利厚生が充実していることは、国民が金を使う後押しをしてくれるからだ。

毎日の生活費に困っているレベルの貧乏人にとって、福利厚生はその方面への出費を増やせるということになる。つまり、医者にかかれなかった人間が医者にかかるようになるということで、そのまま出費へとつながり、それは医者やその他の福利厚生関係の収入になる。また、貧乏人の生存率を高めることは、人口増加につながる。

毎日の出費は払えるが、将来の不安がある層は、収入の余剰を将来の不安への備えに蓄えておく。この層にとって、福利厚生は、将来の不安が減るということなので、不安が減った分だけは支出に回せるようになる。

それ以上の多額の収入がある富裕層には、ほとんど影響はない。

つまり、低収入層における、支出の増加が期待できるのだ。そして、低収入層は、国家において人口の多数を占める。

つまり、福利厚生制度を整えると、国民人口の増加と、低所得層の支出増加が期待できる。別の言い方をすると、内需拡大*22につながるのだ。

---

*22 国内の需要が増えることによって、国家の経済を発展させること。輸出の拡大によって国家経済を発展させると、どうしても経済における外国の影響が大きくなる。これは、国の自律の妨げになる。これに対し、内需によって経済を拡大させていると、外国の行動の左右されることが少なくなる。

ただ、内需を拡大しようにも、人口を増やしても、そもそも国の生産力が低ければ、意味がない。その場合は、国富を海外からの輸入に費やすことになり、国が貧しくなるだけだからだ。国内産業育成と福利厚生の両立を狙って、国産品のみに支出できる福利厚生といった条件付きのものも考えられるだろう。

【治水開拓】

治水や水利といった、水に関する開発事業は、国の農業生産を高め、国家全体としての生産力を高める。農地開拓を行うためにも、あらかじめ水利を得られるようにしておかないと、農地として役に立たない。もちろん、直接的な農地開拓事業は、農産物の増産につながり、国の農業生産力を上昇させる。

こうして、農業生産が増えれば、それだけ多くの人間を養えるようになり、国力を増大させる。

ただし、これは福利厚生と逆で、生産力だけが上がっても、内需が増えない限り、結局は輸出するしかなく、無理な輸出は、輸出品の価格暴落、もしくは他国との貿易摩擦を生むだけで、国力を増やすことにならない。

つまり、治水開拓による生産力の増大と、福利厚生による消費の拡大は、両方あってこそ、国力の増大につながる。

【技術開発】

様々な科学技術（ファンタジー世界なら魔法技術なども含む）を発展させることは、農業以外の生産力を上昇させるだけでなく、軍事力の強化にもつながるので、重要な国策だ。

しかも、科学技術の基本となる基礎科学の分野は、直接的な金儲けにつながらないので、民間の資金が集まりにくい。しかし、この分野を疎かにすると、10年くらいでは確かに差が見えないかも知れないが、100年経つと明白な差が出てくる。だが、民間資金は、100年先のことを考えて資金提供を行うのは無理がある。このため、国家のような大きな組織による研究資金の提供が必要となる。

例として、最近の日本はノーベル賞の常連ではあるが、これらの賞は現在から30年くらい前の研究成果に与えられたものだ。その時代の日本は景気が良く、研究費も豊富であり、基礎科学にもかなりの資金を費やすことができた。その成果が、現在のノーベル賞ラッシュにつながっている。

しかし、最近は科学技術予算が窮乏しており、しかも今すぐ役に立つ研究に多く振り分けられているため、基礎研究の研究費が不足している。多くの研究者は、このままでは20年後のノーベル賞は期待できないと懸念している。

精神主義者は、金が全てではないと言う。それはその通りで、金があれば全てが解決するというものではない。しかし、金が足りないことは、全部の研究を行えないわけで、幾つかの研究を停止しなければならない。当然のことながら、止めた研究の結果が出るはずもないから、成果の出る確率も下がる。金があることは結果が出ることを保証しないが、金がないことは結果が出ないことを保証してしまうのだ。

【軍事】

どれだけ、国内が豊かになろうと、技術が進歩しようと、軍事力のない国家は成立しない。逆に、豊かで技術が進んでいて、しかも軍事的に弱い国は、簡単に手に入る美味しい果実として、狙われてしまう。

これが、中世ファンタジー世界の常識であり、残念ながら現代でも常識のままだ。

イラクによるクウェート侵攻は、湾岸戦争を引き起こした。確かに、有志連合によってイラクは敗北し、クウェートは復活した。しかし、それでもクウェート侵攻時に失われた人命は帰ってこないし、無駄に費やした費用も戻らない。あの時、クウェートにイラクが躊躇うだけの軍事力があれば、これらの悲劇はなかったかも知れない。

つまり、国家は自らを守る軍事力を持たなければならない。これは、戦争を起こさないためにも必要だ*23。

*23 19世紀のイギリスが考えた戦争抑止の方法論で、勢力均衡と言う。対立する２つの勢力の戦力が釣り合っていると、戦争は泥沼化し、勝ったとしても犠牲が大きすぎる。このため、戦争を始めることを躊躇うだろうという考え方。その後、勢力均衡だけでは不足するということになり、現代では集団安全保障といった考え方で戦争を抑止するようになっている。要するに、戦争すると皆から袋叩きにされる。だから、戦争は損するからやらないだろうという考え方だ。

このためには、国家予算のある程度を、軍事予算に使わなければならないということだ。

これは、非常に問題で、なぜなら軍事予算以外の予算は、国家の維持発展に役立つが、軍事予算には、ほとんどその効果がないからだ。つまり、軍事予算をたくさん使えば使うほど、他の予算が窮乏して、国家の発展は遅れる。

しかし、軍事予算が不足すると、その国家そのものがなくなってしまう危険がある。

このため、軍事予算は必要最小限に留めるのが良い。しかし、どのくらいが必要最小限かを見定めるのは、非常に困難だ。一般には、こう考えられる。

- 平和な時代には、軍事予算は減らす。特に、潜在敵国と交渉して、戦力削減条約などを結んで同時に減らすと、互いに安心できて良い。
- 戦争が近いと考えられた場合、軍事予算は増やす。重要なのは、戦争直前ではなく、そのしばらく前から増やしておかないと、間に合わないということだ。
- 戦争が近いか遠いかとは関係なく、軍事技術の研究は平常から行っておく。これらは、手を抜いて一度遅れると、追いつくのが大変だからだ。また、研究そのものは、軍事技術の民間移管などによって、民間の技術向上にもある程度の効果がある。
- 指揮官の養成も、平常から行っておかないといけない。というのは、指揮官の成長には時間がかかる。このため、戦争が始まってから養成していても間に合わない。もしくは、訓練不足の士官になってしまう。

重要なことは、軍事予算を増やし始めるタイミングだ。増やした予算が、次の戦争で役に立つ、もしくは次の戦争を仕掛けようとした相手を躊躇わせる役に立つのなら、予算は意味があったことになる。しかし、軍備によって、準備するための時間には差がある。

例えば、第一～二次大戦レベルの戦艦を建造すると、3～5年くらいかかる。つまり、その前に設計を終えて予算を確保しないと、戦争に間に合わない。

逆に、戦闘機などは、年間1,000機単位で製造できる。現代のハイテク戦闘機でも、100機くらいは可能だ。このため、あまりに前から製造を始めていると、戦争が始まった頃には既に時代遅れの機体になっている可能性もある。設計と試作と少数配備までで良いだろう。

中世レベルの武装でも、中世のような工業力が低い世界では、剣や槍を多数揃えるだけで、長い期間が必要になる。工場制手工業の採用を検討すべきかも知れない。

指揮官の養成は、中世ファンタジー世界では、貴族や騎士という形で行われるため、専門の教育機関は必要なかった。封建制では、国が軍隊を動かす時は、配下の封建貴族に動員を命じる。すると、貴族は領地の人間を徴兵して軍隊を編成して、王国軍の指揮下に入る。ただし、貴族の連れてきた軍は、そのまま貴族が指揮する。つまり、貴族は自動的に指揮官であり、指揮官としての教育は貴族の家がそれぞれ独自に行っている。

この利点は、国が指揮官養成を行わなくてすむというところだ。欠点は、各家で指揮官の能力がバラバラだという点だ。このため、有能な貴族の軍は強いが、無能な貴族の軍は弱い。そして、軍の強弱は最悪戦場に連れて行ってみないと分からないのだ。

これを避けるためには、国である程度標準化した指揮官教育を行う必要がある。国立士官学校の設立が必要になるだろう。予算がかかってしまうのは問題だが、ある程度指揮官の質を揃えることができるというのは、軍事力を扱う側にとっては、大きな利点だ。

この学校で学べるのは、貴族の特権であり、さらに名誉なことだという建前を立てることで、貴族に勉強を強いるという軋轢を減らせるだろう。貴族がバカだった場合の備えとして、貴族の従者を常に傍らに控えさせておいて、同じ授業を受けさせておくと良いかも知れない。これは作家側の事情だが、上手くすればファンタジー学園ものの舞台として利用できるかも知れない。

【乗数効果】

予算を使うということは、誰かに支払っているか、何かを買っているかだ。つまり、海外に支払っていない限り、それだけ国民所得になるということだ。

ところが、予算の使い道によっては、使った予算以上に国民所得が増えることがある。これは、予算で所得が増えた者が、その増えた所得で色んな買物をする。すると、その買物を売った者の所得も増える。さらに、その者も買物をして……というサイクルが回ることで、何人もの人の収入が増えることがある。

また、使った予算によってできたものが、経済発展をもたらす場合もある。大きな道路ができたら、それによって交通量が増え、交易が盛んになり、道路につながる地域に経済効果をもたらす。

これらの複合効果によって、使った予算の何倍もの経済効果が得られる。これを**乗数効果**という。

分かりやすくするために、海外との交易を0として考える。

予算をA使うことによって、誰かの所得はAだけ増える。だが、所得が増えた国民は、その全部を貯蓄してしまうわけではない。いくらかの割合（αとする）だけ消費（買物や遊興など）する[*24]。すると、別の誰かの所得が$A\alpha$だけ増える。すると、その所得の中からαの割合で消費するので、さらに別の誰かの所得が$A\alpha^2$だけ増える。つまり、総所得は、以下の式の値だけ増えることになる。

$$A+A\alpha+A\alpha^2+A\alpha^3+A\alpha^4+\cdots\cdots=\frac{A}{1-\alpha}$$

つまり、総所得は、費やした予算の$1/(1-\alpha)$倍だけ増える。これを、乗数と言い、この使った予算よりも国民所得が増える効果のことを、乗数効果という。$\alpha=0.8$ならば、乗数は５倍となり、国民所得が使った予算の５倍も増えることになる。通常は、こんなに都合の良い乗数は得られず、現代の日本では1.4倍程度（つまり$\alpha=0.29$くらい）とされている。ただし、高度成長期の日本は2.3倍程度（$\alpha=0.56$くらい）とされる。つまり、乗数効果には、以下のような性質がある。

- 国民がまだ貧しく、欲しいものを十分に手に入れていない時代であればあるほど、人々は、追加収入を買物に使う率が上昇する。つまり、乗数効果は大きくなる。
- 高度成長を行っている時代であるほど、乗数効果は大きくなる。高度成長を行っているならば、明日は今日より経済力が上昇するので、収入を買物に費やしても問題ないと考える人が多い。つまり、乗数効果が上昇する。

---

*24 このαを限界消費性向という。

現代日本のように、成長が停滞していて、しかもモノに溢れた世界では、あまり乗数効果は期待できない。欲しいものは、だいたい手に入れてしまっているからだ。しかし、中世ファンタジー世界で、豊かすぎてモノに溢れた世界というのは考えにくいので、こちらは考えなくても良いだろう。

しかし、貧しくとも停滞している時代では、あまり乗数効果は期待できない。収入が増加しても、もったいなくて使えないからだ。中世的停滞の時代は、この条件に当てはまってしまう。

つまり、中世ファンタジー世界で乗数効果を存分に働かせて、経済発展を狙うためには、時代の停滞感を先に打破する必要があるだろう。

○金融政策

金融政策は、財政政策と並ぶ、国家経済経営の二本柱だ。

物価や為替を調整するために、金利を上下したり、市場で使われる財貨の総量*25をコントロールする。

【金利】

一般の人間や企業が借りる金利を上げ下げすることで、景気を温めたり冷ましたりすることができる。

現代では、公定歩合*26を上下することによって、市中金利を上下させる。

金利が下がると、金を借りても利息が僅かですむ。つまり、借りた金で、僅かな利息以上の利益を上げられれば、儲かるのだ。だから、金を借りて投資をしようとする人間が増える。こうして、投資をする人間が増えると、景気が良くなっていく。

逆に、金利が上がると、金を借りて投資を行おうとする人間が減るので、景気が悪くなる。通常は、景気をわざわざ悪くしようとする政府は存在しない。しかし、景気は加熱してバブルになる場合がある。このような場合は、敢えて景気を少し悪くして過熱状態を冷ますのだ。放置し

---

*25 国内で流通しているお金の総額のこと。現代日本では、およそ100兆円のお金が流通している。

*26 国の中央銀行が、市中の銀行に貸し出しを行う時の金利。現在では、公定歩合という言葉は使用されなくなっている。

ておくと、バブルがはじけて大不況がやって来るからだ。
　これが、金利を上下させることによって、景気をコントロールするということだ。

【財貨のコントロール】
　市場の財貨のコントロールは、国内に流通している財貨*27をコントロールすることで、事業*28を盛んにしたり、衰えさせたりするものだ。
　流通している財貨が増えると、余分な金を持っている人間が国内に存在することになる。その人間は、金をそのまま持っているだけでは、何の意味もない。確かに金が減ることもないが、金儲けにもならない。そこで、その金を使って金儲けをしようと考える。つまり、何らかの事業が行われる可能性が高い。また、他の人も金を持っているので、商品が発売されたらそれを購入してくれる可能性が高い。ということは、国内経済が発展するのだ。
　これに対し、市場の財貨が減ると、事業を始めようにも金がない。何かを作って売っても、多くの人は金が不足していて、買う人も少ない。
　このように、市場の財貨の量を増減させるだけでも、景気を操作することができる。
　中世ファンタジー世界は、財貨が貨幣によって構成されている。つまり、貨幣を造るだけの鉱物資源がなければ、財貨を増やすことができない。紙幣を刷れば良い現代とは大きく異なる。このため、過去に存在した中世世界は、常に財貨が不足していた。恐らく、中世ファンタジー世界でも、同じ事が起こっているだろう。このため、全力で財貨の製造を進めることで、経済の発展が見込める。
　可能ならば、兌換紙幣からでも良いから、紙幣の発行を試みるべきだ。金というものが、輸送しやすく便利で、しかも豊富にあった方が、経済は発展するからだ。そして、貨幣よりも紙幣の方が輸送しやすく便利で、しかも国が国策によって増やしやすい。

*27 要するに、国内の個人や組織が所有しているお金の合計のこと。
*28 鉱業や工業、商業、輸送業、興行など、何でも良い。

【金融政策の効果】

これら金融政策は、国家の金融システムが確立していないと、有効に働かない。

例えば、公定歩合によって、市場の金利をコントロールするという手法は、政府が銀行に金を貸すシステムがあり、銀行がその金に依存しているからこそ成立する。しかし、中世ファンタジー世界には、そもそも銀行すら存在しないので、個々の金貸しに中央銀行が金を貸すなどということ自体発生しない。つまり、それによって市場の金利をコントロールすることなどできない。

そもそも、中世ファンタジー世界の金利は、非常に高く、通常年率20～50%くらいだった。それどころか、遠隔地取引を行う商人への貸し付けなど、数ヶ月で20～50%、つまり年率だと100%を超えたと言われている。このような高利になっている理由は、担保を上手く取れないこと、貴族などに貸して返して貰えないこと、遠隔地との取引は途中で事故や戦闘の危険があることなど、貸し倒れの危険性が高いからだ。このような高金利では、金を借りて事業を始めるのも困難だ。つまり、現代のように銀行から資金を借りて地道な事業を始めるということは、ほぼ不可能と考えて良い。

また、取引が金銭によるものではなく、物々交換が主流だったりすると、そもそも金銭が関係ないので、財貨の総量が増えようと減ろうと関係がない。

このため、中世ファンタジー世界では、実現が難しいことが多い。時代背景的には、もう少し後になってから活用すべき政策だ。

ただし、民間が行えないのなら、国が行うという手もある。

つまり、国に資金提供を申し込むと、それなりの審査はあるものの、非常に低金利で事業資金が借りられるという仕組みだ。借金を返済し終えるまでは、作った工場や設備などの所有者を国にしておくことで、ある程度のリスクヘッジは可能だ。一種の国営ベンチャーキャピタルだ。

才能のある、しかし資金のない人間に資金を提供して、産業を振興させる方法だ。

もっと、国の関与を増やして、国営工場のアイデアを募集するという手もあるだろう。アイデアだけでなく、経営計画まできちんと出した人間は、国営工場の雇われ社長になれる。そして、ある程度儲かった時点で、民間に譲渡する。もちろん、雇われ社長が資金を調達して、自分の工場にするためだ。

そして、資金が返ってきたら、新たな国営工場の計画を募集すれば良い。

✔産業振興と利権

国内（もしくは領内）の産業を振興させることは、富国のための基本だ。しかし、黙っていては、産業が振興する日など永遠に来ない。では、いかにすれば資本が集まり、産業が振興するのか。

ほとんどの産業は、何らかの資源を必要とする。資源といっても、鉱物資源だけではない、農業資源や水産資源もある。そのような物資ではなく、人的資源もある。これらを開発し、それを必要とする産業を育てるのが、産業振興の基本だ。

○利権

最も簡単な振興策は、**利権**を与えることだ。

利権というと、政治の腐敗とかそういうものを想像して、悪いものだと思い込む単純な人が多いが、利権というのは、要するに利益と特権だ。産業を興す者に利益と特権を与えることで、産業を盛んにするということは、どんな国でもどんな地方でも行っている。

補助金を出すというのも、利権の一種だ。

幾つかの利権の例と、その成功失敗を考えてみよう。

【ギルドや座】

ギルドも利権の一種だ。産業ギルドを作らせて、ギルドに参加しない者には、その産業を経営できないことにする。とすると、産業ギルドに参加している人間には、特権が与えられていることになる。日本では、**座**や**市**が、ギルドに相当する利権である。楽市楽座は、この座や市の特権を廃止することで産業振興を行っているわけだ。

ギルドや座は、その産業が立ち上がった頃に、体力の弱い産業を過当競争から守って育成するために役に立った。その意味では、ギルドや座を作る意味は、ちゃんと存在した。

問題は、その利権が何時までも残ってしまったことにある。産業が十分に儲かるようになってからでも、新規参入を邪魔するために使われるようになってしまったのでは、社会にとって益よりも害が大きい。

こうして、せっかく産業振興の意味があったギルドや座が、逆に産業振興の足を引っ張るお荷物になってしまった。

こうしてギルドの解散や楽市楽座、といった既得権益の破壊が必要となった。

【太陽光発電の成功と失敗】

太陽光発電は、再生可能エネルギーのエースと言われながら、発明されてから長らく、あまり使われないままだった。というのは、太陽光発電施設の建設費用が高すぎて、それによって作る電気の値段が割高すぎたからだ。

太陽光発電パネルは、量産効果がある製品なので、大量生産されれば割高な電気も値下がりすることが期待できた。しかし、割高なので需要がない、需要がないから量産されない、量産されないから割高なまま、というマイナスのサイクルが働いて、いつまで経っても普及しないままだった。

そこで、一種の利権である固定価格買い取り制度（Feed-in Tariff, FiT）という制度が作られた。太陽光発電で作った電気を、ある固定価格で一定期間（20年が多い）買い取ることを保証する制度だ。

その価格は、その時点での電力コスト*29＋αに定められる。すると、太陽光発電設備を作った者は必ず儲かるので、多くの人が設備を設置しようとする。すると、太陽光パネルは量産されるようになり、量産効果で設置費用や維持費用は下がる。費用が下がれば、その時点で買い取り価格を下げる。

例えば、発電コストが1kWhあたり30円だったら、買い取り価格を33円にする。そして、太陽光パネルが量産されて設置費用が下がり、発電コストが1kWhあたり20円に下がったら、買い取り価格も23円に

*29 太陽光パネルの設置費用＋維持費用を、パネルが廃棄されるまでに生産できるであろう総電力で割った価格。

する。もっと下がって1kWhあたり10円になったら、13円で買い取りだ。

こういう仕組みなら、太陽光パネルを設置した人間は、常に1kWhあたり3円儲かるわけだ。大儲けにはならないにせよ、必ず得になるのだから、太陽光パネルを設置する人は増えるのは当然のことだ。

一時的には、太陽光パネルを設置する者に利権を与えて儲けさせることになり、電気を買う側は、それを負担することになる。しかし、トータルで見ると、太陽光パネルが量産されてコストが下がっていき、最終的には太陽光発電のコストが火力発電なみにまで下がる。実際、ドイツでは、2017年には1kWhあたり約13円で購入しており、もはや火力発電と遜色がない。太陽光による電力の生産コストなどは、もはや1kWhあたり7円ほどにまで下がっている。つまり、ドイツで太陽光発電を行えば、1kWhあたり6円儲かるのだ。別の言い方をすれば、現在のドイツでは、太陽光発電設備を作るだけで、ローリスクで原価率54%の丸儲け商売ができるのだ。しかも、電気を購入する電力会社も、別に高額で電気を買っているわけではない。これも、太陽光パネルが大量生産で安くなったおかげだ。

固定買い取り価格表

	日本	ドイツ
2011年	40円/kWh	20ユーロセント/kWh≒26円/kWh
2017年	21円/kWh	10ユーロセント/kWh≒13円/kWh

上手く利権を与えつつ、その利権を永続させず、適当な時期に終了させる。非常に上手い仕組みだと言える。

だが日本は、固定価格買い取り制度に3つの失敗があり、問題になった。

1. 申請だけして買い取り価格を確定させた上で、実際の建設は建設費の値下がりを待つという狡い手法が可能だった。申請してから一定期間中に稼働させないと申請が取り消しになるという規則をきちんと定めなかった不手際のせい。
2. 制度制定時の買い取り価格が高すぎた。日本では台風や地震があるので、それに備えるために高めの価格を設定したのかも知れないが、それなら太陽光パネルの風水害・地震災害への対策を法律などで規定しておかなければいけないのに、それを怠った。

3. 発電コストの低下に比べて、値下げの速度が遅すぎる。日本の官僚組織特有の、決定の遅さが問題ではないかと考えられる。

このうち、1.と2.に関しては、2011年に制度を作った政権の失政と言えよう*30。3.に関しては、その後の政権にも問題がある。

このような問題によって、太陽光発電設備を作った人間が儲けすぎ、無駄な費用を国民に負担させることになった。しかし、これは固定価格買い取り制度そのものの問題ではなく、制度設計のミス、運用のミスである。

固定価格買い取り制度は、電力のようなインフラ産業を興すのには非常に有効な手法だ。実際、各国では、太陽光発電だけでなく、他の再生可能エネルギー施設にも適用しようとしている。

ただし、あくまでも量産効果で価格が下がるものに対してのみ有効な政策である。使い道を誤ってはならない。

【特区】

日本だと、特区指定が利権の一種だ。特区に指定されると、そこでだけ特別な利権がある。例えばカジノ特区なら、その地域だけカジノを開店することができる。新たに工業団地を作って、そこに進出すると税金を安くしますという産業振興地域など、明確に利権だ。

新規工業団地に工場を作ると税金が安くなるのも、意味がある。今まで工場のなかった土地に工場を作ると、原料や製品の輸送だけでも不利だ。また、熟練工員もいないので、最初から教育しなければならない。これらの不利な点によって、利益がなかなか上がりにくい。

このマイナスを補填することで、旧来からの工業団地と同等以上の利益を得られると考えるからこそ、新規工業団地に企業が工場を新設してくれる。こうして、新規工業団地も、振興していくのだ。

---

*30 2016年に制度は改正された。改正に時間がかかりすぎたという批判もあるだろうが、日本で一度決めた制度を改正するのにどれだけの労力を必要とするかは、一度体験すれば分かるだろう。5年で改正されたのなら、早いほうだ。日本国憲法が、一度として改正されていないことが、その証拠だ。

しかし、新規工業団地が立派に成長し、他の工業団地と遜色ないところまで成長したら、税の軽減などの優遇措置はなくさなければならない。これには、2つの理由がある。

1つは、昔からある工業団地が不利になってしまうからだ。条件が同じになれば、利権がある方が儲かるのは当然のことだ。

もう1つは、次の新規工業団地を作ることができないからだ。同じ利権を与えても、ちゃんと成長した前の新規工業団地の方がずっと儲かるので、次の新規工業団地は発展できない。

つまり、特区のような利権も、適切な時期に終息させることが重要なのだ。

○利権の功罪

このように考えてみると、利権は、常に悪とは限らないことが分かるだろう。

利権というのは、人々を誘導する餌なのだ。与えた利権以上に、産業振興や国民福祉など社会に利益をもたらすのなら、それは正しい利権だ。何の役にも立たないくせに餌だけ貪っている、もしくは利権以下の利益しか社会にもたらしていないのなら悪なのだ。

ほとんどの利権は、元々は正しいことのために作られたものだ。ギルドや座だって、本来は産業振興のために意味があったが、それが新規参入を妨げ産業振興の役に立たなくなった時に廃止された。

つまり、永遠に終わらない利権が問題なのであって、適切な状況できちんとなくなる利権は、産業育成に有効だ。

【サンセット条項】

利権だけでなく、様々なシステム（法律・制度・組織など）は、永遠に通用するものではない。社会や文明の変化によって、時代に合わなくなることはある。しかし、現在のシステムで利益を得ている側（既得権益側）は、利権解消に反対する。当然のことだ。わざわざ損をする決定に賛成するバカはいない。

これによって、社会に対立が生まれ、最悪の場合、社会の混乱を招く。

これを防ぐために、最初から終了条件をシステムに組み込んでおく。

時限立法などは、その例である。ある期間が過ぎたら、その法律が無効になることを法律自体に書いておくのだ。

特定条件による終了もありうる。ある条件が成立したら、仕組みを終わりにするのだ。例えば、新規工業団地で、工場が70％以上設置されたら、その時点から１年後に優遇を止めるといったものだ。それだけ埋まっている頃には、十分輸送インフラも整っているだろうし、工員も集められるだろうという意味だ。

このような終了条件・終了時期を定めているものを、**サンセット条項**という。

もちろん、このような条項があったとしても、現在利益を得ている側は、終了に反対するだろう。しかし、このような条件がなかった場合に比べれば、明らかにその力は弱まる。「最初からその条件で利権を受けていたんだろう」という言葉に反論できないからだ。

✔税率の高さ

国家が国民から取る税率は、どのくらいが良いのだろうか。税率と税収の関係を表すのが、**ラッファー曲線**だ。

これは、税率*31の高さと税収の多さの関係を表すグラフだ。

税率が０％に近づくと、税収が減少するのは当然のことだ。だが、税率が100％に近づいても、急激に税収が減るのはなぜなのだろうか。

これは、余りにも税率が高すぎると、人々の勤労意欲が失われるからだ。いくら働いて稼いでも、全部税金で取られると思うと、誰も働こうとは考えない。それこそ、税率

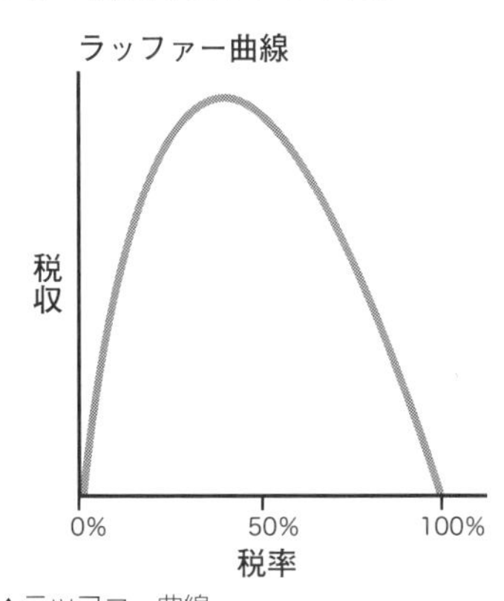

▲ラッファー曲線

*31 ここでいう税率は、所得税だけでなく消費税や年金・健康保険などの様々な税によって、実質的に収入中どれだけの税が取られているかを表すもの。中世ファンタジー世界では、賦役などによる負担も考えなければならない。

100%になっては、誰も働かないので税収が0になる。

このため、税収を最大にするためには、0%と100%の間の適切な%にしなければならない。それより税率が高くても低くても、税収は減ってしまうからだ。

だが、残念なことに、何%の税率が最大の税収をもたらすかは、公式がない。

その国の国民性、国民の平均収入の多寡、税の公平さへの信頼など、様々な要素によって最大税収となる税率は変化する。このため、今の状態から税率を上げたら税収が上がるのか下がるのかは、確実なことが言えない。

ただ、一般に、中世ファンタジー世界では、50%を切ったあたりが、最も税収が多くなることが多いようだ。ところが、実際の税率は50~60%が普通、強欲な領主のところでは70%という例も多い。あまりに強欲すぎると、かえって損をするという典型例だ。

逆に、戦国時代の北条氏のように四公六民*32くらいが、実は領内も発展して、領主の収入も増えるという意味で、有効だ。ただし、領内の発展により将来税収が増えることを計算しての話なので、目先の収入しか見えない愚か者には、この税率の正しさが分からない。

✔援助

小国や後進国は、明らかに他の国に比べて条件が悪い。しかし、小国だからこそ得られる利点もある。それが援助だ。

もちろん、現代のような厚い援助は望めない*33。しかし、大国は大国で、小国に援助した方が都合が良い場合も存在する。

○地域安定

小国自体には意味がなくても、大国にとって小国が安定していて欲しい場合がある。

*32 取れた米の40%が年貢で、60%が農民の取り分。ただし、賦役などもあるので、実効税率は40%より高くなる。

*33 著者も、現代の援助が十分だと言うつもりはない。しかし、中世ファンタジー世界における援助に比べれば、圧倒的に厚いことは明らかな事実だ。

1つは、小国の安定そのものが重要である場合だ。例えば、小国で産出する資源が必要だとか、小国が重要な海峡に面しているとか、大国にとって重要な場所である場合だ。

もう1つは、小国そのものには興味がなくても、小国周辺地域の安定には興味がある場合だ。例えば、小国の隣国で産出する資源が必要で、その資源産出地が小国に近いといった場合だ。不安定になった小国から、難民やら武装難民や山賊がやってこられては困るのだ。

○大国の名誉

小国が、大国の手下だと考えられている場合、小国があまりに不安定だと、大国が小国1つ安定して配下にしていられないと思われてしまう。これでは、大国の名誉が損なわれ、他国から舐められてしまう。

このため、最低限、小国が安定するだけの援助を与える場合がある。

○援助の内容

現代のような援助は望めない。資金援助や技術供与などを、簡単に得られると思ってはならない。あっても、このくらいだろう。

- 産物の優先的買い取り：定期的に購入してもらえると、収入が安定する。ただし、割引を求められる可能性もある。
- 婚姻同盟：余所から攻められた時に、同盟軍を送ってもらえるかも知れない。このため、軍備の節約ができるかも知れない。
- 王族の留学：もしも、他国に滅ぼされても、王族が生き残るので、その人物を大義名分として軍を起こせる。もちろん、それで復活した王国は、留学先の傀儡となるだろうが、それでも消滅するよりはまし。また、そうなる可能性が高いので、他の国にとっては、攻め滅ぼしても利益が少ないために、攻撃先に選びにくい。

現代に比べればわずかな援助であっても、ないよりは遙かにましだ。特に、安定した交易が可能になれば、毎年の予算が組みやすい。

第2節 軍事技術開発

現代の軍事技術の発展を知っている転生者は、その圧倒的に進んだ科学技術で敵をなぎ倒すことを考えるかも知れない。しかし、それは必ずしも正しくないのだ。

転生者は、科学技術の発展の少し先を見て、開発を行うべきだ。というのは、あまりにも進んだ技術は、以下のような理由から、開発すべきでないからだ。

- 技術が高度すぎて、開発に失敗する可能性が高い。
- 仮に開発に成功するにしても、開発費用がかかりすぎる。
- 高度すぎる技術は、量産が難しく、歩留まりが悪くなる。
- 高度すぎる技術は、故障しやすく、しかも修理が大変だ。
- 生産費用がかかりすぎる。
- 操作に高度な技術が必要で、兵がその性能を使い切れない。
- 転生者の使える知識チートの回数が、一気に減る。
- 敵国が、こちらに勝てない無駄な兵器を作って国力をすり減らす機会を減らす。

例えば、第二次大戦において、日本にとどめを刺したのは、明らかにB-29爆撃機だ。確かに、その性能は他国の航空機を圧倒していた。しかし、B-29は、何度も開発に失敗しかけており、もう少しで開発中止に追い込まれるほどだった。

何とか開発に成功したものの、B-29は、当時の技術レベルに比して性能が高すぎた。このため、すぐに故障を起こし、稼働率は50%を切っていたという、つまり2機に1機は故障で修理中という、とんでもない問題児だった。

これを、アメリカは日本に勝利するために、稼働率が50%なら2倍生産すれば良い、故障しまくっているなら整備兵をそれだけ増やせば良いという、当時のアメリカにしかできない力業でB-29を運用した。

だが、これはあくまでも歴史上希に見るレアケースだ。通常は、こんなことをしていたら、資金不足や物資不足、兵力不足で敗北してしまう。

このため、無理をせず、今の技術の少し先を狙うのが、転生者の本道だ。

技術的問題以外でも、高度すぎる開発は損になる。

もし一気に進歩させてしまうと、知識チートの使用回数が一気に減ってしまう。これでは、転生者の才を見せびらかす回数が、少なくなってしまい、転生者が偉くなれなくなってしまうかも知れない。しかも、敵国がこちらに勝てない無駄な兵器を作って国力をすり減らす機会を減らすことになってしまう。このように、政略的・国際外交的にも損失だ。

では、技術開発の例として、銃の進歩を見てみよう。

✔銃の大発展

19世紀は、小銃の新発明が何度も行われた世紀だ。そのほとんどは、ドイツ・フランス・イギリスの三国で発明された。ある国が、銃の改良によって強力な銃を得て勝利を得ると、別の国が更なる改良によってさらに強化した銃によって勝利を得る。そのような戦いが、何度も発生した。まさに、科学技術で先行した国が勝利を得ている。

しかも、新方式の銃が開発されると、それまでの銃が完全に時代遅れのものとなってしまう。このため、開発に遅れた国は、数年遅れであろうとも、新方式の銃を自国の軍に行き渡らせなければならない。

そのせいか、この時期、各国は毎年すごい数の小銃を製造している。自動製造機械など存在しない時代に、毎年10万挺近い小銃を、それぞれの国が製造しているのだ。

【ライフル】

小銃なら、何を開発すれば良いだろうか。後世に残る発明は、銃用雷管、ミニェー銃、ドライゼ銃、マルティニ・ヘンリー銃、モーゼルなどが、エポックメイキングな技術であり、これらの銃が登場する数年前に、これらの同等品を開発するのが有効だ。

その前に、まずこれら全ての小銃に共通する点、それまでのマスケット銃と異なる点について解説しておこう。それは、これらの銃が全てライフル銃だし、弾丸もライフル用だという点だ。

ライフル（施条（しじょう））とは、銃身内部に掘られたらせん状の溝[*34]のことだ。

---

*34 この溝をライフリングと言い、ライフリングを施した銃のことをライフル、もしくはライフル銃という。

この溝があると、弾丸が回転して弾道が安定する*35。つまり、弾丸が狙ったところに飛んでくれるのだ。しかも、回転している物体は空気抵抗も少なくなるので、飛距離も伸びる。

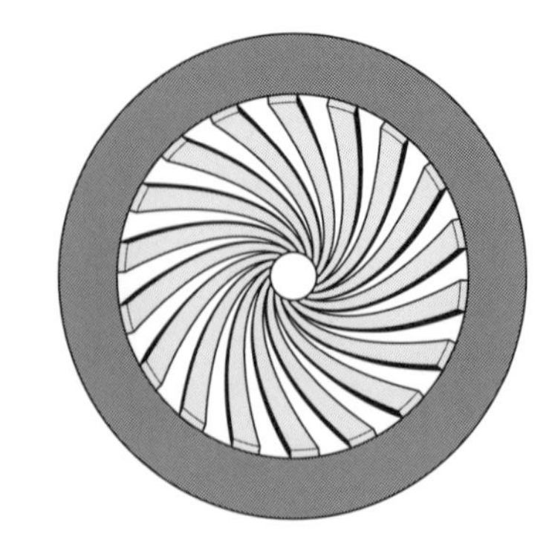

▲ライフリング

ライフリングという技術は15世紀末に、既に発明されていた。ただ、銃身の内側に一定の回転でらせん状に溝を掘るのは難しく、大変な手間を要する。旋盤などが発明される以前は、熟練職人の手作りで少数生産するのがやっとだろう。

何よりも、ライフル銃は発射速度が致命的に遅かった。

というのは、ライフルを効果的に使うためには、弾丸が施条に食い込んでいなければならない。つまり、銃身の内径よりも、弾丸の外径を少し大きくしなければならない。そうする必要がある理由は、マスケット銃とライフル銃の違いを考えれば分かる。マスケット銃の銃身内部はなめらかな円筒になっているので、その円筒と同じ大きさの弾丸を詰めれば隙間ができない。

だが、ライフル銃では、溝の分だけ隙間ができてしまう。すると、このままでは隙間から爆風が逃げてしまって、弾丸はあまり加速されない。そこで、大きめの弾丸を装填することで隙間ができないようにした。しかし、狭いところに無理矢理弾丸を押し込むことになり、装填に時間がかかる欠点があった。このため、全員が装填を行い、一斉に射撃するという、戦列歩兵用の銃としては、使い物にならなかった。

ただし、装填を急ぐ必要がなく、じっくり狙って撃つ用途、例えば狙撃をする場合には利用可能だ。実際、大量生産される前のライフルは、

---

*35 弾丸が回転していないと、ごくわずかな空気の揺らぎによって弾丸の弾道が揺れ動くために、目標に命中にしにくくなる。ちなみに、この原理を活用して、球に回転を与えないことで不規則な軌道の揺らぎを起こすのが、野球のナックルだ。

少数が狙撃銃として使われていた。

このため、15世紀相当の世界に生まれた転生者は、まずはライフリングから始めるのが良いだろう。少数だが、他の銃より遠くまで飛んで命中率が良い銃は、敵の指揮官などを狙撃するのに向いている。少数であっても、効果のある使い方はあるのだから。

【銃用雷管】

銃の進歩で本質的な改革は、1830年頃に発明された銃用雷管だ。

衝撃に敏感な起爆剤をごく少量（数mg）入れて、それによって火薬を発火させる。

初期は紙製薬莢*36を装填した後、ニードルで紙を貫いて、起爆剤にショックを与えるというものだった。

現在最も一般的な方法は、金属薬莢のお尻の所に起爆剤を置き、その周囲に火薬を詰め、弾丸で蓋をする。そして、薬莢のお尻をハンマーで叩くというものだ。

いずれにせよ、その衝撃で起爆剤に火が付き、その火によって火薬が爆発して弾丸を発射する。

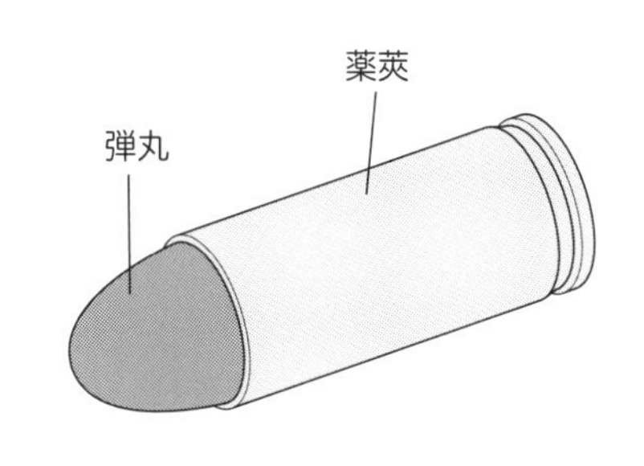

▲現在一般的な弾丸

起爆剤には、雷酸水銀（シアン化水銀の異性体）、アジ化鉛などが使われていたが、いずれも危険な毒物である。現在は、ジアゾニトロフェノールが使われている。ジアゾニトロフェノールが合成されたのは、1858年のことなので、19世紀の科学でも合成は可能だ。

【ミニエー銃】

1849年にフランス陸軍のミニェー大尉が開発したミニェー銃は、前

*36 弾丸と火薬を紙で巻いて、装填を一度でできるようにしたもの。

装式[37]ライフルだし、金属薬莢も使っていない、その意味では古臭い銃だ。実際、ミニェー銃は、フランス軍が元々採用していたマスケット銃の銃身を改造して、ライフリングを施したものなのだ。その意味で、全くの新品を製造するよりも、遥かに安上がりにライフル銃を揃えることができるという、素晴らしい利点があった。しかも、弾丸の装填を今までのマスケット銃と変わらない速度で行えるという、画期的なものだった。

実際には、ミニェー銃の工夫は、銃自身にはない。正確には、ミニェー弾と呼ばれる弾丸にあった。ミニェー弾の形は、図のようなドングリ型をしており、プリチェット弾[38]とも言われる。そして、そのお尻の凹みには、コルクが詰められ、その後ろに火薬を置き、それらを紙で巻いて薬莢としている。しかも、この薬莢は、銃身の穴よりも細いので、装填棒で簡単に中に押し込むことができた。このため、通常のマスケット銃と同じく、1分に2～3発は撃つことができた。

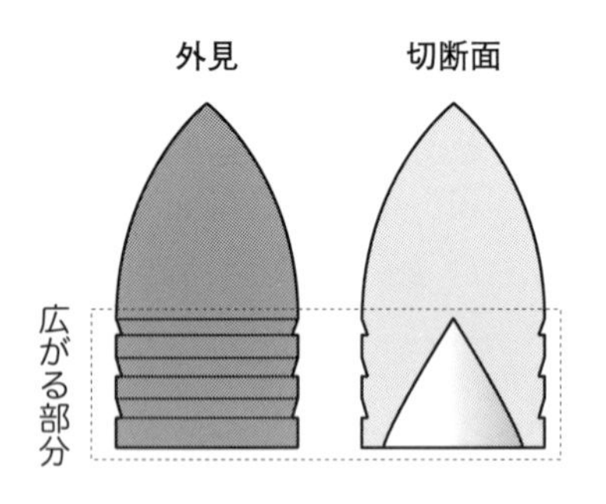

▲ミニェー弾

ミニェー弾の工夫は、火薬に火が付いた時に分かる。火薬はその爆発

*37 弾丸を銃身の前から押し込む銃。後ろに大穴が開いていない（火種を送り込むための小さな穴は開いている）一体式なので、火薬の威力はそのまま弾丸にかかる。その代わり、弾丸の装填は、前から細長い棒で奥まで押し込まなければならない。
*38 イギリスで、ミニェー弾の同等品を開発したのがウィリアム・プリチェットだから。

力でコルクを強く押す。すると、ミニェー弾のお尻の部分の凹みをコルクが強く押す。すると、押された凹みは広がって、ライフリングに密着するのだ。こうして密着してしまうと、もはや爆発力の逃げ場はないので、後は弾丸を前に押し出す力になる。

これが、装填の時はすっと入るが、射撃の時は火薬の力が隙間から漏れずに弾を飛ばす力になるという工夫だ。

ライフルとマスケットの射程を比較してみよう。

マスケットは有効射程が50mほどしかない。というのは、マスケット銃では100mも離れると弾丸は30cm近くずれてしまう。これでは、弾丸が横にずれると、敵に当たらない。まあ、それでも密集している戦列歩兵の誰かに当たれば良いというくらいなら意味がある。ただ、弾丸の空気抵抗が大きいので、200mも離れると、殺傷効果がなくなる。

これに対しミニェー銃は、有効射程が300mほど、最大射程だと1,000mほどもある。というのは、ミニェー銃では100m離れても５cmほどしかズレない。このため、300mで15cmのずれで、このくらいなら胴体の真ん中を狙えばちゃんと敵に命中するのだ。

最大射程1,000mというのは、そのくらいなら弾丸の威力は人を傷つける力があるということだ。ただし、さすがにずれが50cmもあるので、狙った相手に当てるのは無理がある。ただし、この状態でも、密集している戦列歩兵に向かって射撃すれば、並んでいる誰かに当たる可能性はあるのだ。

この射程の差は、今までの戦列歩兵の戦い方を無効にした。それまでは、50～100mほどまで近づいてようやく射撃していた戦列歩兵を、遥か遠方から射撃できるのだ。

マスケット銃所持の戦列歩兵がライフル銃所持の戦列歩兵と対峙すると、なんとか100m以内まで近づこうと進軍することになる。だが、1,000mから100mまでの900mは、こっちから撃っても無意味なのに、敵の攻撃は意味があるのだ。数分～10分ほどの間、敵から撃たれっぱなしで耐えられる人間などいるわけがない。

また、ライフル銃の戦列歩兵同士が対峙すると、遥かな遠方から互いの弾丸がガンガン命中して、お互いの兵員をハイペースで減らしていくのだ。まともな神経なら、こんな戦いを続けられるはずがない。

ミニェー銃の成功によって、各国は自軍のマスケット銃を改造したライフルを開発した。その中には、1853年にイギリスのエンフィールド造兵廠*39で設計開発されたイギリスのエンフィールド銃（エンフィールドM1953）もある。この銃は、非常に完成度が高く、その後も長く使われた。アメリカの南北戦争でも、南軍の主力はこの銃だった。

【ドライゼ銃】

ドライゼ銃は、プロイセンの銃工ヨハン・ニコラウス・フォン・ドライゼが1836年に開発した、世界初の後装銃*40ボルトアクションライフルだ。そして、1841年にはプロイセン軍に正式採用されている。なんと、ミニェー銃より前に、後装式小銃が開発され、正式採用されていたのだ。この銃が1864年の第二次デンマーク戦争で素晴らしい性能を見せた功績によって、平民の職人だったドライゼは、爵位を受けてフォンの称号を名乗れるようになった。

ドライゼ銃も、まだ紙製薬莢を使っている。その紙製薬莢の中にある起爆剤を撃針が貫くことで起爆するという仕掛けだ。イラストにあるレバーを引っ張ってバネを圧縮させ、引き金を引くと、そのバネが戻る力で撃針が薬莢に刺さる。その意味では、バネ仕掛けの構造は露店などで見かけるコルクの空気銃と同じだ。

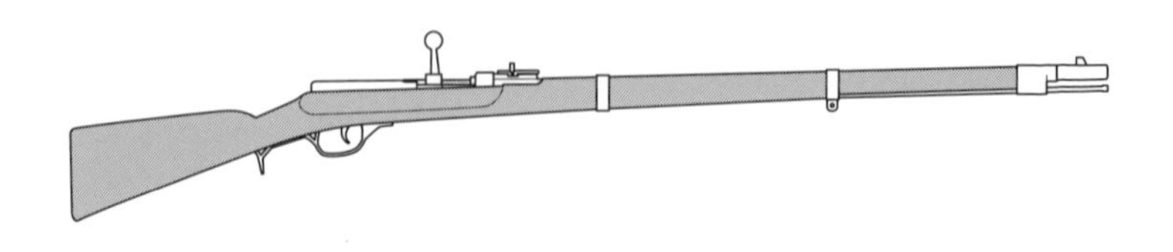

▲ドライゼ銃

*39 造兵廠とは、武器の設計・製造・整備などを行う軍の工場だ。もちろん、民間にも軍事産業があり、武器の設計・製造など行っているが、軍隊自身で設計できると、軍事産業の言いなりにならなくてすむし、ノウハウも蓄積できる。

*40 銃身の後ろを開いて薬莢を装填できる銃。

だが、各国は、後装式小銃の威力に無理解だった。また、この時期、プロイセンが対外戦争をしなかったため、後装式小銃の威力を目の当たりにする者がいなかった。だから、ミニェー銃が幅を利かせ、世界の戦争をリードしていたのだ。

後装式小銃が軽く見られた理由は、その射程の短さにあった。ドライゼ銃は、ある意味早すぎた銃なのだ。というのは、ドライゼ銃が設計された時点では、まだ技術力が低かった。

後装式は銃身の後ろを開かなければならないために、どうしてもその部分の強度が弱くなってしまう。さらに、その隙間から火薬の爆発力が逃げてしまう。そのため、ドライゼ銃は銃を壊さないために弱装弾*41を利用しなければならなかった。そして、そのため弾丸の初速度*42も遅かった。そして、その影響で射程が短かった。ミニェー銃の最大射程が1,000mもあったのに比べ、ドライゼ銃は600mほどしかなかった。

射程の長さが売りであったライフルにおいて、この差は各国の軍部には非常に大きく見えた。これが、ドライゼ銃が軽視された最大の理由だ。だが、プロイセンは、この弱点を知った上でドライゼ銃を制式採用した。というのは、ドライゼ銃には、射程の短さをカバーしてあまりある利点があったからだ。

それが、発射速度と後装式であることだった。

後装式は、銃の後ろを開けて、そこに薬莢をはめ込むだけで装填が終了する。前装式のように、銃口から長い棒で奥まで押し込むという手間が必要ない。このため、前装式よりもずっと早い射撃が可能になっている。ドライゼ銃だと、熟練者なら1分で12発もの射撃が可能だったと言われている。つまり、前装式の4倍の発射速度だ。これは、単純に考えれば、兵力が4倍になったのと同じだ。

厳密には、耐久力（＝人数）の低さと、1人やられたらマスケット銃兵4人分のダメージなので、そこまでではないにせよ、それでも同じ人数で遙かに大きな戦力にはなっている。

そして、発射速度よりも大きかったのが、実は後装式と前装式の装填方法の違いによる使い勝手の差だった。

---

*41 火薬を少なくして、爆発力を弱くした薬莢。
*42 弾丸が銃身から飛び出した瞬間の速度。ドライゼ銃だと300m/s、ミニエー銃だと400m/sほどだった。

前装式は、小銃を立てて、銃口から長い棒を使って薬莢を押し込むので、装填作業は立って行わなければならない。銃を横に置いて作業すると、どうしても引っかかりやすいのだ。つまり、装填作業中の兵士は、立ったまま敵の銃撃に晒されることになる。タダでさえ、ライフルによって銃弾が遙か遠くまで届くようになった時代に、戦場で棒立ちになっている兵士など、殺してくれと言っているようなものだ。

ところが、後装式は、銃身の後ろを開いて、そこに手で薬莢をはめるだけなので、どんなポーズでも装填できる。それこそ、物陰で身を隠しながらでも、匍匐前進*43のままでも装填が可能だ。これが、兵士の安全性を遙かに高めることは言うまでもない。

最大射程というスペックの差よりも、この使い勝手の差の方が、戦場では遙かに大きかった。最大射程での射撃など、そうそうあることではない。しかし、装填作業は毎回しなければならない。各国の軍部は、実際に戦ってみるまで、この差に気付けなかった。

ここに、転生者が暗躍できる隙がある。

ミニェー銃が開発できる技術力があるなら、ドライゼ銃は開発できる。そもそも、ミニェー銃よりも、ドライゼ銃の方が開発時期は早いのだ。しかも、カタログスペックではミニェー銃に劣るので、ミニェー銃を制式化した敵は、こちらを侮って開戦してくるかも知れない。その意味では、ドライゼ銃を制式化するのは、敵が大義名分もなく利益のためだけに攻めてきたと批難できる上に、実際にはドライゼ銃の性能により、敵を圧倒して上手くすれば敵国を占領できてしまうかも知れない。

ドライゼ銃の活躍により、各国は急遽、後装式小銃の開発と配備に追われることになった。

イギリスは、エンフィールド銃を改造して、1863年にスナイドル銃を作っていた。だが、制式採用されるのは、ドライゼ銃の威力が明らかになった1866年のことだ。ちなみに、スナイドル銃は、日本陸軍の初期の制式小銃でもある。

フランスは、改造ではなく、1866年に新しくシャスポー銃を作った。

---

*43 伏せた状態で移動すること。敵に見つかりにくいし、見つかったとしても立っているより遙かに小さな的になるので命中しにくい。ライフル銃が戦場で主流になってから、兵士は敵から丸見えになることを厭い、匍匐前進のように身を隠しながら進むことを好んだ。

スナイドル銃もシャスポー銃も、ドライゼ銃と違って、ガス漏れがほとんどなく、通常弾を使うことができた。このため、スナイドル銃で有効射程が550m最大射程は1,800m、シャスポー銃は新設計だけあって有効射程が1,200m最大射程が1,700mにも及んだ。これは、やはり設計が新しく、それだけ進んだ技術を使えたからだ。

【マルティニ・ヘンリー銃】

1870年に開発されたイギリスの小銃で、金属薬莢を使う小銃だ。

金属薬莢は、紙薬莢と違って、雨に濡れても火薬が湿気らない。しかも、紙と違って固いので、紙製薬莢よりは雑に素早く押し込むこともできる。このため、環境の変化に強く、雨の中でも戦え、しかも装填も早い金属薬莢の小銃が求められていた。

ただし、金属薬莢を大量生産するには、銅板を深絞プレス*44できるようになってからのことだ。いちいち、薬莢を旋盤などで作っていたのでは、とうてい消費に間に合わない。

初期の薬莢は深絞プレスが真鍮などの銅合金でなければできなかったので、高価な銅を使っていた。そのため、もったいないので、できる限り薬莢は拾って回収するようにと、兵士たちは命じられていた。貧乏な日本軍など、薬莢をなくしたら始末書ものだったとも言われる。安価な軟鉄で深絞プレスして薬莢が作れるようになったのは、第二次大戦のドイツからだ。

こうして、何とか金属薬莢を量産できるようになり、金属薬莢を使った小銃が軍に制式採用されるようになっていく。

その最初が1870年設計のイギリスのマルティニ・ヘンリー銃だ。この時から、各国は金属製薬莢を使う小銃を配備しようと躍起になる。ドイツは、1871年に早速モーゼルM71を開発したし、フランスもシャスポー銃を金属薬莢に対応させたグラース銃を1874年に開発した。

---

*44 プレス機で圧力をかけ、一枚の金属板を変形することを絞りという。その変形が横幅よりも縦の方が大きいものを深絞りという。金属の材質が均一で、しかもプレス機の性能が高くなければ、深絞りはできない。

【モーゼルM71/84】

モーゼルM71/84は、1884年にモーゼルM71を改良して、弾丸が8発入る弾倉を付けたものだ。これによって、何発もの弾丸を連続して撃てるようになった。

さらに、銃弾を詰めた弾倉を保持しておくことで、素早く交換して射撃を続けることができる。弾倉の予備さえ十分にあれば、1分に20~30発撃つことができた。つまり、後装式の採用によって数倍になった小銃の火力が、さらに2~3倍になったということだ。

ただし、弾倉そのものは、1878年にアメリカのジェームズ・パリス・リーが発明したものだ。そのため、頑張れば1880年頃に弾倉付きの小銃を開発し制式化できるかも知れない。

この時代、本当に数年ごとに、歩兵の火力が倍になっていくという、現代のコンピュータの性能なみの上昇率で小銃の性能が上がっていた。にもかかわらず、歩兵の防御力は全然上がっていない。

つまりそれは、数年ごとに、今までの倍のペースで兵士が死ぬようになるということだ。この頃から、戦争は人が死にすぎるので、割に合わなくなってきたのだ。

【無煙火薬とルベルM1886】

無煙火薬とは、爆発時に煙を出さない火薬だ。

黒色火薬に火をつけると、白い煙が出る。煙の量は、黒色火薬を使った花火を想定すると分かりやすい。ただし、手持ち花火に入っている黒色火薬は0.5~1gくらいが普通だが、銃を1発撃つ時の黒色火薬は3g程度だ。つまり、手持ち花火が10秒くらいかけて出す煙の数倍の煙を一瞬で発生させる。しかも、これで1発分だ。

数十~数百人が一斉射撃すれば、どれだけの煙が出るかは、考えたくもない。風が吹いていれば、すぐに飛んでいくが、無風だとしばらく留まって、ろくに見えなくなる。

そこで、何とか煙の少ない火薬を開発しようとする努力が19世紀には多くの化学者によって行われた。その成果の1つは1848年のニトロセルロースだが、爆発しやすく大変危険だったので、銃の火薬としては使われなかった。

実用的無煙火薬は、1884年にフランスのポール・ヴィエイユが作ったＢ火薬で、早くも1886年にはフランス軍は無煙火薬を使用するルベルM1886を制式採用している。

しかも、Ｂ火薬は黒色火薬の３倍ほどの爆発力があり、Ｂ火薬を使った弾丸の初速度は600～700m/sと、完全に音速を超えている。このこと自体は、小銃の威力が上昇して素晴らしいことなのだが、音速を超えていることがまずかった。音速を超えると衝撃波が発生するため、弾丸がまっすぐ飛ばない。この原因を研究した結果、それまでのように弾丸の先端が丸かったり平らだったりすると、衝撃波が大きくなることが分かった。このため、それ以降の弾丸は先の尖った細長い形状へと変えられた。現代の小銃弾の形状は、この頃に決まった。

この弾丸を利用することで、小銃の射程はさらに伸びて2,000mに届いた。また同じ距離での破壊力もずっと大きくなった。ますます、小銃の火力は上がっていった。

当然、他国も無煙火薬を前提にした小銃を開発し、採用している。

【ガトリング砲】

銃の発射速度を上げようという工夫は、昔から様々な方法が試されてきた。その中で、最も古い実用化された連射銃は、1861年にアメリカのリチャード・ジョーダン・ガトリングの作ったガトリング砲だ。

ガトリング砲は、人間がクランクを回すことで、給弾・装填・発射・排莢のサイクルを実行する。

しかも、多数の銃身を使うことで、銃身が過熱し過ぎることもない。そして、何よりの脅威は、毎分200発の発射速度だ。ガトリング砲１門で、歩兵10人分の弾丸をばらまいてくれる。

このように素晴らしい性能を見せたガトリング砲だったが、致命的な弱点が１つあっ

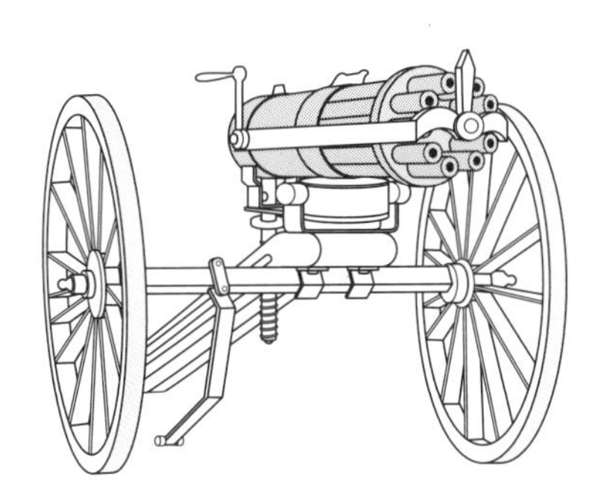

▲ガトリング砲

た。大きすぎるのだ。ガトリング砲が作られた頃には、もはや歩兵が戦列を組んで行進してくることなどなくなり始めていた。散開しながら、物陰から物陰へと接近してくる敵を攻撃するには、ガトリング砲は重すぎて、向きを変えるのが間に合わない。

さらに、人間が側に立ってクランクを回さなければならないが、この時代にそんなことをしていたら、狙撃の的になるだけだ。

もちろん、ガトリング砲が全く役に立たないわけではない。

砦や塹壕の防御などには、非常に便利に使われた。また、海戦において、敵の甲板上の敵を一掃するのにも使われた。

第二次大戦後になって、より大量の弾丸を高速にばらまきたい航空機用機銃として、ガトリング砲は復活する。現在で言うところのバルカン砲（正確にはバルカン砲とはジェネラル・エレクトリックのM61シリーズの商品名だが、現実的には同様の多銃身機関砲は全てバルカン砲と言うことが多い）だ。また、CIWS（艦船用近接防御火器システム）としてのファランクス（砲そのものは、M61シリーズをそのまま使っている）も、同じだ。このクラスになると、毎分数千発の弾丸を発射するために、1本の銃身では間に合わないのだ。

【機関銃】

ガトリング砲の重すぎる弱点を減らすためには、やはり銃身が1本でなければならない。そして、作られたのが機関銃だ。

1874年にはガードナー機関銃が発明されているが、これはガトリング砲と同様に、人間がクランクを回し続けなければならないものだった。装填や排莢などまで自動で行える機関銃ができるまで、もう少し時間が必要だった。

最初の実用機関銃は、イギリスでハイランド・マキシムが1884年に作ったマキシム機関銃だ。マキシム機関銃が世界初の機関銃と言われるのは、クランクの必要ない完全自動射撃が可能な最初の機関銃だからだ。毎分550～600発もの弾丸をばらまくことのできる機関銃は、圧倒的な性能を見せた。

現代の機関銃と比較すると、マキシム機関銃は多くの問題を抱えていた。明らかに大きすぎ、さらに水冷なので水の補給は欠かせない。しかも、数百発撃つと銃身の交換が必要で、弾丸の供給も大変だ。機関銃1挺を運用するためには、数人の兵士が必要だった。それでもマキシム機関銃の性能は、数人の兵士を専従させるだけの価値があった。

実際、白兵戦武器しか持っていない敵相手に、機関銃が絶大な効果を示すことは、イギリスが植民地戦争で証明している。槍しか持っていないアフリカのンデベレ族の戦士5,000人を相手に、マキシム機関銃4挺を装備した50人のイギリス兵が勝利した記録もある。もちろん、これは敵が突撃してくれたから可能だった勝利であり、このような経験をした黒人たちは、その後は決して機関銃の前に集団で立ち向かうような愚かな真似はしなかった。

つまり、転生者が機関銃を作ったとしても、効果があるのは初見のうちで、いずれは敵も（機関銃を作ることは無理でも）機関銃の弱点を知り、その強さが活かしにくい戦いをするようになるだろう。

マキシム機関銃の成功を見て、当然のように他国も機関銃の開発を急いだ。その1つの成果が、フランスのオチキス*45機関銃だ。アメリカ人のベンジャミン・ホッチキスが、フランスで1867年に起業したオチキス社の製品だ。フランス軍にオチキスが制式採用されたのは、1897年のM1897重機関銃だ。その後、小改良されて、M1900、M1914となり第二次大戦期まで使用された。

オチキス機関銃は1914年製のM1914で1分あたり450～600発の弾丸を発射する。このあたりは発射機構そのものの性能で、恐らくM1897でもそれほど変わっていないので、少なくとも1秒あたり数発の弾丸は発射していたはずだ。

【技術競争の順序】

面白いことに、このイギリス・フランス・ドイツの小銃技術開発競争で、同じ国が連続して新機軸の小銃を開発した例はない。フランスが新しい銃で他国を圧倒すると、他国は即座に真似をして追いつく。そして、追いつくだけでなく、次はドイツが新しい銃を使って、他国を圧倒する。そしてその次はイギリス……。

*45 ホッチキスM1914ともいう。

なぜ、同じ国が連続勝利しなかったのかは分からない。やはり、他国に先を越された国は、悔しさもあって、よりいっそう新開発に力を入れるからかも知れない。

もし、これらの開発に連続勝利する国があったとしたら、その国はヨーロッパを支配できていたかも知れない。

第4章

民間編

転生者の目標が、必ずしも国家とは限らない。堅苦しい軍や官を避けて、民間での活躍を望む者も多いだろう。
また、いずれは国家での活躍を考えている人間でも、王族や高位貴族にでも生まれたのでない限り、最初は民間において地歩を固める必要があるだろう。
そこで、民間におけるチートの手段を考えてみよう。そして、そのチートは、最終的には国力を高める効果があるものが良いだろう。

第1節 銀行

一般庶民にとって銀行とは、お金を預けておいて、ついでに公共事業の支払をしてくれる、その程度のものだ。しかし、銀行には、経済の潤滑油としての非常に大事な機能が幾つもある。

資本主義は、銀行の存在によって成立すると言っても良いかも知れない。

銀行の仕組み

銀行とは、個人や企業から金を預かって、それを貸し出すことによって金利で利益を得る仕組みだ。だが、銀行などなくても、個人で貸し借りをしても構わないのではないだろうか。

だが、そう簡単にはいかない。個人による貸し借りと、銀行による預金と貸し出しには、大きな差がある。

個人で、金の貸し借りをする。

ＡさんがＢさんに、金を１万円貸した。すると、Ａさんの所持金が１万円減って、Ｂさんの所持金が１万円増える。つまり、ＡさんはＢさんに金を貸している間、所持金が減ってしまう。

ところが、銀行を間に挟むと状況が異なる。

Ａさんがα銀行に１万円預け、α銀行がＢさんに１万円を貸したとする。Ｂさんは、１万円持っているが、Ａさんもα銀行口座には１万円入ったままだ。つまり、Ａさんは所持金が一切減らないので、口座の１万円を、Ａさんは自由に使うことができる。

これはなぜだろうか。それが、間に銀行が入っている利点なのだ。

- 口座の１万円を同じα銀行にあるＣさんの口座に払う場合、α銀行は口座の記録を書き直すだけで、その処理を終わらせてしまう。
- 口座の１万円を別のβ銀行にあるＤさんの口座に払う場合、本来ならα銀行は口座の記録を書き直すと共にβ銀行に１万円払わないといけない。しかし、口座間の取引は多数あり、その中にはβ銀行からα銀行へ支払わなければならない取引もあるだろう。このため、αβの両銀行は、銀行間取引を相殺して、本来の取引量から見るとごく少額を支払えば良いようにしている。
- 口座のお金を引き出して使う場合も問題ない。その場合は、銀行にお金を預けているEさんの口座のお金を流用して、Aさんに支払えば良い。この場合、Bさんに貸したお金の元金が、Aさんの預金ではなくEさんの預金になるだけだ。

銀行は、上のようなことを、多数の預金者と、多数の借り手に行っている。このため、誰の預金が誰に貸し出されているのかは、もはや無意味になっているのだ。単に、銀行に多数の預金者が金を預け、銀行は、プールした預金から、借り手に貸し出しを行っている。

確かに、銀行が持っている現金は、預金者が預けた現金より少なくなっている。しかし、銀行の仕組みは、全ての預金者が同時に預金を引き出すことなどないという前提で、金を回しつつ、お金を貸すことにある。

銀行から現金を引き出す人もいるので、ある程度の現金は用意しておかなければならない。例えば、それを10%としよう。つまり、その銀行は、預金者の10%までが預金を引き出しに来ても、問題ないようにしている。そして、残りの90%を貸して金利で金を儲けているわけだ。

つまり、銀行の最大の価値は、流通しているお金を増やすことにある。そして、流通しているお金が増えることによって、より多くのお金が使われるようになる。それは、経済の発展につながる。

これこそが銀行の価値であって、資本主義が銀行を必要としている理由でもある。

○準備預金制度

しかし、銀行だって倒産する。実際、準備預金制度のなかった時代は、倒産の噂だけで、銀行が倒産していた。こういう事件を**取り付け騒ぎ**という。取り付け騒ぎは、以下のように発生する。

1. 銀行倒産の噂が流れると、預金者は不安なので、念のために預金を下ろしておこうとする。
2. そんな預金者が大量にいるので、銀行は預金を下ろす人でいっぱいだ。
3. しかし、銀行は預金者が同時に預金を下ろすことはないという前提で、お金を貸し出しているので、解約者全員分の現金などない。
4. どこかの支店で、現金が不足して、預金が下ろせなくなる。
5. 預金が下ろせないという話が広がり、預金者がパニックになる。

6. 解約者があらゆる支店に殺到し*1、全ての支店で現金が不足し、ついには営業停止に。
7. 倒産へ。

噂の発生源は様々だ。

1. 何気ない事件（例えば、トイレの脇で銀行員が「うちの銀行大丈夫かなあ」と言っていたなど）が、人の口を経ているうちに余計な枝葉を付けて広まる（「私が聞いた話じゃ○○銀行は倒産間近だそうだよ」となるなど）。
2. 悪意や悪戯で、「○○銀行は危ないそうだよ」と嘘を広める。
3. 嘘の噂で、利益を得ようとする（取り付け騒ぎになっている銀行を主取引銀行にしているため、一時的に資金に窮している企業に、高利でつなぎ融資をするなど）。

しかも、銀行の倒産は、一銀行の倒産ではすまない。

- 倒産した銀行をメインバンクにしていた企業は、預金が一時凍結されるので、支払ができなくなる。
- 倒産した銀行から金を借りていた企業は、会社整理のために借入金の返却を求められるので、運営資金不足になる。

以上のような理由によって、連鎖倒産が起こり、多くの企業が倒産し、その従業員が路頭に迷う。

このような、ろくでもない事態が、何度も発生していた。

そこで考えられたのが**準備預金制度**だ。日本では、1957年に成立している。

全ての銀行は、預金額の一定割合（準備預金率という）を中央銀行（日本なら日本銀行、アメリカならFRB）に預けておく。これを準備預金という。銀行に、預金を下ろす人間が殺到してしまった場合、この準備預金から銀行に貸し出すことで、預金者の引き出しを可能にするものだ。

例えば、準備預金率が５％だとすると、銀行20行に１行の割で取り付け騒ぎが起こっても、預金者は預金を下ろせるようになる*2。

---

*1 狭義には、この事態を、取り付け騒ぎという。

*2 銀行に貸した金は、取り付け騒ぎが終わって営業が正常化したら返してもらうので、なくなるわけではない。ちなみに、現代日本の準備預金率は１％前後だ。つまり、最悪の場合でも100行に１行の割でしか取り付け騒ぎは起こらないと考えていることが分かる。

これによって、預金者は安心して銀行に預金できるようになった。倒産の噂が出ても、少なくとも預金がなくなってしまうことはないので、焦らなくてすむ。少なくとも、噂だけで取り付け騒ぎになるということは起こりにくいのだ。

○預金保険機構

準備預金制度によって、風聞だけで倒産するという、ハプニングは防ぐことができるようになった。しかし、本当に銀行が放漫経営によって倒産してしまうことだってある。

最近の日本でも、1986年に平和相互銀行が、1998年に北海道拓殖銀行が、2001年に石川銀行が、2002年に中部銀行が、2010年に日本振興銀行が破綻している。それどころか、戦前の日本など、倒産する銀行はもっとたくさんあった。そして、倒産した銀行に預けていた預金は、預金者には戻ってこない。これでは、安心して預金を預けてなどいられない。

特に、企業ならまだしも、個人の客は銀行の経営が危ないのかどうか、情報を仕入れるのも困難だ。

そこで、アメリカでは1933年に連邦預金保険公社（FDIC）が設立された。日本では、ようやく1971年に、預金保険機構（DIC）が作られている。FDICは、FDICに加盟している銀行が破綻した場合、1人10万ドルまでの普通預金を保護している。日本のDICでは、銀行・信用金庫・労働金庫などの金融機関が破綻した時、1人1,000万円までの預金を補償してくれる。

いずれの機構も、金融機関の払う保険金によって運営されている。

これによって、金融機関の破綻に対する不安は、かなり解消された。ただし、あくまでも1,000万円までなので、ある程度の資産を持つ人間は、幾つもの銀行に1,000万円ずつ分けて預金するようにしている。

✔決済

決済とは、支払を行って、それによって取引を済ませることを言う。決済には必ずしも銀行が必要ではないが、銀行があると決済の方法のバリエーションができて、その分だけ人々が買物をするようになる。

つまり、銀行が存在すると、取引が増えるのだ。つまり、銀行が存在すれば、経済が活性化する。

ただし、銀行が活用されるためには、銀行に信用がなければならない。銀行に預けた預金が紛失しないとか、銀行が倒産して夜逃げしたりしないとか、そういう安心が必要になる。

このため、中世ヨーロッパで銀行の役割を果たしていたのは、教会だった。さすがに、教会が倒産してなくなるとか、夜逃げするとかは、誰も考えなかった。それだけ、教会には信用があったのだ。

○現金決済

通常、中世ファンタジー世界の決済は、現金決済だ。つまり、商品やサービスを購入する時に、現金を支払って、それで決済とする。

現金決済には、以下のような利点がある。

- 分かりやすい。商品と金銭を目の前で交換するのだから、間違いようがない。
- 決済がそこで終わるので、後々面倒なことがない。

しかし、欠点もある。

- 現金を持ち歩かなければならない。特に、中世ファンタジー世界の現金は、貨幣なので重たい。大きな買物をするためには、大量の貨幣が必要で、持ち歩くだけで大変だ。
- 現金の輸送は、盗賊などに狙われやすい。現金には名前が書いてないので、奪われたらどうしようもない。
- 手持ちの現金以上の買物ができない。出先で良い物を見つけても、そこで手持ちがないと、買い逃すことも多々ある。

このように、現金決済は、少額の買物をするには便利だが、大きな買物には向いていない。つまり、銀行がなく、現金決済しかない世界では、大規模商工業がまともに運営できないので、経済の発展が阻害される。

○振り込み

振り込みとは、銀行口座に預金している金を、別の銀行口座に移すことを言う。実際の現金の移動を伴わず、書類上の手続きだけで良いので、現金を扱うよりも危険度が低い。特に、治安の悪い中世ファンタジー世界では、現金を持ち歩かないですむだけで、かなり大きな利点となる。

ファンタジー世界に、高度な通信魔法があるなら、他の町の支店の口座に振り込むことも可能だ。だが、そうでないのなら振り込みが可能なのは、１つの町にある１つの銀行内部だけになる。もちろん、１つの町の中でも、現金化してから支払わなくても、銀行で書類手続きをするだけで支払ができるので、大きな買物をする場合には便利だ。

しかし、振り込みという手段の最大の利点である現金を持ち歩かないですむという点では、あまり有効ではない。なぜなら、余所の町へお金を運ぶためには、相変わらず荷物と同じように輸送するしかないからだ。そして、それは盗賊の格好の餌となる。

○掛け払い

後で払う約束をして、商品を買うことを「掛け買い」と言い、そうやって買った品物の代金を後で払うことを「掛け払い」と言う。要するに借金だ。

掛け払いが適用できるには、幾つかの条件が必要だ。

- 掛け買いをする人間が、後でちゃんと払うという信用がある。
- 掛け買いをする人間に、滅多なことでは不測の事態が起きないという予測ができる。

これは、世の中が平和で、経済が安定していないと、成立し得ない条件だ。

戦乱の世では、何時人が死んでもおかしくないし、行方不明になるかも知れない。また、掛け払いをする人間が、突然経済的に困窮して、払いたくても払えなくなるかも知れない。そもそも、後で払うという約束をちゃんと守る人間なのかどうかも、なかなか判断が難しい。

このため、掛け払いなどが認められるのは、ある程度の信用を積み上げた人間だ。武士なら、領地を持っていて、浪人していない人間。農民でも、庄屋とか、広い土地を持つ地主などだ。何の財産も持たない庶民に掛け払いが認められることなど、まずあり得ない。

それを考えると、庶民でも買物のほとんどが掛け買いできた江戸時代は、非常に平和で経済も安定していたということが分かる。一般農民も掛け払いができたということは、ほとんどの農民は、安定した生活をおくっていたことが分かる。毎年のように百姓一揆が頻発する世の中で、農民の掛け払いなど認められるわけがない。

世の中が安定していたとしても、ファンタジー世界の冒険者などは、明日の命も危ういので、掛け払いなど認められないだろう。

○約束手形

約束手形（略して手形ということが多い）は、掛け払いの一形態とも言える。商品を購入した側は、「何月何日に、いくら支払います」という証書を発行し、約束の日にお金を払う[*3]。

ただ、掛け払いと異なるのは、代金を買った相手に支払うのではなく、証書を持つ者に支払うという点だ。

このただ一点の違いによって、手形には**信用創造**ができるという機能がある。

掛け買いの場合は、こうなる。

ＡからＢが掛け買いをする。しばらくすると、ＢはＡに金を払って掛け払いを終わらせる。この場合、ＡはＢに売った後、しばらくは金が不足する。これでは、Ａは新たな商品を仕入れたり製造したりするのに苦労する。

だが、手形は違う。

ＡからＢが商品を買って、振出人Ｂは受取人Ａに約束手形を発行する。何もしなければ、しばらく後に、Ｂは手形の支払をＡに行う。この場合は、掛け買いと同じだ。

だが、掛け買いと手形の違いは、手形は、他人に譲渡することができるという点だ。例えば、ＡはＣから新たな仕入をする時、Ｂにもらった手形をＣに譲ってしまう[*4]。しばらくすると、ＣはＡに売った商品の代金をＢからもらう。このように、手形は現金の代わりに、支払に使え

---

*3 手形を発行する側を**振出人**、受け取る側を**受取人**という。

*4 この時、手形の裏には、ＡはＣに現金化の権利を譲渡するという文章を書き、Ａが署名する。これを**裏書き**という。そして、金の受け取り先であると指図されたＣのことを、**指図人**という。

るのだ。それどころか、CはさらにDに手形を譲渡することもできる*5。

それどころか、初期にはいないだろうが、いずれは手形を購入してくれる業者まで出てくるだろう。AはBから受け取った手形を業者に販売することで、手形の日付よりも早く現金を手に入れることもできる。

こうなると、もはや手形が現金と変わらない機能を持っていることが分かる。つまり、市中に現金が増えたのと同じ効果が得られる。そして、市中に現金が増えると、その分だけ、商取引が盛んに行われるようになり、経済が活性化する。

だが、手形にも欠点はある。現金ではないということは、いわば借金だ。借金には利息が付く。同様に、手形は割引される。割引とは、手形に記載された金額より、引き取り価格が安くなってしまうことだ。

例えば、AがBから100万円の手形を受け取ったとする。この手形の支払期日は半年後だ。今すぐ現金が欲しいAは、業者に手形を販売する。とすると、手形を購入する業者は、Aに今すぐ金を渡して、半年後に金を受け取ることになる。

これでは、業者は損をする。しかし、金を貸しているのと似たようなものだと考えれば、利息を取れば問題ない。例えば、年金利10％で金を貸しているとすると、半年前に金を払うということは、５％分の利息が必要だ。つまり、100万円÷1.05≒952,381円なので、手形を購入する業者はAから100万円の手形を受け取るが、952,381円しか払わない。このように、手形を引き取ってもらう場合、割り引かれた金額しか払ってもらえないことから、手形を業者に引き取ってもらって現金化することを、**「手形割引」**という。

この時の利息は、業者の経費＋業者の儲け＋手形が落ちないリスクを合わせたものだと考えて良い。手形の振出人が倒産・破産したといった理由で、手形の支払ができないこともある。そのような可能性が高い手形は、誰も引き取りたがらない。そこで、割引率を大きくして、ハイリスク・ハイリターンな手形として流通させる。最悪、半額とか10分の１とかで割り引かれる手形すらある。モードレッドと戦う直前のアーサー王や、今川義元が攻めてきた時の織田信長が発行した手形があれば、

*5 この時も、CはDに権利を譲渡すると書いて、Cが署名する。こうして、裏書きの下に新たな裏書きを書いて、権利者を確定していく。

10分の１でも引き取り手はいないだろう。

○為替手形

為替は、遠隔振り込みを行う仕組みと言える。遠隔地にある幾つもの銀行が提携して行う。各地に支店のある巨大銀行の場合、１つの銀行内でも為替を使うことがある。

為替は、金銭の支払い約束を書いた証書だ。通常は、商人や職人など、産業組織が振り出すものだ。為替手形の利点は、遠隔地でも現金が受け取れるところだ。振出人は為替を振り出した銀行Ａに現金を払うが、受取人は遠隔地の銀行Ｂからでも現金を受け取れる。このため、大金を持って旅行するという危険を避けることができる。

もちろん、振り出した銀行Ａから、受け取った銀行Ｂへと、後からお金を払うことになる。しかし、これを現金のやり取りで行っていたのでは、結局銀行間の輸送が危険になるだけだ。

幸い、経済活動が盛んならば、このような為替による送金が多数存在する。その中には、逆向けにＢからＡにお金を払う件もあるだろう。このように、相殺していけば、実際に現金をやり取りする金額は、本来の送金額に比べて遙かに少額になる。このため、送金の危険は軽減できるのだ。これが、為替手形を発行する仕組みだ。

一般の商人や職人は、現金のやり取りを減らし、現金を持ち歩く危険を減らすことで、安全を買う。というのは、為替は単なる紙切れに過ぎないので、銀行に行って受取人であることが証明されないと、お金を貰うことができない。つまり、為替を奪った盗賊は、よほど上手くごまかさない限り、現金を手に入れることができないのだ。つまり、そんなものを奪ってもあまり儲からないので、盗賊の実入りは減ってしまう。儲からなければ、盗賊は減少する。つまり、より安全になるのだ。

銀行は、為替の発行によって手数料を稼ぐ。そして、銀行間の取引を為替で済ませることで、実際の現金取引を減らし、こちらもコストダウンと安全を買っていることになる。

どちらも、得をする仕組みなのだ。

もちろん、銀行は為替によって預かった現金を運用して（つまり誰かに貸して）金儲けをする。その点で、上で説明した信用創造にも当然なっている。

✔金融

金融とは、要するに金貸し業だ。しかし、銀行の金融機能は、単なる個人への金貸しではなく、事業を行う法人への融資がメインとなる。

つまり、銀行の存在によって、企業は事業拡大や新規事業進出などの資金を得ることができる。すなわち、銀行が金を貸すことが、国の経済発展に寄与するのだ。この意味で、銀行は単なる金貸しではなくなり、国の経済発展に役立つ金融システムとなった。

ただ、金を貸すためには、貸す側は金利を取らなければならない。では、金利によって、借金はどれだけ増えるのか。また金利はどのようにして決められるのか。

○複利

借金は複利で増える。単利というのは、借金の元金にだけ利息がかかるが、そんな都合の良い話はない。

例えば、年利10%で100万円借りたとしよう。

１年後は10万の利息が付いて、借金は110万円になる。ここまでは複利も単利も同じだ。

だが、２年後、単利ならまた10万の利息が付いて借金は120万円になる。ところが、複利の場合は、110万円の借金に利息が付くので、借金は121万円になる。

わずか１万円の差と思ってはならない。この差は、年が経つごとに加速度的に大きくなるからだ。

単利なら、毎年10万ずつ借金が増えていくので、借金が２倍になるのは10年後だ。しかし、複利の場合は、100万円→110万円→121万円→133万１千円→……と増えていき、８年後には借金は2,143,589円になる。２年以上早く、２倍になってしまうのだ。そして、この時の単利での借金は180万円なので、なんと30万円以上もの差がついていることが分かる。

ちなみに、複利には、「72、114、144の法則」というものがある。この値を年利%で割った値が、借金が２倍、３倍、４倍になる期間にほぼ等しい[*6]。例えば、年利10%なら、72÷10=7.2なので、7.2年で2倍に、114÷10=11.4なので11.4年で3倍に、144÷10=14.4年なので14.4年で4倍になる。元金が2倍になるまでの期間よりも、2倍が3倍になる期間の方が短く、3倍が4倍になる期間はさらに短いことが分かるだろう。

借金とは、恐ろしいものなのだ。だが、逆に言えば、上手く借金を使えば、敵に大きなダメージを与えることができる。

○金利と信用

中世ファンタジー世界では、借金の金利はべらぼうに高い。年利10～20%なら格安。50%でも良い方、100%だってよくあることだ。

なぜこんなに高いかというと、**「信用」**がないからだ。ここで言う「信用」とは、金を貸したら、どのくらいの確率で返してくれるかを表す指標だと考えて良い。

100%返してくれる人間には、その金を元手に地道な金儲けをするよりもちょっと上くらいの利息で貸して構わない。何もしなくても普通に金儲けするより儲かるのだから、ありがたいわけだ。

しかし、50%しか返してくれない人間に金を貸す場合、最低でも100%の利息を取る必要がある。Aに100万円、Bにも100万円貸したとしよう。このうち、どちらかしか返ってこないとしたら、100%の利息をつけても、1円の得にもならない。つまり、それ以上の利息を取らないと、儲からないのだ。

n人(2人以上とする)に1人の割合で、借金を返してくれない人が出るとしよう。彼らに金を貸して損をしないためには、(n－1)人でn人分のお金を返してもらわないといけないので、1人あたり貸した金との比率で最低でも

$$\frac{n}{n-1} = 1 + \frac{1}{n-1}$$

だけ返してもらわなければならない。つまり、最低でも、

*6 あくまでも概算であり、現代使われているくらいの利率(1～20%くらいまで)の時には、ほぼ正しい値が出る。だが、中世ファンタジー世界の借金のような高利だと計算が合わなくなる。

$$\frac{1}{n-1}$$

の利率が必要だ。つまり、３人なら0.5＝50%、10人なら0.11…≒11%だ。これに、経費と自分の儲け分の利息を加えた値が、貸出金利となる。

つまり、信用が高いものほど低い金利で借金することができる。これが信用の力だ。

現代は、借金をしようとする人にどのくらいの信用があるか、信用情報機関という組織が作られて**信用情報**を集めている。例えば、クレジットカードの支払いを遅らせたことがあるとか、消費者金融で返済が滞ったとか、定職についていないとかいった人間は、信用が低い。逆に、多くの資産を持っているとか、借金の返済を遅らせたことが一度もないとか、定職に就いて長年勤めているとかいった人間は、信用が高い。

ちなみに、信用が低い人間への態度は、国によって異なる。

日本だと、借金を申し込んだり、ローンを組もうとすると、銀行には断られる。つまり、信用の低い人間は、銀行は最初から商売相手にしていないのだ。その代わり、利息の高いローン会社（例えば消費者金融など）が存在して、そこが金を貸してくれる。つまり、借り手のランクによって、貸す会社が異なっている。

アメリカは違う。信用の高さによって、人間にランクを付ける。特にクレジット情報と、職、不動産などでランク付けをする。自動車ローンなどでは、次頁のようなランク付けがある。

ランク	解説
スーパープライム	プライムの中でも超優良な顧客。
プライム	長期に渡り、クレジット情報[*7]に問題がなく、長期間定職に就いている。さらに、不動産を所有している。
ニアプライム	クレジット情報に汚点があるが、長期間定職に就いており、不動産も所有している。賃貸住宅の場合は、長期間居住している。
ノンプライム	クレジット情報に汚点があるが、定職に就いている。
サブプライム[*8]	クレジット情報に問題があり、定職にも就いていない。さらに、住居も転々としている。

このランクによって、利率が違うのだ。差別だと思うかも知れない。その通り、差別だ。しかし、金を貸す方は、借金を返して貰えない危険を考えなければならない。

優良な顧客は、金を貸しても返ってくる確率が非常に高いので、返済されないリスク分の利息を取る必要がほとんどない。よって利息は低い。

しかし、サブプライム層などの怪しい顧客に金を貸す場合、何人かに１人は借金を返せないリスクがある。このため、高い利息を取らなければならない。

金の貸し手が、借り手は100人に１人の割で借金を返せないと考えたとする。すると、リスク分の利息は0.010101…≒１％の上乗せですむ。だが、５人に１人の割で借金を返せない借り手だと考えたとすると、0.25＝25％もの利息を上乗せしなければならないのだ。

例えば、自動車ローンの例では、プライム層の利率は２～４％しかないが、サブプライム層は18～24％もの高金利だ。この極端な差は、プライム層にとって自動車ローンはたいした負担ではないので、滅多なことで焦げ付くことがないからだ。つまり、16～20％の金利差は、サブプライム層がローンを払えなくなるリスクだ。上の式を考えると、サブプライム層は６～７人に１人はローンが払えなくなると、自動車ローン会社は考えているのだ。

---

*7 クレジットカードの支払が、いつ何回滞ったといった情報のこと。

*8 2007年のサブプライムローン危機、翌年のリーマンショックを引き起こしたサブプライムローンは、このサブプライム層向けの貸し出しを行っていたローンなので、この名前がある。考えてみれば、この層に貸した金が、確実に返ってくるはずがない。その意味では、非常にハイリスクなローンなのだ。

他にも、15%もの高金利で日本のクレジットカード利用者に不評なリボルビング払いだが、アメリカでは、これにすら差別がある。プライム層の利息は年利８%ほどだが、サブプライム層は20%を超えている。こんな高金利で、サブプライム層がリボルビング払いを完済できるわけがない。途中で破綻するのは目に見えているが、破綻するまで搾り取ろうというビジネスモデルとしか思えない。

信用の低い人にそもそも金を貸さない日本と、高金利を付けるアメリカのどちらが良いのかは、筆者にも判断できない。事例ごとに異なるのだろう。

○中世ファンタジー世界の金利

金利について、ある程度の知識は得られたものとしよう。問題は、中世ファンタジー世界ではどうすれば良いのかだ。

中世ファンタジー世界で金貸しを行おうとすると、様々な問題がある。

- 「信用」情報が存在しないので、返済されないリスクが分からない。
- 個人情報が整備されていないので、借金を踏み倒して逃げやすい。
- 充分な財産を持つ貴族・王族などは、権力を使って踏み倒す可能性がある。
- 商売に投資しようとしても、遠距離交易は危険がいっぱいだ。

このような悪条件を考えると、50%でも安い方という利息も仕方ないことが分かる。

しかし、独自に、もしくは何人かの金貸しと組んで信用情報を収集し、リスクをきちんと計算して（例えば、インド航路の船は何隻に１隻の割で遭難しているのかのデータを取るなど）、適切な利息を取ることができれば、儲かる可能性は高い。

前項で紹介した式を使えば、５隻に１隻帰ってこないとすれば、リスクヘッジは25%だ。それに加えて、こちらの利益や事務手数料を加えた金利を取れば良い。恐らく、インド航路に金を貸している他の金貸しよりは金利を安くできるだろう。何だったら、有能な船員を雇って、船の運用が上手く、10隻に１隻しか帰ってこない船がない商人なら、リスクヘッジは11%で良いので、より安い金利を提示できて、喜ばれるだろう。

もちろん、現代のようにあらゆる人間の信用情報を作るなど無駄でしかないが、自分が営業している都市に住む商人や職人、周辺の貴族などに関しては、収集しておく意味もあるだろう。

信用情報があれば、よりリスクの低い人相手には、他より安い利息で貸すことができる。つまり、借り手は喜んでこちらを利用してくれるだろう。

逆に、よりリスクの高い人相手には、他より高い利息で貸すことになる。船員の待遇が悪くて、３隻に１隻帰ってこない商人には、リスクヘッジ50％＋利益となるので、高額な利息を取ることになるだろう。これならリスクに見合う利息なので、平均すれば損はしないだろう。そもそも、そういう危ない客は、他の通常利息のところで借りるので、こちらには来ないかも知れない。そうすれば、ライバル店は損をすることになって、相対的にこちらが有利になる。

クレジットカードの登場は、20世紀初頭のアメリカであり、その頃から徐々に信用情報が集められるようになった。とはいえ、情報ネットワークが整備されるまでは、これら信用情報が整備され、十分に活用されることはなかった。クレジットカード登場以前は、信用情報というもの自体がなく、貸し手の経験と勘に頼っていたため、妥当な利息を求めるための計算法など誰も考えてはいなかった。

一部のファンタジー小説にあるギルドカードのような、高度な情報魔法が込められたカードが作成できる世界なら、それを利用して、信用情報の収集とリスク計算が可能になるだろう。恐らく、信用情報という概念そのものがないので、転生者ならシステムを構築して大儲けできるかも知れない。

✔信用創造

目に見えないが、銀行の最大の機能は、この**信用創造**にある。

信用創造とは、銀行が預金を貸し出すことによって、見かけの通貨流通量が増えることにある。

1. Aが、α銀行に１万円預けるとする。この時点では、通貨流通量は１万円だ。
2. α銀行が、この１万円の一部（9,900円）をBに貸し出す。Bはβ銀行の口座に、この9,900円を入れておく。この状態でも、Aの預金が消滅したわけではないので、Aは1万円、Bは9,900円所有していることになる。すると、通貨流通量は19,900円になる。

3. β銀行は、この9,900円の一部（9,800円）をCに貸し出す。Cはγ銀行の口座に、この9,800円を入れておく。この状態でも、AやBの預金が消滅したわけではないので、Aは1万円、Bは9,900円、Cは9,800円所有していることになる。すると、通貨流通量は29,700円になる。

これを繰り返すと、銀行が預金を貸し出す度に、見かけの通貨流通量が増える。そして、通貨流通量が増えると、それによって金の動きが増え、経済が活性化する。

逆に、銀行が預金を貸し出さない、もしくは、借り手が借金を一生懸命に返してしまうと、銀行の貸し出しが減り、通貨流通量が減る。すると、不況になる。

好況の時も、不況の時も、存在する現金の量は同じなのに、なぜか入ってくるお金の量は減り、収支が窮屈になる。これは、経済を知らない人間には非常に不思議に思えることだ。これは、銀行による信用創造が減少して、見かけの通貨流通量が減っているからなのだ。

ちなみに、上で説明したように、約束手形や為替手形を発行しても、通貨流通量は増える。当然、これらも信用創造の一種と考えて良い。

転生者は、それが可能な権力もしくは財産を手に入れたなら、信用創造に踏み切った方が良い。それによって、通貨流通量が増え、国の経済が活性化する。

第2節 組織

商会や工房の経営者でも、貴族領を拝領しても、王や宰相などの国家代表となっても、組織を率いるという点に変わりはない。このため、いかに組織を管理し、効率的に運用するかという問題が発生する。

無駄の多い組織、腐敗した組織、硬直した組織、風通しの悪い組織などは、効率の良い組織、規律ある組織、柔軟な組織、情報共有の進んだ組織に勝てず、短期的勝利を得ることはあっても、長期的に見ると必ず敗北している。

では、勝利できる組織は、どのように作ったら良いのだろうか。

これらは、**組織論**と呼ばれて、近代になって研究されるようになった。もちろん、昔から、優れた統治者は、理論としてではないが、これらを体得していた。豊臣秀吉の行ったと言われる**割普請**[*9]なども、その好例だ。

しかし、これらを組織論という一種の学問として研究するようになったのは、20世紀になってからのことだ。つまり、組織論を活用することで、中世ファンタジー世界において、他を圧倒する強靭な組織を作ることが可能になる。そして、そのような強靭な組織は、長期的には必ず勝利できるだろう。大日本帝国が第二次大戦で敗北した理由には、国力の差はもちろんだが、大日本帝国という組織よりもアメリカ合衆国という組織の方が優秀だったという原因もあるのだ。

その意味では、勝てる組織を作ることも、十分に現代チートの1つと言えるだろう。

✔組織管理

組織を管理するとは、組織内の人員を管理することに等しい。そして、管理すべきは、組織内にいる普通の人々だ。

○チェックとコスト

組織には、多くの人間が参加している。だから、その中にはとんでもない悪人なども加わっている可能性は否定できない。そして、そういう

*9 普請を行う時に、工区を分けてそれぞれのチームに分担させること。チーム間での競争を促進し、優秀なチームは早く終わって楽ができる仕組み。

悪人が改心することなど、ほとんど期待できない。こちらがどのような施策を行っても、悪人のままで変わりはしない。つまり、組織内に悪人が存在することは防ぐことはできない。できるのは、早く悪人を発見して、一刻も早く排除することだけだ。

しかし、そういう例外を除けば、組織の人員は普通の人が大半だ。そして、普通の人が、ちゃんと働いている限り、組織は問題が起こっていないと言える。問題のある組織とは、その普通の人のモラルが低く、まともに働いていない場合を言う。細部は、不正の節で説明する。

逆に、普通の人が真っ当に働いており、ごく一部だけ悪人や反逆者がいて悪事やサボタージュを行っている組織は、上手く動いている組織だ。下手にいじり回さない方が良い。

ここで、ごく一部の悪人や反逆者を潰すために、厳し過ぎる管理を行ってしまってはならない。なぜなら、厳し過ぎる管理は、以下のような問題点を発生させるからだ。

- 効率悪化：チェックシステムを整備すればするほど、当然のことながら手間が増える。手間が増えるということは、組織の効率が悪化するということだ。悪人や反逆者によるマイナスと、悪人や反逆者を抑え込むためのチェック体制を比較して、チェック体制によって発生する二度手間三度手間のマイナスの方が大きいとしたら、組織としては意味がない。
- 管理費高騰：チェックシステムを作り、維持するにはコストがかかる。悪人によって、損をしないためにチェックを行っているのに、そのチェックシステムのコストで悪人による損失を超えてしまっては、本末転倒だ。
- モラル低下：チェックシステムとは、いわば組織内の人間を疑っているのだ。疑われて面白い人間などいない。しかも、面倒なチェックなどしたい人間もいない。このため、組織内で働いている人々のモラルが下がる。悪人が美味しい思いをすることによるモラルの低下を恐れているのに、チェックシステムでよりモラルが下がっては何の意味もない。

つまり、チェックシステムは組織のコストアップ要因なので、チェックすることによって生じるメリットとのバランスを取らなければ、作る意味がない。

もちろん、チェック体制には、甘いものから厳密なものまで、多数の段階がある。チェックの段階を上げることと、それによって発生する効率悪化とコスト高は、基本的に比例する。このため、簡易なチェックならコストも低いし、その割に悪人の行動を抑える効果はそれなりにあるので、ある程度のチェック体制は有効だ。

しかし、完全を目指すとどうなるだろうか、微に入り細を穿つチェックは、超高コストで効率を極端に悪化させる。にもかかわらず、それによって発見される悪人はごく少数だ。なぜなら、ほとんどの悪人は、もっと簡単なチェックに引っかかって捕まってしまうからだ。つまり、超高コストで厳密なチェックでしか見つからない悪人など、本当に希にしかいない。そして、そんなごく少数を見つけるために高コストをかけていたのでは、金の無駄なのだ。

つまり、チェック体制とは、完全を目指してはならない。悪人を見逃して良いのかと、倫理観溢れる人々は言うだろう。しかし、組織は倫理観では動かない。効率とコストで動くものだ。

コスト優先の簡易チェック体制で見逃される悪人はどうするのか。簡単だ、放置する。しかし、悪人も人間だ。長年悪事をしていると、段々と気が緩むし、たまにはミスもする。そのため、コスト優先のチェック体制でも、たまたま見つかってしまうことはあるのだ。そして、それで時間はかかってもほとんどの悪事は発覚する。それで十分なのだ。

○ポジティブ・イリュージョン

- 自分自身を、肯定的に評価する。
- 自分は人に好かれる性格をしていると思う。
- 自分には、良い結果を出す能力があると信じている。
- 自分は、人より真面目にきちんと働いている。
- 自分の将来はバラ色だと考えている。

このように、自分を良いものと考えること、またそれによって生みだされた高い自己評価のことを、**ポジティブ・イリュージョン**という。これは、基本的には正しい態度だ。少なくとも、自分はダメだと思い込んで落ち込んだり逃げ出すよりは、ずっとマシである。

しかし、組織管理においては、困ったことになり得る。

【評価の格差】

多くの組織において、組織員は「自分は正当に評価されていない」と考えることが多い。

もちろん、この理由の1つは、人事評価というものが大変難しいものだという理由だ。他人を正しく評価するのは非常に難しく、間違いやすい。

だが、もう1つの理由が、ポジティブ・イリュージョンだ。自分を、本来の評価以上に高く評価してしまうため、外部の冷静な評価が不当に低く見えてしまうものだ。

ある調査によると、自分のリーダーシップが平均以上だと考える人は、全体の70%もいる。平均以下だと考える人は、2%しかいないのだそうだ。明らかに、そんなはずはない。冷静に評価するなら、平均くらいの人間が50%程度、残りを二分して平均以上と平均以下が25%ずつくらいのはずだ。つまり、過半数の人間が、自分のリーダーシップを本来の能力より高く見積もっているのだ。

それどころか、人と上手くやっていく能力など、85%もの人が自分は平均以上だと考えており、25%もの人間が自分は上位1%に入ると思い込んでいる。ほとんど全ての人間が、自分の能力を圧倒的に高く見誤っているのだ。

いかに、人間が自分に甘い評価をしているか分かるというものだ。

これでは、いかに人事評価を厳密に行っても、組織員の不満が解消されるはずがない。彼らは、自分の見ている「優れた自分」という幻想に相当する評価を望んでいるのだから。

では、このような場合、どう対処すれば良いのか。大きく2つある。

1つは、ポジティブ・イリュージョンという認識そのものを広めることだ。つまり、人は（自分も含めて）自己評価を本来よりも高く見積もるので、割り引いて考えるということを、組織内に広めておく。ここで、自分だけがそうなのだと言われると反発するが、誰もがそうなのだと言われると、仕方ないと思う。また、他の人間も、自分と同じ不満を持っているのだと知ることで、安心感が得られる。

もう1つは、上司が自分をきちんと見ていると納得させることだ。働いている時に、「やってるな」とか「頑張ってるな」といった声をかけるなど、自分が無視されているのではないと認識できることで、安心感を与える。

【評価能力】

もう1つは、この自己評価能力も能力の内だという点だ。

つまり、無能な人間ほど、自分を正しく評価することができず、ポジティブ・イリュージョンに大きく影響される。

とある実験結果がある。被験者に幾つかのテストを行い、成績順に上位から4つのグループに分割する。分かりやすくするために、100人に対してテストを行ったとしよう。

- 1～25位の人を、Aグループ。
- 26～50位の人を、Bグループ。
- 51～75位の人を、Cグループ。
- 76～100位の人を、Dグループ。

以上のように、グループ分けを行った。

つまり、Dグループの平均順位は88位だ。

ところが、Dグループの人間に、自分は何位くらいにいるか予想させてみると、どのテストにおいても予想順位は32～42位、つまり平均より上だと考えていた[*10]。底辺グループにいるにもかかわらず、自分は平均より上だと思い込んでいるのだ。

だが、Aグループには、そのような過大評価はなく、かえって自分を少し低く見る傾向があった。

つまり、能力の低い人間ほど自分の能力を過大評価し、能力の高い人間は過小評価する傾向がある。このような**認知バイアス**[*11]は、1999年にデイヴィッド・ダニングとジャスティン・クルーガーによって**ダニング=クルーガー効果**と名付けられた。

能力の低い人間は、以下のような傾向がある。

---

*10 全く異なる分野のテストを行っているので、あるテストでDグループの人が、別のテストではAグループにいるということもある。つまり、同じ人間が、低能力の分野では自分を過大評価しているにもかかわらず、高能力の分野では自分を正しく評価しているという例もいくつもあった。つまり、どんな人も、能力のない分野では、自分を正しく評価できないということだ。

*11 人間が犯しやすい認識・記憶・帰属意識などの誤りのこと。

- 自分の能力不足を認識できない。
- 自分が能力不足だと認めても、その程度が理解できない。
- 他人の能力を正当に評価できない。
- 不足する能力についてきちんと訓練を受けた後で、ようやく能力不足を認識できる。

ライトノベルなどで、無能なバカほど妙に自信満々で愚かなことをし、(有能な) 主人公を下に見るというシーンがよく見られるが、あれは決して間違いではないことが証明されたわけだ。つまり、自己評価能力も能力のうちで、能力が低いために、自分の能力を正しく認識できないのだ。すると、ポジティブ・イリュージョンによって、自分を過大評価してしまう。

では、どう対処すべきか。

ここで、上司などがキツく言うと、逆に反発してしまう。

まず、客観的かつ定量的なデータを出して、それを元に自己採点させる。ここで、客観データであることと、自己採点であることが重要だ。曖昧な定性的データではなく、数字で出る定量的データであるため、自分をごまかすことができない。さらに、他人から言われたのではなく、自分で採点してしまうと低評価だと認めるしかない。

もちろん、このような評価を強要した上司に恨みの念を抱く愚か者もいるだろうが、少なくとも自分が優秀だと妄想を膨らませている状態よりはマシになる可能性が高い。

✔組織変革

残念ながら永遠に存続できる組織はない。存続を続けるためには、常に変革が必要である。これは、現在の組織を作った人間が無能だからではない。それどころか、現在の組織は、それを作った当時の環境に対応した優れた組織だったはずだ。さもなければ、そんな組織が現在まで残っているはずがない。

問題は、環境が変化することによって、それに最適な組織の在り方が変化するという点にある。つまり、環境が変わったために、組織は現在の在り方のままでは対応しきれない。だから、残念なことではあるが現在の組織の在り方を捨てて、変革することを迫られる。

このため、組織というものは、不意の危機に対する強靭性、必要な時には変化できる柔軟性の、相矛盾する能力を持たなければならない。通常は、強靭性を優先することが多く、そのため変化するためには多大な痛みを伴うことになる。最悪の場合、組織自体が持たないほどの痛みだ。

これは、国家という巨大組織でも同じだ。古代国家から現代国家まで、原始共産制から王制へ、そして民主主義体制へと国の在り方が変わってきたのも、変化する環境への適応が必要だったからだ。だが、その変革の際には、多くの流血という痛みが伴っている。しかし、その適応に失敗した国家は、滅んでいったことを考えると、必要な痛みだったのかも知れない。

○組織変革の８段階

いかなる組織変革も、以下の８段階を踏んで進む。この手順を無視して進めようとすると、その変革は高い確率で失敗する。

1. 危機意識：組織の構成員が、現在の組織に危機感を抱く。
2. チーム編成：変革を実行するための強力なチームを作る。
3. ビジョン作成：変革にふさわしいビジョンを定める。
4. ビジョン周知：ビジョンを組織全体に通知する。
5. 構成員強化：構成員がビジョンに向けて行動できるように、教育・権限付与などによって、力を付けさせる。
6. 短期的成果：変革に懐疑的な人間を納得させ、信頼を得るために、短期的成果を上げる。
7. 変革強化：変革をさらに活発にし、困難な課題に取り組む下地を作る。
8. 変革定着：変革を組織文化として定着させる。

これらは、それぞれ手間と時間がかかる。例えば、構成員に危機意識を抱かせるためには、啓発活動を行わなければならないし、それが末端まで広まるのには時間がかかる。それこそ、何週間も、いや大きな組織では年単位の時間がかかるだろう。

しかし、短期的利益しか見えないマネージャーには、それができない。個々の時間をケチるどころか、ステップを飛ばしてすませようとすらする。しかし、それでは、組織を大きく変化させることはできず、その割に犠牲ばかり大きい。

革命やクーデターなどを起こす場合も、このステップは同じだ。

まず、国の在り方に危機感を抱いた人々が、国内で多くなることだ。これがないと、仮に初動で権力を奪取したとしても、国民の支持が得られず、長続きしない。

そして、革命を起こす組織を作り、革命のビジョンを話し合って、全員で共有する。革命のための訓練（政治的・軍事的訓練など）で構成員を強化する。

ただし、あまりにも長い準備期間だと構成員の心が疲れてしまうので、ある程度の短期目標を立てて、その成果を得る。

また、あまりにも早すぎる勝利宣言は、革命を失敗させる。革命派は勝利したことに満足し、手を抜いてしまう。そして、その隙に旧守派が過去へと巻き戻しを始めるのだ。

そして、革命が成功したなら、その革命を国に定着させる。

残念ながら、このような理想的な革命を起こせた事例は歴史上存在しないので、その分様々な弊害が発生している。

しかし、何が足りていないか分かれば、発生する弊害も予測できる。組織内にビジョンが周知されていないのなら、革命後であろうとビジョンをさらに周知徹底することで、弊害を減らすことは可能だ。

○リーダーシップとマネジメント

組織を動かす能力には、リーダーシップとマネジメントという２つの側面がある。

リーダーシップとは、以下のような能力のことである。

- ビジョンと戦略を決定する。
- 戦略にふさわしい人員を結集する。
- ビジョンを実現するために、構成員を能力的にも心理的にも強化する。

つまり、組織の目標を立て、それに向けて人を動かすことだ。生身の人間を相手にして、組織の在り方を決めるのがリーダーシップだ。

それに対し、マネジメントとは、以下のような能力のことだ。

・計画と予算を策定する。
・組織を編成し、人員を配置する。
・組織を統制する。
・既存のシステムを遺漏なく動かす。

つまり、組織を、その構造や命令系統に則って動かす。人間を組織の駒として、数値的に扱うのがマネジメントだ。

ある意味、真逆の能力だと考えて良い。注意しておくが、マネジメントを悪く言っているのではない。マネジメントはマネジメントで、非常に重要かつ必要な能力だ。このような冷静な視点がなければ、組織は容易に暴走する。

ただし、変革に必要な能力はリーダーシップであり、マネジメントではない。ただし、両者は補完関係にあり、片方だけでは組織は動かない。

○変革に抵抗するもの

変革を行おうとすると、必ず抵抗するものが生まれてくる。それには、幾つもの原因がある。

・利己主義
変革によって、自分が損をするのではないかという恐れが、抵抗を生む。このような行動は、冷酷な策略家によって行われるというよりも、利益を失うことに怯える臆病な人間が政治的に行うものだ。
・誤解と不信
変革に対する誤解、もしくは変革者に対する不信は、強い抵抗勢力を生む。変革者が、構成員の利益を考えて変革を行おうとしていたとしても、構成員がそれを信じられなければ、意味がないのだ。
・現状認識
変革者は、現状を変革しなければならない状況にあると考えている。しかし、全ての構成員の現状認識がそうであるとは限らない。もちろん、変革者が正しければ、他の人間の認識が間違っているのだが、時には変革者の認識こそが誤っていることもある。
・変革の受容性
自分は変革について行けないと考えている人間は、例え良い変革であったとしても、反対する。なぜなら、組織全体としてはプラスであっても、その人にとってはマイナスでしかないからだ。

これに対する行動には、正攻法しかない。

- 教育と交流
  抵抗勢力になるであろう人々にあらかじめ教育を施し、同時に変革の必要性を理解してもらうために意思疎通を行う。
- 参画と巻き込み
  抵抗勢力になるであろう人間を、最初から変革組織に取り込んでしまう。さらに、抵抗勢力の考えを計画に取り込むことで、変革をスムーズに行うことができる。ただし、欠点として、手間と時間がかかるため、中途半端に行おうとすると、変革そのものを失敗させる。
- 援助と促進
  変化に対応できる能力を付けさせるために、対応が遅れそうな人々に、教育的援助を行い、変革への対応を促進する。これにも、時間と費用がかかる。
- 交渉と合意
  抵抗勢力となりそうな人に、あらかじめ交渉を行い、何らかの同意を取り付けておく。ただし、甘すぎる対応は、ゆすりたかりを招き、コストアップの要因となる。
- 操作と取り込み
  抵抗勢力になるであろう人間をあらかじめ取り込むという点では、参画と同じだ。ただし、参画のように議論に加わり助言をもらうつもりなどなく、単にその人間を味方にするだけが目的だ。ただし、自分が上手く操られているだけだと気付いた人間は、反発しさらに強い抵抗や、裏での陰謀などに走る可能性がある。
- 強制
  最後の手段は強制だ。最悪、他部門へと移動させたり、組織そのものから追い出したりすることもある。

第3節 コールド・リーディング

コールド・リーディングとは、相手の外見や話し方などから相手の情報を読み取る技術だ。ここでいうコールドとは、「寒い」とか「風邪」とかではなく、「練習や準備なしに」という意味だ。占い師などが使う技術として知られている。

調査機関を使ったり、待合室でサクラを使って話を聞き出すなど、あらかじめ調査をしてから相手の情報を読み取った振りをするホット・リーディングに対する言葉だ。

ちなみに、両方の手法を混ぜて使う場合、ウァーム・リーディングという。

例えば、ふと入った占いで、初対面の占い師があなたの過去や性格を次々と言い当てたら、あなたはその占い師を、超能力でも持っているのではないかと思わないだろうか。そして、その占い師が、このままではあなたの運命は危険にさらされていると警告してきて、あなたを守るためのお守りがあると言われたら、あなたはそのお守りを買ってしまわないだろうか。例え、それが高価な壺などであったとしても。

コールド・リーディングそのものは、単なる技術であって、善でも悪でもないが、詐欺師やインチキ占い師、偽教祖などが客を信じ込ませるテクニックとして使用されるために、悪いイメージがついている。

しかし、相手のことを知ることは、交渉で優位に立つために重要なので、主人公が民間で活躍するシーンだけでなく、国家指導者として国内外との交渉を行う場合でも、持っておいて損のない技術である。

また、過去世界などの魔法などのあまり強力でない世界に転移してしまった主人公が、何のコネも資本もなしに始めるのに、辻占い師はなかなか適した職業だ。何しろ、仕入れる商品なしで始められるのが大きい。転移したキャラクターが着ている、その地では奇妙な服装も、占い師の神秘の衣装なのだと主張すると、ありがたそうに見える。コールド・リーダー[*12]が異世界転移をしてしまった場合には、なかなか有効な生活手段ではないだろうか。

---

*12 コールド・リーディングをする人のこと。単にリーダーとも言う。

コールド・リーディングは、人間心理を上手く利用している。だからこそ、それに人は動かされ、信用してしまう。

✔バーナム効果

まず、コールド・リーダーは、自分の言葉が相手をきちんと理解していると思わせるところから始める。その方法として、**バーナム効果**がある。バーナム効果とは、誰にでも当てはまるような性格の記述を、自分だけに当てはまる特別な記述だと思い込んでしまう効果を言う。実験で確認したアメリカの心理学者バートラム・フォアにちなんでフォアラー効果とも言う。

フォアは、以下のような実験を行った。学生を集めて、性格診断テストを行う。そして、学生に後日テストのレポートを渡して見てもらった。そして、その内容に関して、どのくらい当たっていると思うかと、レポートの評価を０（全く外れ）から５（非常に正確）までで求めてみた。

その内容は、以下のようなものだった。

- あなたは他人に好かれたい、褒めて欲しいと思っていますが、内心では自分を責めてしまうこともある。
- あなたは、自分の弱点を、普段なら克服できます。
- あなたには、まだ活用されていない才能が眠っています。
- あなたは、外見的には規律正しいですが、内心はくよくよしたり不安になったりします。
- あなたは、自分の判断が正しかったのかどうか、真剣に悩むことがあります。
- あなたは、新しいことを好むことが多く、制約されることを嫌います。
- あなたは、独自の考えを持っていることを誇りに思い、根拠のない他人の主張には耳を貸しません。
- あなたは、他人に自分の内面全てをさらけ出すのは危険だと思っています。
- あなたは、外交的で愛想の良い時もありますが、内向的で用心深い一面もあります。
- あなたの望みには、非現実的な面もあります。

すると、平均4.26ポイントと高い評価が得られたのだ。さらに、41％の学生は、このテスト結果は完璧に自分に合っていると、考えていた。

実は、そのレポートは、その辺で売っている占い本から適当な文章をピックアップして組み合わせただけのもので、何よりも全員同じ文章だったのだ。
　にもかかわらず、ほとんどの人が、その性格診断は当たっていると考えた。
　このような、占い本の文章のような誰にでも当てはまるような曖昧なものを、自分だけに当てはまる性格だと思い込むのがバーナム効果だ。そして、先に性格診断テストを行っていたことによって、それを強化している。
　何もなしに、突然レポートを見せられて、「あなたの性格は、○○ですね」と言われても、今ひとつ信用できない。しかし、自分が時間をかけてテストを行ったのだから、自分だけの結果が出るはずと思い込む。こうすることで、バーナム効果を強化しているのだ。
　テレビの星占いで、今日は良い出会いがあるでしょうと言われても、ふーんとしか思わない。星座が同じ人など、何億人もいるからだ。しかし、目の前の占い師が、時間をかけて自分のためだけに占ってくれたのなら、それには意味があるかもと思ってしまう。占い師が、手相を見たり、個人用のホロスコープを作ったり、タロットでカードを広げるのも、これが理由である。手相も、ホロスコープも、タロットの配列も、その客だけのものだから。
　こうして、バーナム効果を強化した上で、誰にでも当てはまるようなこと、例えば以下のようなことを言う。

- 20歳くらいの人間なら、社会に出たばかりか、出る少し前であり、社会と自分との関係に悩んでいておかしくない。
- 30歳前後の人間なら、今の仕事を続けていて良いのだろうかと考える瞬間くらいある。
- 40歳くらいの人間なら、人生の折り返し点に来て、今までの人生を振り返って見始めることもある。また、体力的に落ちてきて、若い頃のようにはいかなくなってきたことに内心ショックを受けていたりすることも多い。
- たいていの人の部屋には、整理しきれなかった思い出の品（写真かも知れないし、手紙かも、もしかしたらコンピュータ上の古いフォルダのファイルかも知れない）の１つや２つある。
- 女性なら、（今短髪なら）かつて長い髪をしていた。（今長髪なら）短かった髪を伸ばし始めたことがあるのではないか。
- 「学校に通っていた頃より、社会に出てからの方がずっと勉強していますね」というと、ほとんどの人はイエスと答えるだろう。よほどいい加減な仕事でない限り、社会に出てからの方が学ぶことは多いのだ。

・「正直なところ、今のあなたの運勢は最高とは言えませんね。思い通りにいかないことがあるでしょう。でも、運命は、改善できますよ」という。占い師に相談に来る人間は、何か悩みがあるはずなので、最高の運勢であるはずがない。その上で、改善できると希望を持たせている。

冷静に読んでみれば、多少の揺らぎこそあれ、誰にでも当てはまることばかりであることが分かるだろう。このように、誰にでも当てはまることをリーディングしたものを、**ストックスピール**という。しかし、「あなただけ」と言われた相談者は、バーナム効果によって自分の具体例に結びつけて聞いてしまう。「あなただけ」の占いが有効なのは、何時の時代であっても、人間が最も興味を持つのは自分自身だからだ。だから、あらゆる断片や曖昧な表現も自分に結びつけ、そしてそれを語ってしまうのだ。

性格以外でも、ありがちな情報はいくらでもある。そもそも、占い師に相談に来るからには、何か悩みの１つくらいあるはずだ。けれども、「あなた、悩みがありますね」と言われると、自分の心を読まれたように思い込んでしまうのだ。

ストックスピールは、ほとんどの人間に当てはまることなので、意味深に演出すると、リーディングが当たっているように見える。最初、相談者の情報がない状態では、まずストックスピールによって、軽いヒットを打って、相談者の信頼を上げつつ、その情報を得ていく。

ただし、最後までストックスピールばかりだと、飽きられるし、ネタバレもしてしまう。ストックスピールは、会話の最初に用いるのが良いだろう。

こうして、相談者はリーダーを「自分を理解してくれている相手」と思い込み始める。

✔相手を巻き込む

コールド・リーダーのことを、自分を理解してくれる相手と思い始めた人間は、リーディングに積極的に参加してしまう。すると、リーダーが曖昧な表現をしたら、それを具体化してしまう。さらには、言葉に詰まったら、それを補ってしゃべってしまうのだ。

占い師が「あなたは、海外に行くかも」と言っただけで、「あ、そういえば課長から、今度帰国する山田さんの代わりに海外支店に行かないかと言われてたんだ」と情報提供してしまう。さらには、翌日同僚に話す時には「あの占い師はすごい。僕が海外支店へ派遣されることまで当てたよ」となってしまう。

こうして、いつの間にか、リーダーのことを、「自分のことは（未来まで含めて）何でも知っているすごい人」と思い込んでしまうのだ。

✔セレクティブ・メモリ

人の記憶はいい加減で、印象に残ったことしか覚えていない。これを**セレクティブ・メモリ**という。

人は、事実を記憶しない。印象を記憶している。このために、当たったという印象を残すことで、外れたリーディングは忘れられ、当たったリーディングだけが記憶される。

占い師に会う人は、この占い師は本物であって欲しい、占いが当たって欲しいと思っている。そのため、当たっていたことを印象深く記憶し、外れたことはすぐに忘れてしまう。それこそ、80%外れていても、残り20%の当たっていることだけ記憶して、「あの占い師は、バシバシ当たる」と記憶してしまう。そのため、経験を積んだコールド・リーダーは、リーディングが外れることをほとんど恐れていない。20%の当たりを演出し、いかに記憶してもらうかに力を注ぐのだ。

逆に、外れたことで焦っておたおたすると、相談者はそのような印象的な例を記憶してしまう。リーダーは、平然とその話題をスルーしてしまえば良い。セレクティブ・メモリの機能によって、当たったリーディングで上書きされてしまうので、問題はないのだ。

ただし、この手法は、録音などを取られてしまうと上手く働かない。後で冷静になって会話を聞き直してみると、外れたリーディングが多いことに気付かれてしまうからだ。そのため、占い師は、会話を録音されるのを嫌う。電子機器を精霊が嫌うなどの説明をしているが、実際の理由は別なのだ。幸いにして、中世ファンタジー世界には、録音機器は滅多に存在しないだろうから、あまり心配する必要はない。

こうして、リーダーは、「全てを言い当てる人」になる。

✔ズームアウト／ズームイン

リーディングが当たっていれば問題ない。しかし、外れることもある。そんな時の対応が、**ズームイン**と**ズームアウト**だ。

ズームアウトとは、言葉の意味を広げて当たったことにしてしまうというものだ。例えば、以下のようにする。

「辛い別れがありませんでしたか？」

「いえ、人間関係は順調で、問題ありませんが」

「別れと言っても、人間とは限りません。精神的なもの、習慣的なもの、他に……」

「ああ、確かにタバコをきっぱり止めました」

「なるほど、結構大変だったでしょう。あなたには、それを行う強い意志があったのですね」

という風に、別れという言葉の意味を広げて、当たったことにしてしまった。その上で、相手を強い意志があると褒めることで、気分良くしている。

ズームインとは、対象を別の所に持って行って絞ることで、当たっていることにする。

「辛い別れがありませんでしたか」

「いえ、人間関係は順調で、問題ありませんが」

「現在のことではありませんよ。もっと過去、そうですね、何年前だろう……」

「確かに、昔恋人に振られた時は、すごく辛くて」

「そうですね。でも、その辛さが、あなたを優しい人間にしてくれています」

という風に、別れという言葉の時期をずらすことで、当たったことにしている、その上で、そのことで人間的に成長したのだと褒めている。

リーダーは、「外すことのない人」なのだ。

✔サトルネガティブ

まず、当たらない質問を、否定的に行うことで、いかようにも先へ進める。これを**サトルネガティブ**（微妙な否定）という。

「君は、○○社に勤めているんじゃないよねえ？」

という否定型の質問だ。この場合の答は、3つのパターンがある。

1. ○○社とは、何の関係もない。
2. ○○社ではないが、関連会社だったり、ライバル社だったり、同業だったりする。
3. ○○社に、勤めている。

1.ならば、その質問は当たっている。ただ、○○社という妙に具体的な社名を出した理由を、さりげなく追加する。「だよね。○○社の人も何人か見たことがあるんだけど、君はあそこのようなお堅い会社には合わないような気がする。もっとクリエイティブな仕事が向いているよ」といった感じだ。少なくとも、言葉は当たっているし、マイナスにはならない。

2.ならば、相談者は「○○社ではないですが、同じ業界の××社です」といったリアクションがあるはずだ。ならば「そうか、君からは、あの業界特有の波動が感じられる」といった感じで進める。「子会社の△△社です」なら、「ああ、あのグループの人からは似たオーラが出てるんだよ」と言うのも良いだろう。相談者は、完璧ではないにせよ、かなりのリーディングだと思ってくれる。

3.ならば、大当たりだ。否定的に質問したことなど、さらっと無視して、「うん、やはりそうだと思ったんだ。○○社のような大きなところでも成功できる人のオーラがあるよ」といった感じで進める。ただし、向いているとは言わない。なぜなら、辞めたいという相談かも知れないからだ。だから、そこでも成功できるが、他でも成功できると言える余地を残している。相談者は、リーダーを本物だと思い込むだろう。

✔サトルクエッション

コールド・リーダーは、質問に聞こえないような質問を行う。これを、**サトルクエッション**（微妙な質問）という。

「あなたの邪魔をする人間の姿が見えますね。イニシャルは、Mかな？」

といった感じで、苦労しつつ読み取っている風にする。すると、もしも思い当たる人がいたら、「あ、松井だな」とか反応がある。「あいつは渡部」となると、「ああ、逆から見えていたのか」とつなげる。

「あなたの記憶が少しだけ見えてきました。これは、恐怖……動物を怖がっているのかな」とするが、動物を怖がったことなど、たいていの人に一度くらいはある。

「教室で褒められているシーンが見えます」と言うと、「良く褒められたものです」というなら「そうでしょう」と受ければ良い。「褒められたことなんてないですよ」と反応があったら、「一度もありませんか？」と聞くとたいていは、一度くらいはあるはずだ。そうしたら、「そうでしょう。その貴重な機会は、あなたの心に残っているのですよ」とつなげられる。

いずれにしても、相談者の過去について、重要な情報が得られたはずだ。しばらくして、質問されたことを忘れた頃に、情報として使う。

占い師を演じるリーダーは、ホロスコープやタロットなど、何らかの曖昧性のある道具を使うことで、さらに有利な立場を得る。このような道具を**ミディアム**（媒介）という。

リーダーは、直接相談者を読み取るのではなく、このミディアムを読み取るのだが、ミディアムは残念ながら曖昧で、時には過ちを起こす。

つまり、リーダーが間違ったのではなく、ミディアムが間違った、もしくは、ミディアムの解釈が違っていたということにする。こうすることで、外れていても、リーダー自身の信憑性を損なわなくてすむ。

「火星が90度の角度ですから、争いとか内輪もめといった意味があるんですが、思い当たることはありませんか」

さらに、といった感じでミディアムの解釈について質問する。リーダーには見えてはいるものの、ミディアムが曖昧なので、その詳細を相談者に聞いているという立ち位置だ。曖昧なのは、ミディアムのせいなので、リーダーのせいではない。しかも、そうやることで相談者自身が情報を出してくれる。

もしも、相談者が何も思い付かなかったとしても、問題はない。それは、相談者が思い付けなかったのであって、リーダーのせいではないのだ。何だったら、リーダーは、それを未来の危険を知らせているという形にしても良い。
こうすることで、リーダーは「ミスをしない人」になる。

✔サトルプレディクション

絶対に当たる、もしくは絶対に外れない予言というものがある。これを**サトルプレディクション**（微妙な予言）という。

例えば「近いうちに、しばらく疎遠だった人から、何らかの接触があるでしょう。その人は、今後大事になってくると思います」という予言は、外れるだろうか。そもそも、「近いうち」と「しばらく疎遠」とはいつなのか。20年以上会っていない人なら、２年後に接触があっても近いうちだ。逆に、喧嘩して１週間会わなかった親友から明日連絡があっても、しばらく疎遠だった人だ。また、「接触」とは何か。年賀状でも、同窓会のお知らせでも、町で不意に出会ったことでも、接触だ。しかも、こんな予言を、相談者は常に意識しているわけではない。普段は忘れていて、たまたま該当するイベントがあった時に、始めて「当たっていた」と思う。つまり、この予言は、忘れられるか、さもなければ当たるか、どちらかなのだ。

「あなたを嫌っている人が、近いうちに何らかの妨害をしてくるかも知れません。危険のないように、念を送っておきますが、くれぐれも注意してください」という予言はどうだろう。何らかの困ったことが起きたら、それがそうなのだ。もし、何もなければ、それはリーダーが念を送ってくれたので守られたのだ。

こうして、リーダーの「予言は当たる」のだ。

✔アンビバレンス

アンビバレンスとは、「相反」という意味だ。

人間の性格は、必ず相反する部分がある。明るく元気な人間の心の奥に、他人のちょっとした言葉に傷つく弱さが潜んでいる。意志の強い、何でも自分で決められる人間の中に、決断した先の不安に揺らぐ心がある。

この相反する二面性を評価することが、コールド・リーディングの技術の１つとなっている。

例えば、「外交的で他人と仲良くできることが多い反面、付き合いが面倒になって引き籠もってしまいたい時もある」とか「他人には自信ありげに見せようとしていても、心の中では不安に襲われることもある」といった具合だ。

全てに外交的な人間も、全てに内向的な人間もいないので、これらは誰にでも当てはまる文章だ。例えば、「他人には自信ありげに見せようとしていても、心の中では不安に襲われることもある」という言葉を、自信ありげな外面の人は「自分の心の奥の不安をちゃんと見てくれる人」と理解する。それに対し、普段から自信なさげな人は、「自信ありげに見せたいけれど、それができない辛さを分かってくれる人」と理解するのだ。

しかし、どちらにせよ、他人に片方の面だけで知られている人間にとって、もう一方の面を見てくれる相手は、まさに自分を分かってくれる存在に見える。

人間は、表面には出さない内面を分かってくれる人を求めている。だからこそ、それを指摘してくれるリーダーには、内心を吐露し、自ら情報を与えてしまう。

付け加えれば、友人についてリーディングするのも有効だ。

多くの場合、その人物の親友は、その人と逆の性格や容姿を描写すると良い。もちろん、100%ではないが、間違った場合でも、セレクティブ・メモリの効果があるので、描写のうち幾つか当たってさえいれば、相談者を驚かせることができる。

親友だけでなく、恋人や配偶者も、同じ傾向がある。これらを使うことで、相談者にリーダーが何でもお見通しと思わせることができる。

リーダーは、「自分の心の奥底まで何でも話せる信用できる人」になったのだ。

✔本当であって欲しい

人は、なぜ騙されるか。それは、その人が愚かだからではない。騙した内容が本当であって欲しいことだから自分で自分を騙してしまうのだ。

自分の子供が死んだとする。そこに怪しげな教祖がやってきて、「この子の魂は、まだ肉体から離れてはおらん。今なら、特別な儀式をして生体エネルギーを与えれば生き返ることができる」と言われて、動揺しない親がいるだろうか。

もちろん、死んだ人間が生き返るはずがない。そんなことは、誰でも知っている。親だってもちろん嘘だと理性では分かっている。しかし、感情はその嘘が本当であって欲しいと思っている。そこに、騙される隙があるのだ。

不倫をしている女性に、不倫相手の既婚の男が「女房とはいずれ別れるから」という。そんな言葉が本当とは思えない。周囲の人間に聞いたら、99％「そんなの男の嘘に決まっている」と言うだろう。しかし、不倫中の女性だけは、信じてしまう。なぜなら、それが本当であって欲しいからだ。

つまり、リーダーは、相談者が本当であって欲しいことを言う。それが多少都合の良すぎることでも構わない。なぜなら、それが本当であって欲しい相談者は、少々の非合理性を無視して、信じようとしてくれるからだ。

これによって、リーダーは「自分の本当の希望を分かってくれる人」になる。

✔褒めていると分からないように褒める

コールド・リーディングでは、直接相手を褒めることはない。なぜなら、お世辞に聞こえるからだ。例えば、以下の２つを比較してみる。

1. あなたは愛情深い人で、人を愉しい気持ちにさせる魅力を持っている。
2. あなたは、人に対して少し心を閉ざしているところがありませんか。そのため、あなたは本当はもっと愛情深く、人を愉しい気持ちにさせる魅力を持っているはずなのに、それが出し切れていない。

1.だと、単なるお世辞に聞こえるので、騙されないぞと反発する気持ちが生まれる。特に、普段それができていない人にとっては、嫌みでしかない。

しかし、2.だと長所を活かしていないという苦言であるが、それでも本当は愛情に溢れた魅力的な人間なのだと暗に褒めている。そして、自分が魅力的であることは、本当であって欲しいことなので、信用してしまうのだ。
そして、その理由として、人に対して心を開き切れていないことが、その原因だと言われると、そうかもっと心を開かなければと思ってしまう。そして、目の前のリーダーに対して、心を開こうとしてしまうのだ。
こうして、リーダーは「心を開くべき人」となる。

✔否定できない褒め方

否定のしようのないことを褒める。これなら、お世辞を言っていることにならない。
例えば、「あなたは、普通の人よりも強い霊的な力がありますね」と言う。これを否定することは誰にもできない。
そもそも、霊的な力とは何なのか良く分からない。誰にも測定できない力なので、占い師がそう言ったら、そうですかと受け取るしかないセリフだ。しかも、それが普通の人より強いと言うのだ。普通くらいの霊的な力ってどのくらいなのかなど、誰にも分からない。つまり、占い師の言葉をそのまま聞くしかない。だが、世の中に、普通より優れていると言われて、悪い気分になる人はいない。
しかも、霊的な力があることを肯定するならば、当然リーダーが霊的な力によってリーディングすることを肯定することになる。つまり、ますます、リーダーの言葉に耳を傾けるようになるわけだ。
そして、「例えば、誰かのことを考えていたら、その人から電話があったとか、そういうことはありませんか。……なるほど。それは、あなたがその人の霊波を感じ取ったのです」といった話をする。セレクティブ・メモリによって、そういう珍しい例が特記して記憶されているので、相談者はそんな例を思い出す可能性は結構高い。もしも、思い出せないようなら、そのままスルーして、他の話題に持って行く。
ファンタジー世界には、もしかしたら精神力とか信仰力といった数値があるのかも知れないので、言い方は考えないといけない。「あなたは、普通の人よりも強い運命の力を内包しています」とか「あなたは精霊に愛されていますね」とか、少なくとも、その世界において計測できないものを評価する。
リーダーは、「ただの人には見えないものまで見える人」なのだ。

✔自発的協力

コールド・リーダーは、相談者に命令するのではなく、自発的にそうするよう心理的誘導をしかける。

例えば、以下は催眠誘導を行う時に使う言葉だが、どれが良いだろうか。

1. あなたは、催眠状態に入っていきます。
2. 守られるような、安心した、くつろいだ気分になるために、催眠状態に入りましょう。
3. 催眠状態に入ると、あなたは守られているような、安心した、くつろいだ気分になります。

1.は、昔の催眠誘導で使われていたが、どうしても命令調で、反発してしまう人もいる。

2.も、○○したければ催眠状態に入れという条件付き命令なので、反発心を生む。

3.だと、一切命令していない。催眠状態の良さについて語っているだけだ。このため、そんなに良いものなら、一度くらい経験してみるかなと思わせやすい。

今までの例でも、順序を変えると命令調になってしまう。

1. あなたは、人に対して少し心を閉ざしているところがある。愛情深く、人を愉しい気持ちにさせたければ、心を開きなさい。
2. あなたは、人に対して少し心を閉ざしているところがある。そのため、あなたは本当はもっと愛情深く、人を愉しい気持ちにさせる魅力を持っているはずなのに、それが出し切れていない。

だと、1.では、命令になってしまって、逆に心を閉ざしてしまう。ここは、2.のように、リーダー自身は、才能が使われずにもったいないという主張のみを伝える。心を開こうという考えは、相談者自身に生みださせることが重要なのだ。

✔コールド・リーディングの応用

コールド・リーディングは、別に占いにのみ使う必要はない。様々な交渉の中でも少し混ぜ込むことで、相手の気分を良くし、秘かに情報を得て、有利な立場を作ることができる。

第4節 ストーリープレゼンテーション

相手に提案を受け入れてもらうためには何をすべきか。

一般には、客観的データによって説得力を増すとか、事実を積み上げて間違いのないことを証明すると言うが、実はそれらはあまり役に立たない。正確に言うと、受け入れようと思った提案を確認するのに役に立つが、受け入れようと思わせる役には立たない。

なぜならば、人間の脳は、データではなく、ストーリーによって動かされるからだ。

プレゼンテーションとは、こちらの言いたいことを相手に受け入れてもらうため、まとめて説明することを言う。その意味では、交渉においても、プレゼンテーション段階があって、ここでこちらの主張を受け入れてくれるのか、反発されるのかによって、その後の交渉が天と地ほども違う。

そのためには、相手が受け入れやすいプレゼンテーションが必要になる。そのための方法論がストーリーだ。

ストーリーを語るには、色々な要素が必要となる。

- こちらの言いたいことを全部伝えることは不可能。そんなことをしたら、相手は面倒になって聞き流されるだけ。
- そこで、ストーリーを作り、それにしたがって説明する。ストーリーとは、論理的整合性とは異なる。聞く人間が、分かりやすい、流れが必然だと感じる順序のこと。
- ストーリーは、聞く側に伝わらなければ意味がない。そのため、分かりやすい言葉で行う必要がある。

説得力のあるストーリーを作り出すための方法論として、様々なアイデアがある。

✔マインド・セッティング

プレゼンター*[13]の精神状態が、まず重要になる。驚異的な演技力でもない限り、プレゼンテーションを行う人間の心理状態を、相手は察知してしまうからだ。プレゼンター自身の心理を、ストーリーを語るに足る状態、聞き手が聞いても良いと思わせる状態に持って行く必要がある。

- プレゼンターが、ストーリーに心躍らせていること。プレゼンターが醒めていて、相手の心を動かすのは難しい。ただし、プレゼンター自身が舞い上がって、冷静でなくなってはいけない。
- プレゼンターが、提案内容に自信を持っていること。自信のない提案には、相手は聞く耳を持たない。プレゼンテーションにNOの返事を受けたとしても、それは次のYESへのステップだと思えるくらいには、自信を持つ。
- 自分はプレゼンテーションが上手いのだと思い込む。自分のプレゼンテーションが下手くそでダメだと思っている限り、そのプレゼンテーションは自信なさげな、おどおどしたものになる。
- プレゼンターは、誠実でなければならない。ただし、自分に誠実なのではなく、相手に合わせた誠実さが必要だ。
- プレゼンターがストーリーテラー（ストーリーを語る人）になるためには、練習が必要だ。練習が自信につながる。

✔オーディエンス

プレゼンターと同時に、オーディエンス*[14]の心理状態も重要だ。オーディエンスがその気にならなければ、意味がない。

- ストーリーには驚きが必要だ。**期待違反理論**によれば、人間は相手が一定の範囲内で行動することを「期待」している。それに反する行動は「違反」なのだ。ただし、違反には反感を買う違反と、驚きをもたらす違反がある。勿論、後者を使用すべきだ。
- 聞き手を教育する場合にも、データや数字では論理的説得力はあっても、聞き手の心を納得させることはできない。話の３分の２はストーリーに費やすことで、聞き手に信頼されるようにする。信頼されれば、教育可能だからだ。

✔ストーリー構造

ストーリーを語る場合、

---

*13 プレゼンテーションを行う人間のこと。
*14 聴取者。プレゼンテーションを聞く人間。

・ストーリーは短く、分かりやすければ、より良い。60秒以内で語れるようにすべきだ。MacBook Airの「世界で最も薄いノートパソコン」とか、iPodが発売された時の「1,000曲をポケットに」などは、超絶に短く、しかも一目で分かるストーリーだ。
・ストーリーは３点ルールで作る。項目が３つ、構成が３幕。こうすることで、シンプルで分かりやすく、キーメッセージを覚えてもらいやすい。
・ストーリーの構成で最も使いやすいのは、きっかけ・転換・教訓の３部構成だ。新たな発想によって、物事が上手く行くストーリーだ。これによって、分かりやすく、しかも引きつけられるストーリーになる。
・ストーリー構成で、次に使いやすいのが、課題（もしくは問い）・努力・解決だ。努力することで、困難を解決する。これによって、プレゼンターに感情移入させる。
・ストーリーを分かりやすくするには、悪玉がいて、それを倒すヒーローとしてこちらの提案を登場させると良い。
・複雑な内容を、そのまま説明してはならない。個人的ストーリーで、もしくはアナロジー（比喩）で表現する。
・写真や絵などは、聞き手の心象を刺激し、体験を思い出させる。

✔ストーリー内容

ストーリーはどんなものでも良いわけではない。プレゼンターと無関係な例え話など、うわついて、感動を呼ばない。

・人を動かすストーリーとは、ストーリーテラー自身の物語である。ただし、その物語は、人生に目的と意義をもたらすストーリーとしてとらえ直されたものでなければならない。そうすることで、聞き手のモチベーションを高める。
・ストーリーは、個人的な体験であること。その方が、ビジョンに命を吹き込むことができるからだ。
・プレゼンターの苦闘の人生は、苦しみとして描いては、面白くない。自分を変えるチャンス、成長へのチャンスとすると、感動的なストーリーになる。
・自分の過去を受け入れて、それをストーリーとして語る。これによって、自らを強くし、教訓を得ることができる。
・バックストーリーを熱く語る。それは、プレゼンターの人生の面白いところだから。
・ストーリーは具体的でなければならない。特に、原始的感覚において具体的であることは有効だ。そうすることで、脳が実体験*15するかのように興奮する。
・ストーリーには、ユーモアが必要。自虐ギャグも、多少なら可。
・ストーリーによって、聞き手が自らをヒーローと同一視することによって、ヒーロー

＊15 脳イメージングの実験によれば、脳は読んだり聞いたりした色・味・匂いなどを脳内シミュレーションしている。このため、具体的な実例があると、脳はそれを脳内で体験することになる。だが、曖昧な説明では、シミュレーションできないので、体験したことにならない。

を助ける気になる。

✔ストーリーの役割

ストーリーは、誰かに提案を受け入れさせるだけではない。味方を作ったり、組織を活性化するなど、人に影響を与えるあらゆる面で、有効に働く。

例えば、組織を導く場合、ストーリーによって、オーディエンス（組織員）に何を伝えるのか。

- やるべきことを、ストーリーとして語る。そのストーリーは、単なる利益ではなく、高い使命が組み込まれている。これによって、参加者（国民なり従業員なり）にやる気と忠誠心を起こさせる。
- ストーリーによって、ブランドの価値を伝える。なぜなら、ブランドとは、ストーリーだからだ。ブランドを始めた人間のストーリー、ブランドを身につけた人間のストーリー、その他ブランドに関係したストーリーの集大成として、そのブランドの価値が存在する。
- 組織のミッション、目的、ビジョンなどをストーリーによって語ると、聞き手は共感し、やる気を出す。
- 組織文化は、ストーリーによって醸成する。
- 組織における苦闘や困難は、ストーリーによって克服される。それによって、組織員は、自らを組織を救うヒーローと感じることができる。
- 社会運動は、自然に始まったりしない。リーダーがストーリーを語ることによって、メンバーはそれをなぞることで、運動を受け入れる。そのためには、ストーリーは具体的で、手に取るように感じられるものである必要がある。

第5節 不正

どんな時代、どんな人々、どんな組織にも、必ず不正は存在する。

不正が発覚し、処罰されている限り、その組織は健全であると言える。いちいち、組織を非難する必要はない。どんな組織であっても不正を行う人を完全に排除することなどできないからだ。

逆に、不正が存在しない場合の方が、より深刻である。それは不正が組織ぐるみで隠蔽されているか、不正が組織内部で常識となっているかのいずれかだからだ。それは、組織そのものが腐敗しており、根本的に変革を行うか、さもなければ組織そのものを潰すしかない。

✔SMORC

人は、どのような時に不正を行うのか。

20世紀までは、それを学問的に考えた人間はいなかった。

1970年になって、合理的経済学の立場から、ノーベル賞経済学者ゲーリー・ベッカーが犯罪・家庭問題・政治・差別などの様々な問題に経済学を応用し始めた。そして、**シンプルな合理的犯罪モデル**（SMORC）が生まれた。

それは、人は自分の置かれた状況を合理的に判断し、それを元に不正を行うかどうかを決めるという明快なものだ。不正によって受けるペナルティとその発生確率を予測し、不正によって得られる利益とを比較検討して、利益の方が大きいと考えたなら、不正を行うというものだ。

そこには、善をなし不正を避けるという倫理の問題は発生しない。善悪とか倫理といった道徳の問題など、不正を行うかどうかには関係ないという、非常に近代的な概念であり、大変画期的だった。

金のない人がコンビニの前を通った場合、コンビニでバイトするかコンビニに強盗に入るかは、何で決まるのだろうか。SMORCによれば、その人が、コンビニで働く辛さとそれによって得られる金銭のバランスと、コンビニに強盗に入った時得られる金銭と捕まる確率と捕まった時の刑罰の重さ（模範囚でいたらどのくらい早く出所できるかまで）のバランスとを比較検討して、どちらが有利かを考えた結果であるというのだ。

つまり、SMORC理論を採用する場合、犯罪を減らすには、以下のいずれかを行えば良い。

・監視カメラなどの増設、警察の捜査力の強化などで、犯罪者が捕まる確率を高める。
・捕まった場合の刑罰を重くする。
・不正によって得られる利益を少なくする（例えば、支払の電子化によって、コンビニにある現金を減らすなど）。

酔っ払い運転による交通事故の刑罰を重くしようという動きは、SMORC理論に従って、合理的な人々に酒を呑むことを避けさせようとするものだ。監視カメラの増設なども、捕まる確率を高めることによって犯罪を減らそうというものだ。

しかし、SMORCは本当に正しいのだろうか。もしくは、一部は正しいとしても、他の要素もあって、全てを説明することはできないのではないだろうか。

✔誰もが行う不正

不正は、どのような人たちによって、どのくらいの頻度で発生するだろうか。

多くの人は、邪悪な犯罪者が不正を行い、大多数の正直な人たちが迷惑を被ると考えている。しかし、それは実験により否定された。

【ズルは誰でもする】

ある実験が行われた。10分で10ドル手に入るテストを行っていますという募集で、多くの人を集めた。それは、12個の数字の中から足して10になる数字（3.72と6.28など）を選ぶというもので、1問正解ごとに50セント、20問全問正解で10ドル得られる。そして、集めた人間たちを、2つのグループに分けて実験を行った。

A）解答者は、管理者の所に問題用紙を提出する。そして、管理者は解答を調べて、正答の数にしたがって報酬を渡す。
B）解答者は、自分で採点して、採点用紙をシュレッダーにかけてから、管理者に正答数を自己申告する。管理者は、申告された数にしたがって報酬を渡す。

ズルをする人がいないのならば、A)とB)の報酬にほとんど差はないはずだ。

だが、A)では、報酬は約2ドル（つまり正答数は4問）だったが、B)では約3ドル（つまり正答数は6問）だった。1人あたり平均2問の差がある。この差は、B)の人がズルをして、正答数を多めに申告したからだ。

そして、自己申告の傾向から、特別な嘘つきがたくさんの報酬を得ているのではなく、多くの人がほんの少しのズルをすることで、この差が出たことが実証されている。

これによって、以下のことが分かった。

・ズルが容易にできる環境だと、多くの人がズルをする。
・ズルをするのは、少数の邪悪な犯罪者ではなく、ごく普通の人間が行う。

【報酬の多寡でズルの数は変わるか】

その後、報酬を変えて、実験を行った。1問あたりの報酬を増やしたり、減らしたりして実験を行ったのだ。1問25セントのこともあれば、1問1ドル、2ドル、5ドルのこともあった。最高では、1問10ドルという結構高額の報酬を出した場合すらあった。

SMORC理論によれば、報酬が多ければ、人はより多くのズルをするはずである。

しかし、結論としては、報酬の多寡にはズルの率はほとんど関係しなかった。報酬がいくらであっても、B)の解答者は2問の上乗せをした。それどころか、1問10ドルの時は、ズルの数が少なめだった。

この比較実験から得られた結論は、以下のようなものだ。

・ズルをする量は、報酬の多寡にはほとんど関係しない。それどころか、報酬が多すぎるとかえって減少する。

【見つかりやすさでズルの数は変わるか】

今度は、ズルの見つかりやすさによって、ズルの数が変わるかどうかの実験を行った。

B)の自己採点グループを幾つかに分けて、報酬の取り方を変えたのだ。

B-1）解答用紙の半分をシュレッダーにかけて（つまり残り半分は提出して）自己申告する。
B-2）最初と同じく、解答用紙を全部シュレッダーにかけて自己申告する。
B-3）解答用紙を全部シュレッダーにかけてから、報酬は外にある紙幣と小銭が詰まった箱から自分でお金を持っていく。

後ろになるほど、ズルがしやすくなることが分かるだろう。

SMORC理論によれば、より後ろの人々の方が、より多くのズルをするはずだ。

だが、結論としては、これらのグループの間に、ズルの量の差はほとんどなかった。

また、別の実験を行った。

B-4）自己申告を受けた管理者は、お金の入った箱を出してきて、解答者はそこからお金を取る。
B-5）自己申告を受けた管理者は、お金の入った箱を出してきて、解答者はそこからお金を取る。ただし、管理者は明らかに目が不自由である。

明らかに後者の方が、ズルがしやすい。

しかし、この場合でも、ズルの量に差はほとんどなかった。

さらに実験を行った。解答者は、自分の成績が良すぎることで、バレるという危険を感じたのかも知れないからだ。

そこで、実験前に、各グループに以下の情報を与えた。

B-6）解答者の平均正答数は４問であるという、正しい情報を与えた。
B-7）解答者の平均正答数は８問であるという、嘘の情報を与えた。

解答者の成績が良すぎて目立つことからバレることを危惧しているのなら、後者の方がよりズルが多くなるはずである。

しかし、この実験でも、ズルの量に差はなかった。

ここまで来ると、以下の結論を出すしかないだろう。

・人がズルをする量は、見つかりやすさにはほとんど関係しない。

【現金じゃないとズルをしやすい】

今度は別の実験をしてみた。

B-8）正答数を自己申告して、現金をもらう。B）と同じ。
B-9）正答数を自己申告すると、正答数と同じ玩具のチップをもらう。その後、チップを持って数m離れた引換所に行くと、現金に交換してもらえる。

要するに、ズルをした時に手に入るのが、現金かそれともトークンかの違いにすぎない。しかも、トークンを持って引換所へ移動する距離はわずか数mでしかない。さらに、最終的に解答者が手に入れる現金の額は同じだ。

にもかかわらず、なんとB-9)の解答者は、今までのB)シリーズの解答者に比べて、2倍ものズル（1人あたり4問多く申告した）を行った。

これから、言えることは、以下の結論だ。

・現金をごまかすよりも、物をごまかす方が、心理的負担が軽い。

【倫理を思い出すとズルをしにくい】

さらなる実験を行った。

B-10）十戒を思い出す限り書かせてから、自己申告をさせる。
B-11）最近読んだ本10冊を書かせてから、自己申告をさせる。

すると、B-10)の解答者は、ほとんどズルをしなかった。だが、B-11)の解答者は今までと差がなかった。だが、これは信仰の力なのだろうか。

B-12）MIT／イエール大学の学生相手に、この実験はMIT／イエール大学倫理規定に則って行われると宣言した上で、自己申告をさせた。
B-13）MIT／イエール大学の学生相手に、何も宣言せずに自己申告させた。

B-14）プリンストン大学の学生相手に、この実験はプリンストン大学倫理規定に則って行われると宣言した上で、自己申告をさせた。
B-15）プリンストン大学の学生相手に、何も宣言せずに自己申告させた。

実は、MIT／イェール大学には学生倫理規定など存在しない。にもかかわらず、B-12)の解答者はほとんどズルをしなかった。B-13)の解答者は、他と同じくズルをした。

これが倫理規定の力なのかを確認するために、プリンストン大学でも同じことを行った。ただし、プリンストン大学には学生倫理規定が存在する。結果は、全く同じで、B-14)のように宣言をした場合、ズルはほとんど起こらない。B-15)のように宣言しなかったら、他と同じくズルをした。

これらの結果から予測されることは、以下の通りだ。

・直前に倫理について思い出させられると、人はズルをほとんどしなくなる。しかし、倫理規定を決めておくだけでは、何の役にも立たない。

【署名による影響】

人は倫理観を刺激されると、その直後は正直になりがちだという結果を得た。そこで、以下のような実験を行った。

B-16）自己申告の時に、確定申告に似た公文書風の用紙に正答数を記入させた。ただし、署名の位置は、通常の公文書と同じく紙の一番下に、「以上の内容に間違いありません」として署名を行う。
B-17）記入させるのは同じだが、署名の位置は紙の冒頭にあり、「以下の内容に正しい値を記入します」として署名させた後で、正答数などを記入するようになっている。

なんと、B-16)の解答者は、平均４問のズルを行った。通常よりも２倍のズルを行ったのだ。だが、B-17)の解答者は、平均１問のズルしか行わなかった。ズルを全くしなかったわけではないが、それでも通常の半分になったのだ。

実は、この実験では、交通費の請求も行えるようにしていた。交通費の請求書も、署名の位置は通常通りに後ろのものと、前に置いたものの２種類あった。

実際の解答者の交通費がいくらなのかは分からないが、署名を後ろに書いた人たちの交通費請求額の平均は９ドル62セント、署名してから交通費を記入した人たちの交通費請求額の平均は５ドル27セントだった。

これは、後にある自動車保険会社において、年平均走行距離の申告用紙で実験が行われた。平均走行距離が短ければ、保険料も安くなるのだ。この実験では、２万枚の用紙を２つに分けて１万人ずつに記入してもらった。

この時、署名してから走行距離を記入した人々の走行距離の平均は26,100マイル、走行距離を記入してから署名した人々の走行距離の平均は23,700マイルだった。明らかに、走行距離を記入してから署名した人の方が、走行距離を短く書いている。ランダムに選んだ人々の平均走行距離にこれほど差が出ることは、まずあり得ない。つまり、どちらかがごまかしをしているのは明白だ。そして、わざわざ自分の損になるごまかしをする人間がたくさんいるとは考えられない。

これから、以下のことが分かる。

・人は、正しいことをすると宣言して自分の名前をサインすると、その直後は倫理観が刺激されて、ズルをしにくくなる。しかし、遡って自分のズルを訂正させるほどの力はない。

だが、残念なことに、この変更は保険会社の気に入らなかったのか、１社もこの変更について問い合わせを行わなかった。企業も、意外と合理性よりも古くからの習慣を重視するということかも知れない。

【疲労による影響】

人間は疲れていると、ミスをしがちになる。では、倫理的にはどうだろうか。本来なら、狡い行動はバレるとペナルティを受けることになるので、バレにくいようにするために、ミスしやすい状況では行わない方が良いはずである。

B-18）頭脳が疲労する作業を行わせてから、実験を行い、自己申告を行わせる。
B-19）時間的には上と同等だが、それほど疲れない作業を行わせてから、実験を行い、自己申告を行わせる。

B-18)の解答者は、平均３問のズルを行った。つまり、通常より１問分だけ多くズルをした。
B-19)の解答者は、いつも通りに、平均２問のズルを行った。
つまり、こういうことだ。

・頭脳が疲労していると、知的能力だけでなく、倫理観も下がる。

【身なりとズル】
対外シグナリングという言葉がある。これは、人が身なりなどによって、自分がどんな人間なのかを周囲に知らせる方法のことを言う。
過去においては、これは法律に定められるほど重要なことだった。
例えば、ルネサンス期のイギリスでは、身分や階級によって着て良い繊維・服の形・色・模様などが決められており、違反すると罰金などの処罰を受けた。それこそ、布地の広さ単位で使って良いビーズの数まで決められていた。
江戸時代までの日本でも、髪型や化粧、服装などで、身分や結婚しているか否かなどが一目で分かった。
そして、人は、その定められた身なりにふさわしい行動をすることが求められていた。
これは、別の言い方をすると、外見を見れば、その人の言動も予測できるということだ。
そして、その人が行うズルも、身なりによって異なってしまうのではないかと考えられる。
そこで以下のような実験を行った。
サングラスをかけて、そのつけ心地をアンケートするという名目で人を集める。ただし、報酬に関しては、今までと同じように、自己申告させた正答数で決める。解答者は、以下の３グループに分けて調査する。

A）サングラスは、ブランドものの本物だと教える。
B）サングラスは、ブランドもののコピー商品だと教える。
C）サングラスの真贋については、何も話さない。

実は、サングラスは、全て本物であって、コピー商品など1つもなかった。

さて、この条件で、どのくらいの人間が、ズルをしただろうか。

A）30%
B）71%
C）42%

このように、偽物を身につけた人間は、明らかにズルをより多く行う。逆に、本物を身につけた人間は、多少なりともズルを行いにくい。

つまり、以下のような結論が得られる。

・人は、身なりによって、ズルをするかどうか影響される。偽物（存在自体がズルの品物だ）を身につけていると、明白にズルをしやすくなる。

ちなみに、本物のサングラスと偽物（と聞かされている）サングラスをつけた人に、他人をどう思うかを調査する実験も行ってみた。その結果、偽物サングラスをつけた人間は、他人はズルをすると思いがちになるし、他人の言葉は嘘だと思いがちになる。

つまり、以下のような結論も得られた。

・人は、身なりによって、他人を信用するかどうかが変化する。偽物を身につけていると、他人はズルをすると思い、他人の言葉が信用できなくなる。

これは、自分がズルをする人間であると思うことから派生したことだと考えられている。つまり、ズルをする人間は、他人を信用できない。

○つじつま合わせ仮説

上のような多くの人が行う非合理的なズルは、いったいどのような理由で発生するのだろうか。これを説明するのが、**つじつま合わせ仮説**だ。

ほとんどの人は、自分が悪人であるとは思いたくないのだ。しかし、ズルして得したいという気持ちもある。この２つの矛盾する欲求を満たすため、自分が狡い人間であると思わないですむ範囲内でズルをする。

この仮説に則れば、多くの人間の平均的感覚では、本来の成績より正答数を２問増やす程度ならば、自分が狡い人間であると思わないですむのだ。だから、SMORCとは異なり、見つかりやすさや収益に影響されない。逆に、正答１問で10ドルも稼げる場合、嘘をついて20ドルもの金を得ることが、自分が倫理的であるという基準から外れてしまう人が多いため、かえってズルをする人が減ったと考えられる。

また、倫理について考えさせられたり、正しい値を書くという署名をさせられた後では、ズルをすると自分の倫理観から外れると思う人が多くなるために、不正が減少する。

逆に、ズルをし終わった（正答数より２問多く書いた）後で倫理観を刺激されても、わざわざ嘘を訂正しに戻るほど強く、倫理観が刺激されるわけではない。だから、不正は減少しないということだ。

また、公文書風の用紙に書き込むとズルの数が増えるのは、政府相手ならズルをしても悪くないと、多くの人が思っていることを反映しているのだと考えられる。

✔ズルとSMORC

つじつま合わせ仮説とSMORCは、全く相反するように見える。ではどちらかは間違いで、どちらかだけが正しいのだろうか。

そうではない。つじつま合わせ仮説は大多数の自称良い人たち（実際には、悪しき誘惑に揺り動かされるありふれた人たち＝私たち）を対象にした仮説であり、SMORCは常習犯罪者のようなそもそも倫理観など持たない合理的な人間（ただし、合理的に行動するつもりでも、限定合理性*[16]のために誤った判断を下す可能性は十分にある）を対象にした仮説である。そう考えると、良いだろう。

*16 当人は合理的に行動しようと考えているが、情報や判断力の不足のために、実際には合理的に行動できないこと。例えば、犯罪者は、自分が逮捕される可能性を低く見ていることが多い。このため、大した儲けにならない犯罪で逮捕される犯罪者がたくさんいる。

つまり、両方とも真実なのだ。

ただ、人数で考えると、つじつま合わせ仮説の対象となる普通の人々がほとんどで、倫理観を持たない職業犯罪者的な人間は少数であると考えられる。

どんな組織にも後者の1人や2人は潜んでいるものと考えるべきである。だが、組織を構成する人員のほとんどは、前者のちょっとズルをする人間たちだ。

✔利益相反

人は、どんなに正しい行動をしようとも、現実の自分の利益に影響されがちだ。人間の心は、その点で弱いものなのだ。これを表すのが、**利益相反**だ。

ある実験を行った。人々に日当を支払って、画廊Aと画廊Bの絵画にそれぞれ好きか嫌いかを答えるアンケートを取る。ただし、グループを2つに分けて、前者のグループには、日当は画廊Aが支払っていると教え、後者には画廊Bが支払っていると教える。ただし、絵画を表示した時、その隅っこには、所有者を表すために、画廊Aもしくは画廊Bのマークが表示されている。

すると、画廊Aが日当を払ってくれると聞かされたグループは、画廊A所有の絵画をより好きだと評価するのだ。

ただし、これだけなら、日当をもらった人間が、金を出した人間におもねっているのかも知れない。

だが、MRI（核磁気共鳴画像）による検査を同時に行った結果、脳の喜びを司る部位が活性化していることが確認された。つまり、本当に喜んでいる可能性が高いのだ。

つまり、彼らはお世辞を言っているわけではなく、自分に利益を与えてくれる相手に対して、誤った判断を下しているのだ。それも、心から。

利益相反によって、何らかの問題に関して、専門家から情報を得ようとするのが困難になる。というのも、その専門家は、正しい情報を与えることが本人の利益相反になるかも知れないからだ。

利益相反と思われる例を、幾つか考えてみよう。

- 患者は、医者に対して、彼らは不要な治療や投薬を行っているのではないかと疑う。これは、医者は治療や投薬を行えば行うほど利益が上がるからだ。
- 高度な医療検査システムを導入した医療機関は、そのシステム導入が有効であったことを示したいはずだ。そのため、本来検査が不必要な疾病でも、システムを使って検査をしたがるのではないか。
- 政府の御用学者は、政府の主張に合わせた見解を述べた方が、当人の利益になる。そのため、真実よりも政府見解に添った答弁を行うかも知れない。ただし、御用学者は、必ずしも政府の御用とは限らない。反政府系団体の御用学者というのもいて、当然のことながら彼らは、真実よりも反政府団体の主張に合わせた見解を述べるかも知れない。

【開示主義】

上のような利益相反に対して、情報公開という対処法がある。広く情報を開示すれば、それによってごまかしが減る、もしくは、ごまかしがあるかもと情報を受ける側が対応する。

そこで、以下のような実験を行ってみた。

瓶の中に入っているコインの合計金額を当てるというゲームだ。ただし、このゲームには、2種類のプレイヤーがいる。

- 推測者：瓶をちらりと見て、その金額を当てる人。専門家の助言を得て実際の意志決定を行う一般人の役割。
- 助言者：瓶を詳しく調べて（つまり、推測者よりも瓶について詳しい）、推測者が金額を当てる際に助言を行う人。一般人に助言する専門家の役割。

ただし、このゲームは3つのグループに分けて行われる。

A）利益合致

推測者も助言者も、推測者の予測金額が瓶の中身に近ければ近いほど、より多くの報酬を得る。

B）利益相反

推測者は、予測金額が瓶の中身に近ければ近いほど、より多くの報酬を得る。しかし、助言者は推測者の予測金額が瓶の中身よりも高額であればあるほど、より多くの報酬を得る。

C）利益相反・情報公開

推測者は、予測金額が瓶の中身に近ければ近いほど、より多くの報酬を得る。しかし、助言者は推測者の予測金額が瓶の中身よりも高額であればあるほど、より多くの報酬を得る。推測者は、助言者の報酬の計算方法を教えられているため、助言者が多めの金額を助言する可能性があることを知っている。

この場合、どうなっただろうか。

A)の助言者の助言した平均金額は、約16.5ドル。だが、B)の助言者の助言した平均金額は約20ドルだった。つまり、4ドルほど多めに助言した。これが利益相反の効果だ。

では、C)の助言者はどうしただろうか。推測者に疑われているので、正直に助言しただろうか。実は、平均すると約24ドルと、さらに上の金額を助言したのだ。推測者が自分の助言より少なく答えるだろうと予測して、さらに上の金額を助言した。そして、C)の推測者は、確かに助言者の助言が多めの金額だろうと予測し、助言者の助言より2ドル少なく、平均して約22ドルと答えた。

つまり情報公開した結果、専門家の情報はより大きく偏り、それによって一般人はさらに誤った推測を行ってしまった。

- 情報開示によって、利益相反が明らかになると、人はそれによって割り引いて考えられる以上に、情報を偏らせようとする。

単純に、何でも情報公開すれば良いというものではない。

✔自己欺瞞の強さ

人は、容易く自分自身を騙してしまう。嘘をついていたはずなのに、そして自分が嘘をついていたことを知っているのに、自分自身の嘘を自分が信じ込んでしまうのだ。これが、自己欺瞞の恐ろしいところだ。

以下のような実験を行った。10問の計算テストを行い、その結果を見る。

A）普通に問題を解いて、その答を採点する。
B）問題用紙の下に、解答が書いてあって、それを自己採点する。

すると、明らかにB)の方が得点が高い。もちろん、B)の人たちは、自分がズルをして回答を水増ししたことを意識しているはずだ。そこで、両者に、次に同レベルの問題100問を解いてもらうとして、得点はどのくらいになるかを答えてもらった。

すると、A)もB)も、自分が取った得点から類推できる答え（つまり10問中５問正解なら、100問中50問正解）を返した。B)は、明らかにズルをして、得点を水増ししているはずなのにだ。

そこで、B)の人たちを２つに分けて、片方に正しい答えを出すためのインセンティブを与えることにした。

B-1）100問のテストを受けた時に、自分が取る得点を予測させて、そのままテストを行った。
B-2）100問のテストを受けた時に、自分が取る得点を予測させた。ただし、その予測が正しければ報酬が得られることを通知した上で、予測させた。そして、テストを行った。

驚くべきことに、B-1)はもちろん、B-2)ですら、10問のテストでズルによって水増しされた得点から類推できる得点を、100問のテストの予測で答えたのだ。

- 自己欺瞞は、報酬よりも強い力を持つ。

もちろん、報酬がすごく大きければ、自己欺瞞に勝つこともあるだろう。しかし、少なくとも自己欺瞞が合理性を上回る力があることは、実証された。

自己欺瞞は有効な時もある。自分が優勝する実力があると思い込むことは、試合において実力を最大限に発揮させることに役立つだろう。その意味では、上手く自己欺瞞を使うことは必要なことだが、損をしてまで自己欺瞞を優先することがあるのは、人間の非合理性の表れだろうか。

✔ズルは感染する

他人がズルをしているのを見ると、人は倫理観が下がり、ズルをしやすくなる。

例によって、計算問題を行わせる。だが、色々と条件を変えてみる。

A）解答を回収して、こちらで採点するので、ズルをするのは困難。
B）解答を自己採点して、解答用紙を破棄した上で自己申告するので、ズルをするのは簡単。
C）方法はB）と同じ。ただ、ほとんど解答に時間をかけていないのに、満点だと主張するズルい人間が、報酬を満額得て去って行くのを見る。
D）方法はB）と同じ。ただ、ズルができるのではないかと質問する人間がいる。そして、実験を行う人間は、その通りズルは簡単にできると答える。
E）方法はB）と同じ。ただ、ほとんど解答に時間をかけていないのに、満点だと主張するズルい人間が、報酬を満額得て去って行くのを見る。ただし、そのズルい人間は、余所者である。

この実験を行ったのは、2つの有名大学がある地域で、C）ではズルをした人間は普通の服装だった。だが、E）では、ズルをした人間は、実験を行った大学とライバル関係にある大学のトレーナーを着ていた。このため、解答者たち（実験を行った大学の学生たち）は、ズルをしたのはライバル大学の学生だと思い込んだ。

さて、このような条件で、正答した数はどうなっただろうか。

A）7問
B）12問（つまり、Aより＋5問）
C）15問（つまり、Aより＋8問）
D）10問（つまり、Aより＋3問）
E）9問（つまり、Aより＋2問）

つまり、B)のように普通にごまかしができる状態では、人は5問分のズルを行った。

しかし、C)のようにズルをする人間を目の当たりにすると、8問分のズルを行った。つまり、通常のズルよりも、さらにもう3問分ズルが増えたのだ。これが、ズルは感染するということだ。

D)のように質問した場合に、かえってズルが減るのはなぜだろうか。もしかすると、ズルができると聞くことで、帰って倫理観が刺激されたのかも知れない。

E)では、確かにズルをする人間を見た。しかし、そのズルをした人間は、余所者である。このため、ズルをするのは我々ではないという意識が先に立って、かえってズルが減少するのかも知れない。

つまり、以下のようなことが言える。

- 人は、他人がズルをしていると、それに影響されて、ズルをするようになる。
- 人は、自分と異なるコミュニティの人間がズルをしていると、かえって自分たちは違うと言いたいために、あまりズルをしなくなる。

✔他人のためなら

いつもの、計算問題を解いてもらうことにしよう。

ただし、今回は、報酬の計算方法が異なる。その場でランダムにペアを作り、自分とパートナーとの合計正答数が報酬になるのだ。

例によって、

A）解答用紙を回収して、正答数を計算する。
B）解答用紙を破棄して、正答数は自己申告する。

という2つのグループがある。計算問題の難易度は、上と同じだ。

A）7問
B）15問

通常のズルは、上の項目のように、平均すると12問の正答数だった。しかし、ズルが他人のためになると分かった時、人は通常よりもさらにもう3問分多くズルをするようになったのだ。それも、今日その場で出会ったばかりで、ほとんど知らないパートナーのためにだ。

- 人は、他人のためという大義名分があれば、よりズルをしやすくなる。

✔長年経過するとズルはしやすくなる

長年通い慣れた医者を、人は信用する。そして、患者の方も、長年付き合った医者なら、自分に親身になってくれるに違いないと考える。

だが、それは本当だろうか。

アメリカの統計データで、歯医者は歯の詰め物として、2種類の材料を使う。

A）銀アマルガム：丈夫で安いが、見栄えは少々劣る。このため、前歯にはあまり使わず、奥歯に使う。歯医者の収入も少ない。
B）白い複合材料：アマルガムより傷みやすく高価だが、見栄えは良い。このため、前歯に使うことが多く、もったいないので奥歯にはあまり使わない。歯医者の収入は、その分だけ多い。

だが、患者の25%ほどは、奥歯にも白い複合材料を使われていた。つまり、25%の歯医者は、より高額の治療を選んだのだ。

さらに悲しいことに、この%は、患者が長年通い慣れた歯医者にかかっていた場合には、より高くなっていた。つまり、歯医者は、長年通ってくれた患者から、より多くの金を取っていたことになる。

・人は、慣れてしまうと、ズルをしやすくなる。

✔社会における損失

SMORCの対象となるような倫理のない犯罪者と、つじつま合わせ仮説の対象となるようなちょっとズルをする普通の人と、社会における損失はどうなのだろうか。

SMORCの対象となる人間は、犯罪によってより多額の社会的損失を与える。しかし、そのような人間の数は少ない。このため、トータルで見ると、それほど多くの社会的損失は与えない。

つじつま合わせ仮説の対象となる人間は、わずかなズルによってわずかな社会的損失しか与えない。しかし、数が多いので、トータルで見ると、社会的損失は大きい。

実際、SMORCの対象となる人間は、警察もしくは同等の組織によって逮捕されるのが正しい対処であって、それ以上の方法はない。

しかし、つじつま合わせ仮説の対象となる人々は、まさに組織に存在するほとんど全ての人々なので、彼らに「つい」不正を行わせることのないようにすることが、組織管理に必要であることが分かる。

・仕事をさせる時には、きちんとした身なりをさせる。制服を着せて、きちんとさせるのも、有効だ。

- 頭をすっきりさせるために、必要な休息を取らせる。仕事の始めに、軽い運動などをさせるのも、寝ぼけた頭を目覚めさせる役に立つ。
- 仕事を始める時に、倫理観を刺激する。朝礼などで、スローガンを唱えるなども有効だ。
- 仲間には、不正をするものが居ないのだと信じさせる。優良な組織員を表彰するなどして、組織員は高いモラルを持つものだというイメージを組織内で醸し出す。
- 組織員は、一定部署にあまりに長く留まるのではなく、適宜異なる部署を回って、色々な経験をさせる。これによって、慣れと惰性による不正を減らす。
- 単なる一時雇いを使うのを避けて、正規の組織員にする。正社員化が、社内のモラルを高めるのは事実だ。ただし、これは、組織内で組織員は高いモラルを持つというイメージが存在している時のみ、役に立つ。

こうしてみると、高度成長期の日本企業のあり方は、つじつま合わせ仮説における不正減少に役立っていたことが分かる。当時の日本企業の社員の熱心さは、この仮説によってある程度説明ができるだろう。

第6節 工学史とその応用

工学とは、科学を応用して何かを作り出すための学問だ。もちろん、科学が発達していない古代から、経験則などを元に工業生産は行われてきた。しかし、科学の裏付けがあれば、より効率的に無駄なく、また害毒の流出も少なく生産を行うことができる。

しかし、残念ながら、工学は突然に生まれない。

ある工学が生まれるためには別の工学の存在が必須であり、その別の工学が生まれるためにはさらに別の工学が必要となる。つまり、何の蓄積もないところに、突然発達した工学が発生することは、本来はあり得ないことだ。

つまり、現代知識によるチートで突然工学を発展させるということは、実はかなり困難な問題だ。

ただし、例外はある。それは概念の更新だ。新たな定理や公式によって、今までと同じ材料、同じ工作技術を使っていても、大きな成果を出すことができる。例えば、ニュートンの運動方程式を知っていれば、投石機などで物体を投射する時に、その飛距離を計算し、命中率を上げることができる。これがない時代には、投石機の飛距離は長年の勘などで求めるしかなかった。

では、それらの基本的な原理は、何処で何時頃、誰によって発見されたのか。それによって、ある技術がチートとして働くのか、それとも既知の技術でしかないのかが分かる。

つまり、何処の何時の時代に行くのかによって、チート技術は異なるのだ。そして、これは異世界であっても、類推が利く。つまり、ヨーロッパ中世風世界なら、ヨーロッパ中世でチートとなる技術がそのままチート技術になる可能性が高い。

しかし、何よりも工業に関する思想こそが、最も重要なチートの源泉である。工業生産を行うために、人類は幾つもの発明を行ってきたが、その発明だけでは人類社会を変えることはできなかった。その発明を工業に変えるための仕組み、その仕組みを働かせるための思想が、工業を発展させてきたのだ。

✔トータルシステムとしての技術

「ギリシアの火」とは、中世東ローマ帝国が作り上げた、敵船を燃やしてしまうための巨大な火炎噴射機だ。その製法の秘密は、東ローマの滅亡と前後して失われ、現在でも謎のまま残っている。

もちろん、推測はされている。条件は、以下の通りだ。

- 当時は、まだ火薬が発明されていなかった（正確には中国では既に発明されていたが、ヨーロッパには伝わっていなかった）。
- 水上に落ちても燃え続ける。
- 水をかけても消えない。

これらの条件から、燃料は、粗製ガソリン（ナフサとも言い、沸点が30～180℃くらいのもの）を主体として、生石灰などを混ぜたものと推測されている。

しかし、そのくらいなら、ギリシアの敵方だってギリシアの火を製造可能に思える。確かに、ナフサや生石灰なら、他の国でも製造可能だ。だが、敵国でギリシアの火が作られることはなかった。後に中国で似たようなものは作られたが、これは恐らく硝石含有量の少ない火薬を利用することでより簡単に安定利用できるようにしたもので、ギリシアの火そのものではなかったと考えられている。これは、なぜなのだろうか。

- ギリシアの火は、可燃性の燃料を船内で高温にして保管しておき、それにポンプで圧力をかけて漏れないように船上に導き、敵船に向けて噴射するという高度な機械システムだ。それを１品ものとしてではなく、何隻もの船に搭載できるように量産しなければならない。このためには、均質な機械システムを量産できる工場が必要となる。
- 高温高圧の燃料は大変危険だ。温度管理や圧力管理も大変で、温度が高すぎたら自船内で燃えてしまうし、低すぎたら敵船で燃えてくれない。圧力が高すぎたら漏れ出してしまうし、低すぎたら敵船に届かない。まともな温度計や圧力計のない時代に、これを適切に管理しなければならないとすると、ベテラン技術者の経験と勘が必要となるだろう。もしかしたら、技術者の能力を補うために、専用の温度計や圧力計の設計なども含めた、ギリシアの火システムが存在したのかも知れない。
- 燃料の成分も、均一である必要がある。成分があまりに違うと、より低い温度で燃え始めてしまったり、逆に敵船で燃えなかったりする。つまり、燃料の成分もある程度安定していなければならない。このため、燃料製造においても、均質な製造が行える工場が必要となる。
- さらに、このような高度なシステムを量産しメンテナンスし続けるためには、技術者もかなりの人数が必要だ。つまり、技術者の育成システムが整っていなければならない。

このような生産・維持管理・修繕・技術者育成などを含んだトータルシステムとしてのギリシアの火を維持するのは大変困難であり、見ただけで真似しようとした他国は、おそらく実験段階で大惨事を引き起こしたに違いない。

実際に使われる技術とは、画期的な発明だけで成り立つものではない。工業技術者以外はあまり理解していないことだが、一品ものの発明品と、量産されて一般に利用される製品とでは、作り方が全く異なるのだ。

技術とは、発明したものを大量生産可能な製品とするために、製品向けに設計をやり直し、製造可能な工場を建て、必要量の原料を用意し、均一な製品を製造し、そしてできあがった製品を維持管理する人員を育てるところまでを含めたトータルシステムのことだ。とうてい、1人の天才的頭脳やチート知識だけで完成することはない。そして、トータルシステムを作るためには、かなりの期間が必要となる。

もちろん、創作作品においては、この辺りはさらっと流されてしまい、詳しく書かれることはないだろう。しかし、天才の作品を、汎用の製品にするには、このような背景が必要であることは忘れてはならない。さもなければ、天才の発明品が、翌月には軍に大量配備されるなどという、さすがに無理がありすぎるプロットを作ってしまって、読者を白けさせることになる。詳細を書く必要はないにせよ、発明品が量産されるまでのリードタイムを考えて、ある程度の期間を空けた方が良いだろう。

もちろん、天才が勇者のために、たった1つだけ作り上げた品なら、そんなことを考える必要はない。それは、製品ではなく、作品だからだ。

✔量産までの段階

新たな発明が、実際に量産されるまで、どのような段階を経ているのだろうか。

一品ものの発明品なら、天才発明家によって作り出されて、即座に使用することも可能だ（ただし、天才発明家自身のメンテナンスが必要だろうが）。低性能製品の中で１機だけ高性能という状況を作ることができる。『マジンガーZ』など、古典的ロボットアニメの主人公メカは、この発明品であることが多い。

そこまで極端でなくても、軍の試作機なども、高性能の場合が多い。『機動戦士ガンダム』のガンダムなどは、試作兵器という名の高性能兵器として登場させている。

この辺りは、性能と登場数のバランスを考えて、作品に利用すると良い。以下のように、色んな状態のものがある。ただ、単に開発といっても、冷蔵庫の開発から戦闘機の開発まで、開発現場は全く異なるので、現場によっては存在しない段階もある。

品物	数量	解説
発明品	１機	発明家が１機だけ作成した発明品。 多くの場合、新たな原理や法則などが使われているので、発明家自身でないとメンテナンスすらできない。
実験機	１～数機	何らかの技術開発をするための実験用に、実際の品を作ってみたもの。例えば飛行機開発なら、新型エンジンの開発実験とか、新しい翼形状の実験などのように、実際の飛行機を作ってみて、技術を発展させていく。その技術が上手く働けば高性能になるが、開発に失敗している、もしくは既存技術とのかみ合わせが悪いなどで、かえって性能が低下してしまう可能性もある。 実験部分以外は、安定した既存技術を使うことが多いので、新技術部分以外なら一般のメンテナンス要員でも整備できる。実験結果を収集するために、大量のセンサーが取り付けられていることが多い。
技術実証機	１～数機	ある技術が実際に役に立つことを確認するために、実際の機体を作ってみたもの。技術そのものの開発は成功しているので、実験機よりは高性能になる可能性が高い。 新技術以外は、安定した既存技術を使うことが多いので、新技術部分以外なら一般のメンテナンス要員でも整備できる。

品物	数量	解説
試作機	1～数機	企業や組織が、1～数機だけ作成した試作品。個別の技術ではなく、完成品としての技術向上を目指して作成する。設計に失敗していない限り、今までの製品に比べて、明らかな進歩がある。たまに、大変な凡作になっていることもある。 組織でメンテナンスしないといけないため、高い技量があり、マニュアル（まだ仮マニュアルだろうが）が存在すれば、メンテナンスできる。
量産試作機	数機以上	企業や組織が、量産品を作るために、ある程度の量を製作して、安定した性能やメンテナンス性があるかどうか、量産可能かどうかなどを確認するために製作するもの。プロトタイプともいう。時には、外部に出して、実際に使ってもらってテストすることもある。 マニュアルなどもそろそろできているので、標準以上の技量があればメンテナンスできる。
先行量産機	本来の需要に比べて少量	初期量産品。基本的には、今までの製品よりは高性能。良い点としては、一般に良質の部品が使われていることが多い。悪い点としては、初期不良や潰しきれなかった欠陥が残っている可能性がある。 この時期になると、マニュアルなども完備されているはず（実際には、遅れていることも多い）。
量産機	大量	量産している製品。部品も一般品を使用しているが、ほとんどの不良点は潰されているので、安定した動作が見込める。 マニュアルがあって、普通のメンテナンス要員で問題なく整備できる。
ジェネリック	もっと大量	量産品をサードパーティ（本来の生産者以外の生産者）が製作した製品。製品には、ライセンス取得製品（本来の製作者から製造ライセンスを得て製作しているもの）、ライセンス切れ製品（特許などが切れたため、他の生産者でも製作できるようになったもの）、コピー商品（違法に真似製品を作ったもの）などがある。一般に、本来の製品より安くなければ売れないので、部品なども安物を使っていることが多い。

ただし、これらの厳密な区別は難しい。試作品がそのまま量産試作品として使われることもあるし、量産試作までこぎ着けたものの結局量産機には採用されず、量産されなかったということもありうる。

試作機や量産試作機のようなプロトタイプは、一般に仕様変更が行いやすいように設計製作される。なぜなら、不具合などが発生する可能性が高く、しばしば仕様変更が行われるからだ。これに対し量産機は、仕様変更のしやすさよりも、量産性やメンテナンス性の高さを重視して設計製作される。このため、その後の新たな技術開発の時などにも、量産機の改造よりも、試作機などを改造する方がやりやすい。その意味では、主人公を試作機に乗せておけば、新たな新技術の導入実験とかに付き合わせるのも簡単だ。そして、その技術がたまたま有効だったなら、主人公の機体が強い説明を付けやすいだろう。

✔標準化

工業における標準化とは、製品を作る時に、何らかの規格を制定し、その規格に則ってものを作るという生産を管理する思想だ。

標準化には、2つの面がある。

○属人性の排除

過去の工業生産においては、規格は属人性が高かった。つまり、生産者一人一人が、自分だけの基準を持っていて、それに則って生産していた。それどころか、1人の生産者ですら、時期によって基準が異なり、似て非なるものを生産していた。これでは、生産者によって、それどころか同じ生産者の作る製品ですら時期によって、性能や仕様が異なってしまう。

これは、良い面と悪い面がある。

良い面としては、生産者の技量が上昇することによって、後になればなるほど良い製品が作られるという点だ。

悪い面は、製品が変わってしまうので、メンテナンスが困難になるという点だ。特に、多くの部品からなる製品の場合、その一部だけが故障した場合、故障箇所のみを交換修理するということを行いたい。だが、個々の製品の仕様が異なっている場合、故障箇所の部品の仕様も異なっているだろうから、部品を取りそろえておいて、必要な箇所だけを交換するということができない。できなくはないだろうが、部品の種類が多くなりすぎて、とても取りそろえておくことができないのだ。

つまり、部品の数が少ない製品なら、属人性のある製品でもある程度可能になる。例えば、兵士の使う槍程度なら、穂先と柄があれば良いし、穂先の形状が製作者によって多少変わっても、影響はない。穂先が割れたら別の穂先を付ければ良いし、柄が折れたら別の柄を付ければ良い。穂先と柄のつなぎ方だけ決めておけば、後は多少の誤差は吸収できてしまう。

だが、部品点数が増えると、属人性を排除して標準化を進めなければ、製品を安定してメンテナンスすることができない。

○メンテナンス性の確保

標準化は、量産のためにある。つまり、標準化したものは量産され、量産されたからには、数多くの製品のメンテナンスが必要になる。そのメンテナンスが簡単であることは、非常に重要だ。

製品の部品などが標準化されていないと、メンテナンスの時に、壊れた箇所の部品を持ってきたにもかかわらず使えないという問題が発生する。

逆に言うと、標準化とは、製品が壊れた場合、壊れた箇所の新しい部品（もちろん、標準化された部品）を持ってくれば、問題なく製品が修理可能であるということだ。それこそ、戦場などの補給が必ずしも潤沢でない場所では、ある箇所が壊れた製品Aに、他の箇所が壊れた製品Bの部品を外して付ければ、それだけで修理が完了する。

それほど有能でない人間でも問題なくメンテナンスができ、しかも最悪ニコイチができる標準化された製品は、非常に便利だ。

✔工学史の実例

工学の歴史を振り返ることで、チートの役に立つ例を見つけられないか考えてみよう。

○てこの原理

てこの原理は、非常に古く、少なくとも古代ギリシアのアルキメデス

(紀元前287-前212) の失われた書物『平面のつり合いについて』でてこの原理を解説している。また彼の言葉として、「我に支点を与えよ。さすれば、地球すら動かして見せよう」が残されている。このことから、古代ギリシア時代には既にてこの原理は発見されていた。

このため、てこの原理で周囲を驚かせるためには、少なくとも紀元前まで遡らないといけないだろう。

○ネジ

ネジは、中国で発明されなかった唯一の機械装置と言われる。このため、中国に持ち込んでチートとなる数少ない技術である。

逆に、ネジ構造は、古代ギリシアでは既に知られていた。紀元前5～3世紀に発明されたものとされる。実用品としてのネジ構造は、アルキメデスが、アルキメディアン・スクリューという揚水機を発明しているので、紀元前3世紀から使われていたことになる。

ただし、ネジの製造に関しては、幾つかの進歩がある。

最初期のネジは、本当に自分で棒と穴を削って、溝を彫っていくというものだった。これでは、正確な溝が彫れない上に、製造にものすごい時間がかかる。

次に、中世では、原始的な旋盤が作られた。棒を回転させ、それに人間が掘削具（バイト）を当てて一定ペースで移動させることで、溝を削っていた。これによって、ネジの製作速度はかなり上昇した。といっても、ネジ1本作るのに、数分かかるというくらいだった。

ナットは、円筒を回転させて、内側に掘削具を当てて、同様に削っていた。

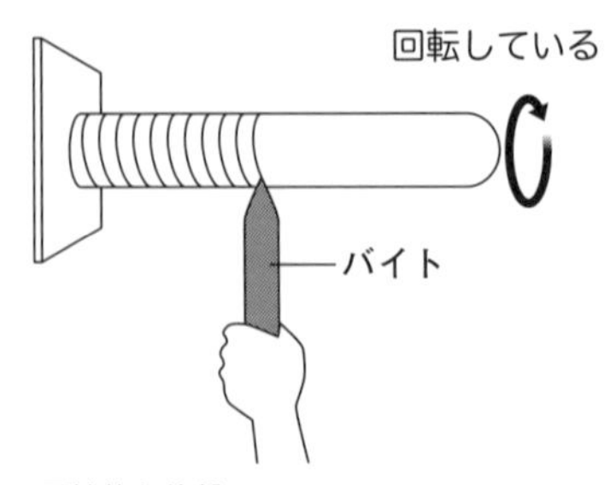

▲原始的な旋盤

1500年頃、レオナルド・ダ・ビンチは、ネジを使って様々な装置を発明し、またねじ切り盤やタップ（穴の内側に雌ねじを切る工具）、ダイス（棒の外側に雄ねじを切る工具）などの設計も行ったとされる。これによって、大幅な製作速度の上昇が見込まれ、ネジ１本が１分以内にできるようになった。

そして、ネジ製作の大発明は、1760年に英国のワイアット兄弟が作った自動旋盤だ。それまで手で動かしていたバイトを旋盤の回転に合わせて自動で移動させるようにした。移動速度は、図のピッチで決められている。これによって、今まで１本作るのに分単位でかかっていたネジが、僅か数秒で作れるようになった。彼らは、これで特許を取り、ネジの製作工場を作ったが、経営能力には欠けていたらしく、事業には失敗している。だが、工場を引き継いだ人間が事業を成功させ、船や自動車から、家具などに到るまで、様々な分野で大量のネジが使われるようになった。

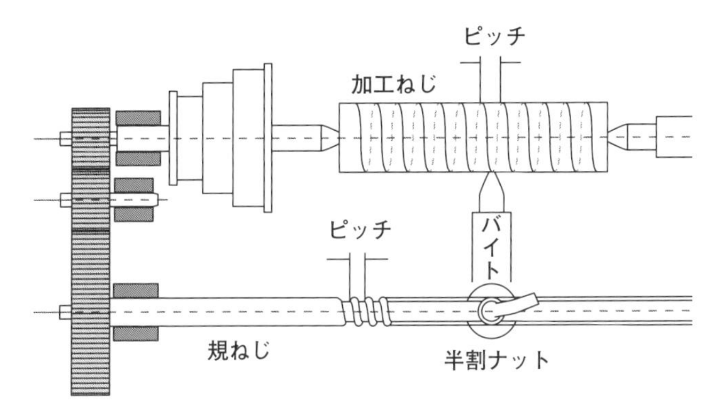

▲自動旋盤

また、同時期に英国のラムスデンは、天体観測や羅針盤、六分儀などの精度を上げるために、より精密なネジを作ろうと考えた。そして、その方法も、やはり自動旋盤だった。彼は、今までの木製の旋盤（当然誤差が大きい）ではなく、金属製の旋盤を作り、カッターの先にはダイヤモンドを使うという、贅沢な仕様の旋盤によって、精密な旋盤の部品を作った。そして、その部品でより精密な旋盤を作り、その旋盤を使ってさらに精密な部品を作るということを繰り返し、11年かけてついには精度0.1mmのネジを作った。現代の目から見ると、低い精度ではあるが、当時としては驚異的な高精度のネジで、これによって作られた六分儀は、地球上の位置を誤差300mで求めることができた。これは、GPSのない時代としてはものすごい精度であり、これと正確な地図があれば、初めての土地でも迷うことなく目的地に到着できる。軍事的には圧倒的な優位に立つことができた。

○火薬の歴史と用途

【中国の火薬】

火薬の発明は、1200年ほど前の中国だ。当時、中国には練丹術という錬金術のような化学のような学問が存在していた。彼らが、仙丹を作るために作り出した様々な薬品の中に、火薬が存在した。

そして、初期には激しく燃えるだけの火薬を、爆発するものに改良したのも中国だ。

火薬の秘密は長年の間、中国から門外不出とされていた。しかし、騎馬民族が中国を支配することで流出し、さらにイスラム世界へと移植され、最後にユーラシア世界で最も文明に遅れたヨーロッパにまで伝わった。

このため、世界の各地で、どの時代までならどのような火薬がチートになるのかは、違いがある。

まず、中国は本場だけあって、800~850年頃に火薬が発明され、900年頃にはちゃんと使用されていた。つまり、それ以前なら、中国でも火薬がチートとなりうる。ただし、900年頃の火薬はまだ硝石の含有率が低く（50%くらい)、爆発はしなかった。焼夷兵器として使用されるものだった。

爆発する火薬は、紀元1000年頃に発明された。そして、世界で初めて爆発音というものが人の耳を驚かせたのも、この時だ。それまで、この世界に爆発という現象は存在しなかったのだ。その意味で、爆発の時に発生する光と音が、人々を怯えさせ狼狽させたことは、まず間違いない。

紀元1200年代になると、火箭（ロケット）が発明された。硝石含有率の比較的低い火薬を燃焼させて、推進力とするもので、何よりも手で投げたり弓で射るよりも、遠くまで攻撃が届く画期的な兵器だった。ただ、火箭には、弾道が安定しないという大きな欠点があった。

そして、火砲が作られたのは、1280年代とされる。これはヨーロッパで最初の火砲が使われるよりも、50年以上早い。

さすが火薬の発明地だけあって、中国において火薬の発展は他の何処よりも進んでいた。
火薬の秘密は、中国において200年ほども保たれていた。中国以外の国は、火薬の秘密を知らないままだった。
しかし、紀元1000年以降になると、女真族が中国北部を占領した。これによって、火薬の秘密は女真族も知ることになる。もちろん、女真族も火薬の秘密を他に漏らすことなく保った。このため、火薬の秘密は東アジアを出ることはなかった。
さらに、1200年代前半になると、モンゴルが中国を占領し、火薬の秘密を知ることになる。そしてモンゴルは、この技術を西方との戦いにも大いに利用した。これによって、火薬の知識が、西へと広まっていった。逆に言うと、1200年以前に東アジア以外で火薬を利用できたなら、圧倒的な優位を得ることができるだろう。
1274年と1281年の元寇は、火銃という火薬兵器を持っていたと記録にある。ただ、この火銃が、火炎噴射機なのか、現代の銃に相当するものなのかは、分かっていない。

【イスラム世界の火薬】
モンゴルから火薬の知識を得たのは、イスラム世界だった。1280年代には、イスラム世界に火薬の知識が広まり始めていた。そして、1292年のアッコ包囲戦では、火薬の入った壺を投石機で市内に放り込むという戦法が使われていた。壺の一部は焼夷弾（硝石の含有率が低い火薬）だったが、一部は爆弾（硝石の含有率の高い火薬）であり、イスラムが既に火薬の製法を知っていたことがうかがわれる。
1324年のスペインでは、イスラム勢力が大砲を使ったという記録があるから、それ以降はイスラム圏にも大砲の技術が存在したと考えて良いだろう。
オスマン帝国とムガール帝国は、いずれも火薬を利用して大帝国を作った。
1453年にオスマン帝国がコンスタンチノープルを攻撃して陥落させた時も、大砲の砲撃が勝利を決定づけた。
ムガール帝国がインドを支配しようとした時、大きな力となったのは、ロケット兵器だった。1450年頃に入手したロケット技術は、その50年後にはムガール帝国の主力兵器の座についていた。軽量で、家畜に載せて運べるロケット兵器は、16世紀には、毎年1万発以上も生産されるほどだった。

【ヨーロッパの火薬】

火薬について、ユーラシアで最も遅く知ったのはヨーロッパだ。

500~1300年にかけて、ユーラシア大陸で最も文明の遅れた地域はヨーロッパだった。中国・インド・オリエント（後にイスラム）のような文明地域から遠く離れ、しかも小国に分裂していたために発展の余裕もない。そんな地域だった。紀元1000年頃から、イスラムとの交易によって、さらに十字軍という野蛮な侵略によって、イスラムの文明を少しずつ取り入れて、僅かに進歩し始めていたが、それでもまだまだ遅れた地域だった。

そこに住む人々は、キリスト教カトリックの教えを持つ自分たちが世界で最も優れていると、愚かにも信じていた。しかし、現実を見るとギリシア正教の東ローマやイスラムの人々の方が遙かに文明的に優れ、豊かな生活をおくっている。この矛盾をごまかすために、彼らはイスラム世界の向こう側にある偉大なカトリック教国プレスター・ジョンを妄想した。そして、イスラム世界を背後から襲うモンゴルのことを、プレスター・ジョンではないかと錯覚した。そして、なんとか連絡を取ろうと、伝道師などを送ってみた。しかし、そこにいたのはイスラムでもキリスト教でもない、モンゴル帝国だった。

当時のモンゴルは巨大帝国だったので、1220年代から、フランシスコ会士が草原を越えてキリスト教の伝道に向かった。当然のことながら、モンゴルの強さの1つである火薬についても、見聞きしただろう。

1252~1256年にカラコルムで伝道を行ったウィリアム・ルブルクは、モンゴルの科学技術を見聞きし、ヨーロッパへオモチャとしての爆竹を持ち帰ったようだ。ルブルクの同僚のフランシスコ会士にして哲学者のロジャー・ベーコンは、その著作に、雷鳴を超える豪音と稲妻よりも明るい閃光を伴って爆発する羊皮紙に包まれた子供の玩具について書いている。

ロジャー・ベーコンは、その著作で、爆発がもっと大きな、そして羊皮紙ではなくもっと硬い容器に詰められていたならどうなるかと、現代の爆弾を予見している。爆竹を一度か二度見ただけで、このような予測ができるベーコンの天才に、驚嘆するばかりだ。

ただ、幸いなことに、ベーコンらは、火薬の作り方については知り得なかったようだ。現代と異なり、火薬の粉を成分分析する方法などがなかったため、少量の火薬を手に入れてリバースエンジニアリングするという手法が存在し得なかったからだ。

1300年頃になると、ようやく火薬の成分に関する情報がヨーロッパにも伝わってきた。この時にヨーロッパが知った火薬は、「空を突っ切って飛ぶ火」と表現されており、ロケットの燃焼剤としての火薬までだったようだ。

ヨーロッパが火砲について知ったのは1326年とされる。この年にフィレンツェで火砲の製作を命じる文書が書かれた。恐らく、イスラムの火砲の模造品を作ろうとするものだったらしい。

さらに、城壁にダメージを与えられるような火砲が戦争の結果を左右するようになったのは、1377年のフランスでブルゴーニュ公フィリップ２世がオドリュークの町を包囲した時で、この時ブルゴーニュ側は90kgの石を飛ばせる火砲を持っており、オドリュークの城壁と城を叩き壊した。

ヨーロッパが、火薬兵器の進歩に貢献したのは、1400年頃の**コーニング火薬**（粒状火薬）の発明だ。これによって湿りにくく、火力の安定した火薬が作られるようになった。ただ、コーニング火薬は、従来のサーペンタイン火薬に比べて、同量でずっと爆発力が大きかった。このため、従来型の火砲では爆発してしまう。

1420年には、コーニング火薬に対応した鋳造青銅砲が作られ利用されている。そして、火力に対応した錬鉄製の砲弾が作られ、小口径（石弾に比べて）高速初速度の砲が利用されるようになった。これによって、砲の射程が大幅に伸びた。また、コーニング火薬を利用するマスケット銃が作られ、歩兵の大部分が銃を持って、きちんと着火できるようになった。銃の軍事利用が遙かに簡単になったのだ。

ヨーロッパは、このコーニング火薬と対応する火砲・銃によって、今までの先進国を圧倒する火力を得て、世界の支配に乗り出すことになった。逆に言うと、ヨーロッパより先、1400年より前にコーニング火薬を発明し、火砲に採用しておけば、ヨーロッパの帝国主義は挫折し、植民地を広げられなかった可能性はある。それどころか、モンゴルかイスラムの植民地として、今のアフリカのような地位にいるかも知れない。

火薬は、ヨーロッパが封建制から絶対王制へと移行する原因にもなった。火薬の製造は、金がかかる上に、専用工場を必要とする。ちょっとした領主程度では、この負担に耐えられない。国家レベルの予算が必要だ。このため、火砲が戦争の主役になると、火砲を用意できない領主たちは、国王の下になるしか手がなかった。逆に、国王は火砲を維持するため、領主などを潰して資金源を得るしか手がなかった。つまり、火薬を得る手段と必要の両方から、封建制の崩壊は必然だった。

さらに、1500年頃のヨーロッパは500以上の小国（独立した政治組織）に分かれていたが、あまりに小さくて、火砲の製造と維持ができないところは、他国から征服されるしかなかった。1800年頃には、ヨーロッパは20～30程度の国しか残っていない。

火薬の大規模工場と、それを使う軍事組織を維持するためには、大量の資金を必要とする。その資金としてあちこちから税金を搾り取るために、何らかのシステムが必要となった。このような環境に国家が適応できるまでの間は、戦争を行い、税収を取り立てる請負業者、つまり傭兵組織と徴税人が発達した。1630年代の傭兵隊長ヴァレンシュタインなどは、その典型例で最も成功した人物だ。

しかし、ほどなく国家は、これらを外注するのではなく、自ら行った方が効率的であることに気づく。こうして、官僚組織が発達する。軍隊もまた、官僚組織の１つであり、国家公務員（当時は、そうは呼ばれなかったが）の増大を招くことになる。

火薬の発達は、国家の有り様さえ変えてしまったのだ。

第7節 図書館学

図書館というものが、学問の発達に果たした功績は大きい。特に、現代のようなデジタルネットワークの存在しなかった時代、情報を得る方法は、人から教わるか、本を読むしかなかった。

そして、人が人を教えることは、非常に有効かつ高度な教育が可能であるが、教師という人間を必要とするため、残念ながら効率はそれほど高くない。これに比して、本を読むという方法は、1人の教育者が本を書けば、本の数だけの人間を教えることができる。

ただし、本を読むということは、本を選ぶということでもある。どのような本を、どのような順番で読むかによって、教育の効率は変化するし、それどころか読んだ人間の思想すら左右する。

そのため、図書館をどう利用するか、また図書館からどう情報を提供するか、情報を求められた時にどうやって効率よく探すか、などを扱う学問ができた。それが**図書館学**だ。

現代では、デジタルネットワークの発達とともに、情報学の一分野として図書館情報学となっているが、中世ファンタジー世界では図書館学のままで良いだろう。

この図書館学を利用することによって、学問の発達、学際領域の研究などが効率化され、より早い進歩が期待できる。しかも、そもそも図書館学という学問の萌芽が見られるのが17世紀のこと、まともに研究されるようになったのは20世紀に入ってからだ。中世ファンタジー世界の住人は、図書館学という学問の存在すら知らない。

つまり、図書館学の構築と実施は、国力の増加という目的にも合致し、しかも他国にはその価値がなかなか分からないので、真似されるまでに相当の時間がかかるだろう。

他国にとっては、あの国はなぜか学問の発展が上手くいって、次々と新たな発見・発明を行っている。才能のある研究者を揃えているのだろうか、それとも研究者を厚遇しているのだろうかと首をひねることになる。

しかも、ちょっと待遇を良くするくらいでは、引き抜きも難しい。多くの学者・研究者にとって、報酬も大事だが、研究環境が良いことの方がより重要だからだ。そして、図書館が充実していて検索性が良いことは、他にない素晴らしい研究環境であることは、学者ならすぐに分かってしまう。だが、学者以外の人間には、この差が分からないので、真似しようという発想が浮かばないのだ。

自分の知識チートだけではなく、国全体を発展させて科学技術で他国を圧倒したければ、図書館と図書館学の発展が必須なのだ。

✔図書館史

図書館が作られたのは、歴史とほぼ同じくらい古い。少なくとも紀元前７世紀アッシリアの宮廷図書館の存在が確認されている。この図書館は、粘土板による文書を保存していたもので、ここから粘土板が発掘されアッシリアの歴史の研究が進んだ。

次に有名なものが、紀元前３世紀のアレキサンドリア大図書館だ。こちらは、パピルスの書が保管されていた。アレキサンドリア大図書館が、学術研究に果たした功績は非常に大きい。ヘレニズムの偉大な学者のほとんどは、この図書館で研究を行った。しかし、４世紀末以降に野蛮で愚かなキリスト教徒[*17]の攻撃により、図書館は失われ貴重な書籍は焼失した。

しかし、このような図書館は、書物が非常に高価であることもあって、利用者は貴族・僧侶・学者などに限られており、利用は有料であった。無料の公共図書館というものが広まるのは、15世紀にグーテンベルグの印刷術によって書籍が大量生産できるようになって、価格が大幅に下がってからのことだ。

日本でも、律令時代には、既に図書寮（ずしょりょう）という役所があって、国家所有の書物を管理していた。ただし、図書寮は、書類の保存を主目的にした役所であって、図書の利用のための場ではなかった。また、遣唐使の廃止によって、新しい書物が唐から入らなくなったため、その活動は衰退していった。

また、天皇家図書館としては、正倉院がある。正倉院は様々な宝物を保存するところであったと同時に、天皇家の図書館兼公文書館としての

＊17 現代のほとんどのキリスト教徒と異なり、当時のキリスト教徒は、こう書かれても仕方がない人々が多かった。

役割もあったらしい。

さらに、有力公家は、家ごとに公家文庫と呼ばれる図書館を持っており、蔵書を管理していた。

鎌倉時代になると、武家が図書館を持つようになった。その代表が金(かね)沢文庫(さわぶんこ)だ。また、その頃には、足利学校のような学校が作られ、そこの蔵書である学校文庫も作られた。

江戸時代になると、徳川家によって、駿河文庫、富士見亭文庫と後継の紅葉山文庫などが作られた。特に、紅葉山文庫は、所蔵10万冊を超える大きなもので、専任の書物奉行数名で管理されていた。紅葉山文庫の利用者は、将軍、老中、儒者、諸大名などに限られていたが、貸し出し記録があったり、異本を校合して定本を作ったりと、図書館にふさわしい活動をしていたことが、記録から分かっている。

また、幕府は昌平坂学問所を作って、幕臣の子弟と、各藩からの留学生の教育を行っていた。諸藩でも、藩士の子弟のための学校である藩校を作っていた。そして、そこには必ず付属の図書館があった。これらの学校図書は、学生に貸し出しも許されており、学校ごとに規則は違うものの、何冊かを最大何ヶ月か借りることができたとされている。

また、江戸時代は庶民向けに黄表紙本のような娯楽書が作られ、木版ではあるが、大量に印刷されて販売された。高価だった本を安く読むために、貸本屋もあった。また、裕福な人の中には蔵書家と呼ばれる人間がいて、読書サークルのようなものを作ってメンバーに本を貸し出すなど、民間図書館のような役割を果たしていた。このような、読書の機会が多かったことが、明治以降の文明の発達に役に立ったことは間違いない。

しかし、誰でも利用できる近代的図書館が現れるのは明治維新の後になる。福沢諭吉の提言で、書籍館*18が作られた。

図書分類法

図書館においては、関連書を素早く見つけることが重要だ。ある本の記述と、別の本の記述を比較検討する。ある本の記述の応用事例を、他

*18「図書館」という言葉は明治中期に作られた。それ以前は「図書」という言葉は「ずしょ」と読み、「図書館」という言葉はなかった。

の本から見つける。ある本の記述で分からなかった点を、他の本で補完する。

このような用途のために、本を分類して、似たような本は同じ分類番号を付ける。さらに、同じ分類番号は、同じ本棚に並べる。その本棚の近隣には、分類番号が近い本が並ぶようにする。これによって、1冊の本を選ぶと、その近くには類書が並ぶことになる。これによって幾つもの利点が生まれる。

- 参考図書が近くに並んでいるので、手早く集めることができて時間が節約できる。
- 参考図書が近くにあるので、分からないことを調べる場合も、近くの本が役に立つ。
- 適当に近くの本を読むだけで、ヒントやアイデアが得やすい。

19世紀後半に、このような統一的な**図書分類法**が行われるようになった。それ以前も、各図書館では、それぞれに何らかの分類法があったようだが、図書館ごとにバラバラだったので利便性はあまり高くなかった。

日本十進分類法（NDC）は、日本の図書館で行われている図書分類法だ。世界では、デューイ十進分類法*19や国際十進分類法*20、アメリカ議会図書館分類表*21などが使われている。日本でも、国立国会図書館は、国立国会図書館分類法*22とNDCを併用している。

いずれの分類も、利便性の高さにはそれほど大きな差はないので、日本人である我々が転生先で利用するなら、なじみ深いNDCを参考にした方が良いだろう。ただ、中世以前の図書は宗教書の占める割合が多いので、その意味では、宗教と哲学を大分類で一緒にしているNDCよりも、宗教と哲学をそれぞれ別の大分類にしているデューイの方が、大分類ごとの書籍数の偏りが少なくなり、実用性が高いかも知れない。

このような分類は早めに定めて広めないといけない。さもなければ、

---

*19 アメリカの図書館で主に使われており、NDCを作る時の参考にされた。

*20 デューイ十進分類法を元に、ベルギー政府の援助で作られた分類。科学技術を重視し、細かい分類がなされている。

*21 アメリカの国立図書館であるアメリカ議会図書館で使用されている分類法。他の分類と異なり、アルファベットで分類している。アメリカの分類だけあって、アメリカ史やアメリカ地方史が大分類で存在している。また、軍事にも大分類を使っていることなどが特徴。

*22 アルファベット２文字＋数字３文字で表現される分類。NDCに比べて、社会科学系の分類が強化されている。

明治時代の日本のように、各地の図書館がそれぞれ独自の分類法を作って混乱してしまう。このため、NDCは、戦後になるまで普及しなかった。そのような動きが出る前に、やってしまった方が良い。

NDCは基本は3桁で表記され、最上位が類目、次が綱目、最後が要目と呼ばれる。基本的に、類目と0番の要目は同じになる。つまり、類目0の綱目2の02は図書の綱目だが、要目020は図書の要目になっている。

ただし、現実世界の分類法は、異世界では、そのままでは通用しない部分もある。

例えば、言語に関しては、総入れ替えするしかないだろう。NDCなら、日本語→母国語、中国語→近隣の大国の言語、英語→遠方の大国の言語などに入れ替える必要があるだろう。また、地理に関しても同様だ。

また、魔法のある世界では類目に「魔法」という項目が必要だろうし、奇跡のある世界には哲学・宗教を分割して2つの類目にして、宗教の綱目や類目に奇跡についての分類を造る必要があるだろう。

さらに、モンスターがいる世界なら、モンスターに関する類目も必要となるかも知れない。

以下に参考のために、NDCの類目と要目、その他の分類の類目を掲載しておく。

日本十進分類法

類目	綱目	類目	綱目
0総記	00 総記 01 図書館・図書館学 02 図書・書誌学 03 百科事典 04 一般論文集・講演集 05 逐次刊行物 06 団体 07 ジャーナリズム 08 叢書・全集・選集 09 貴重書・郷土資料	5技術	50 技術・工学 51 建設工学・土木工学 52 建築学 53 機械工学 54 電気工学 55 海洋工学・船舶工学 56 金属工学・鉱山工学 57 化学工業 58 製造工業 59 家政学・生活科学

類目	綱目	類目	綱目
1哲学 宗教	10 哲学 11 哲学各論 12 東洋思想 13 西洋哲学 14 心理学 15 倫理学・道徳 16 宗教 17 神道 18 仏教 19 キリスト教	6産業	60 産業 61 農業 62 園芸 63 蚕糸業 64 畜産業 65 林業 66 水産業 67 商業 68 運輸・交通 69 通信事業
2歴史 地理	20 歴史 21 日本史 22 アジア史 23 ヨーロッパ史 24 アフリカ史 25 北アメリカ史 26 南アメリカ史 27 オセアニア史 28 伝記 29 地理・地誌・紀行	7芸術	70 芸術 71 彫刻 72 絵画 73 版画 74 写真 75 工芸 76 音楽 77 演劇 78 スポーツ・体育 79 諸芸・娯楽
3社会科学	30 社会科学 31 政治 32 法律 33 経済 34 財政 35 統計 36 社会 37 教育 38 風俗習慣 39 国防・軍事	8言語	80 言語 81 日本語 82 中国語 83 英語 84 ドイツ語 85 フランス語 86 スペイン語 87 イタリア語 88 ロシア語 89 その他の言語
4自然科学	40 自然科学 41 数学 42 物理学 43 化学 44 天文学・宇宙科学 45 地球科学 46 生物科学 47 植物学 48 動物学 49 医学	9文学	90 文学 91 日本文学 92 中国文学 93 英米文学 94 ドイツ文学 95 フランス文学 96 スペイン文学 97 イタリア文学 98 ロシア・ソビエト文学 99 その他の諸言語文学

デューイ十進分類法

類目	
000	コンピュータサイエンス、情報、総記
100	哲学、心理学
200	宗教
300	社会科学
400	言語
500	自然科学、数学
600	技術
700	芸術
800	文学、修辞学
900	歴史、地理

国際十進分類法

類目	
0	総記
1	哲学、心理学
2	宗教、神学
3	社会科学
4	(未定義)
5	自然科学、数学
6	応用科学、医学、工学
7	芸術
8	言語、文学
9	地理、伝記、歴史

アメリカ議会図書館分類表

文字	
A	総記
B	哲学、心理学、宗教
C	歴史の補助学
D	歴史
E	アメリカ史
F	アメリカ地方史、ヨーロッパ史
G	地理学
H	社会科学
I	(未定義):1と見間違えやすいため
J	政治学
K	法律
L	教育
M	音楽
N	美術、芸術
O	(未定後):0と見間違えやすいため
P	語学、文学
Q	自然科学
R	医学
S	農業、林業、漁業
T	技術
U	軍事
V	海事
W	(未定義)
X	(未定義)
Y	(未定義)
Z	書誌、図書館学

国立国会図書館分類法（NDLC）

大要	
A	政治・法律・行政
B	議会資料
C	法令資料
D	経済・産業
E	社会・労働
F	教育
G	歴史・地理
H	哲学・宗教
I	（未定義）
J	（未定義）
K	芸術・言語・文学
L	（未定義）
M	M：科学技術一般、MA：数学、MB：宇宙科学、MC：物理学、ME：地球科学
N	NA：建設工学、NB：機械工学、NC：運輸工学、ND：電気工学、NG：原子力工学
O	（未定義）
P	PA：化学・化学工業、PB：繊維工学、PC：食品工学、PD：金属工学・鉱山工学、PE：印写工学、PS：その他の工学
Q	（未定義）
R	RA：生物学、RB：農林水産学
S	SA：人類学、SB：心理学、SC：医学、SD：薬学
T	（未定義）
U	学術一般・ジャーナリズム・図書館・書誌
V	特別コレクション
W	古書・貴重書
X	関西館配置資料
Y	児童図書・簡易整理資料・教科書・専門資料室資料・特殊資料
Z	逐次刊行物

第5章

表現

この章は、異世界転生小説、過去転生小説を書く時の表現の問題について検討するものだ。だが、それは同時に異世界や過去世界におけるチートでもある。

異世界や過去世界に転生した場合、小説を書くのに、様々な制限が加わる。しかし、この制限を無視すると、読んでいて気持ち悪い作品ができることになる。

その制限とは、以下のようなものを使ってはならないという点である。

- 存在しない用語
- 存在しない知識
- 存在しない概念

だが、それだけではない。存在しなかった表現そのものがチート知識になっているのだ。

現代にある言葉が、過去やファンタジー世界に存在しないということ、また適切な言い換え用語すら存在しないということはどういう事なのだろうか。それは、その世界に、そのような概念自体が存在しないということなのだ。

例えば、「情報」という言葉は、明治になってから“information”の訳語として新たに造語された新漢語（p.384参照）だ。そして、新たに造語しなければならなかったということは、それまでの江戸時代や戦国時代には“information”に相当する単語が存在しなかったということだ。

地の文で“その情報は、彼にとって貴重なものだった”と書くのは、多少の違和感はあるものの、読者である現代人に分かりやすくするため、地の文ではそう表現しているのだと納得できなくはない。特に、その彼が転生者なら、「情報」という言葉を知っているのだから、「情報を得て、良かった」と本人も考えるだろうから、全く問題がない。しかし、大名や武士が配下の忍びに「情報を集めてこい」と命じるのは、とんでもなくおかしいことなのだ。

では、「情報」という単語が存在しないということは、何を意味するのか。それは、敵味方に関する様々な知識、刻一刻と変わる情勢を伝えるもの、そういうものをひっくるめた「情報」という概念そのものが、当時は存在しなかったということなのだ。

もちろん、『孫子』に「敵を知り、己を知れば、百戦百勝」という言葉があるように、色々なことを知っておくことの重要性は、昔から言われてきた。

しかし、それらを統合して情報として扱うということは、概念レベルで存在していない。情報の重要性というものを、感覚として持っている人間はいただろう。有力な戦国大名が、そんなことも分からないとは思い難い。しかし、「情報」という概念を知らないために、どこまでが情報として役に立つことなのか、どうやって情報を集めるのか、情報を集める人間をどう遇するべきか、集めた情報をどう分析すべきかなどの情報を扱うための総合政策を持つことが困難だ。

戦国転生小説で、転生者が忍者*1を厚遇して成功を収めているものが多いが、これは転生者が天才なわけでも、当時の人が愚かなわけでもない。ただ当時の人たちは「情報」という概念と、それに付随する知識を持っていないために、忍者を厚遇して情報を集めるという概念が思いつけないのだ。

逆に言うと、本来ならその時代に存在しない表現や概念を表す単語を、転生者がその世界の人々に教え、彼らがそういう言葉を普通に使えるようになったとしたら、それはそれで転生者のチートの1つであると言えよう。

「情報」という言葉を知らなかった戦国武将に、「情報」という単語を教え、そして「情報」とは何を意味するものなのかを理解させ、「情報」の重要性を認識させ、そして「情報」の入手方法を考えさせることができたのなら、それはまさに転生者による教育チートであると明言できる。

*1 実は、「忍者」という言葉は江戸時代の造語なので、戦国時代には存在しない。そのため、戦国時代への転生者が、周囲に「忍者を雇いたい」と言っても、「それは、何でしょうか」と問い質されるのが落ちだ。当時は、「忍び」とか「透破（スッパ）」とか「乱破（らっぱ）」など、地方ごとに別の名前で呼ばれていた。

第1節 用語

江戸もの戦国もので、カタカナ言葉を使う作者は、さすがにほとんどいない。もちろん、転生者がつい口に出してしまって、周囲が理解できないというネタに使うのは問題ない。だが、転生者でもない人間が習いもしないで口にすることは、明らかにおかしい。

しかし、カタカナ言葉は、明らかに外来語由来であることが明確なので、作者もすぐに気がつくことができる。その上で、わざと口に出して、周囲を惑わせたり、周囲に教育したりできるだろう。

だが、一見すると純粋の日本語であって、何の問題もなさそうに見えるが、分かる人間には強烈に違和感を感じさせるものが、**新漢語**と呼ばれる、幕末～明治以降に作られた**和製漢語**だ。

和製漢語自体は、漢字を輸入した直後から存在していた。例えば、江戸もので切腹の時の「介錯」をすることに違和感はない。実際「介錯」は和製漢語だが、江戸以前から存在した古い和製漢語なので使っても何ら問題はない。

しかし、新漢語とは、江戸末期から明治頃、海外の新たな概念や新たな文物を表現するために、日本で作られた漢語のことを言う。日本はヨーロッパの文物の輸入を熱心に行ったため、数多くの新漢語が造られ、それらは中国だけでなく朝鮮・ベトナムなどの漢字文化圏に広まっていった。

同時期、清国でもヨーロッパの書籍を翻訳する時に、様々な漢語が造語された。このような華製新漢語が日本に輸入された例も多い。特に、清で翻訳された『万国公法』は、東アジア全域で読まれたため、「主権」「民主」「国債」などの法律用語は、華製新漢語が多い。

これらの和製新漢語や華製新漢語を、江戸ものや戦国もので使用すると、非常に違和感がある。

例えば、「自由」という言葉は、明治に作られた和製漢語で、戦国時代には存在しない。自由を知らない人間には、自分が自由なのか不自由なのかを、判断することすらできないのだ。地の文で“彼女は、自由になった”と書くのは、多少の違和感はあるものの、読者である現代人に分かりやすくするため、地の文ではそう表現しているのだと納得できなくはない。しかし、登場人物が「私は自由になりたい」と言うのは、とんでもなくおかしいことなのだ。

しかし、転生者が「自由」という概念を教え、それを与えたならば、自由を与えられた人間は感謝するだろう。これは、新たな価値を知り、それを与えられたから感謝したのだ。逆に、生まれながらの奴隷で、しかも自由という概念を教えられたことのない人間に自由を与えても、全く理解されず、感謝されるどころか嫌がられるかも知れない。

以下に、つい使ってしまいそうな新漢語のリストを言い換えとともに挙げておく。ただし、そもそも相当する言葉のない語もある。その場合は、「×」を入れた上で、できる範囲で類似の言葉を入れてある。

このような、存在しなかった新漢語は、上で説明したように概念チートの種となる。特に、相当する言葉のない単語は、それを知っていることにより、また他人に教えることにより、他者と大きく差を付けることができる。ただし、あまりに斬新すぎて、誰にも理解されないで孤立する場合もあるので、使いどころと使う相手には注意が必要だ。

新漢語	言い換え
あ	
亜鉛	吐丹（とたん）
暗示	ほのめかす、匂わす、含み
医学	医術、医道
意志	志（こころざし）、意
意識する	気づく
意識がある	正気付く
遺伝	×、親に似る
異物	こともの
意味	わけ
印刷	刷り
印象	感じ
運動	×、動き
運命	巡り合わせ、定め、縁（えにし）
衛生	×、摂生、養生
栄養	×、養生
演劇	芝居、猿楽、狂言
演説	講じる
応援	合力、与力、鼓舞、励まし
温度	暑さ寒さ
か	
階級	×、地位、氏、姓
海軍	水軍
会計	主計（かずへ）
解決	解ける
会社	×、講
会談	話、話し合い、謁見
介入	割り込み
会話	話
科学	×、究理、学問
革命	#王朝交代の「革命」はある
確率	×、見込み
活動	動き
活躍	良き働き
仮定	もし…だとすれば
加入	加わる
化膿	膿が出る
可能	できる
感覚	感じ
環境	×、まわり、住み心地、居心地
観察	見る
幹事	おとな
患者	病者（びょうじゃ）
気質	気質（かたぎ）
基準	物差し、尺度
規則	法度、式目、定め
基地	砦、根城
気分	思い、気味（きみ）
規模	大きさ
教育	×、教え、指南、伝授
競技	競（くら）べ、立ち合い
強制	強（し）いる
行政	×、政（まつりごと）
共通	均（ひと）しい
協定	約定（やくじょう）
共同	合（ごう）する
教養	訓蒙（くんもう）、学
虚構	偽り
記録	書き付け、実記
金庫	金蔵（かねぐら）
銀行	×、金貸し、両替商
緊張	気張る
金融	金貸し、両替
空間	×、間
空気	×、風
偶然	たまたま
空想	思いつき、夢幻
組合	講、座
経営	商い、営み
計画	企み、策
景気	×、商い、売れ行き
経験	見聞
経済	×、経世済民、金の廻り
掲示	高札、立て札
芸術	芸
形成	形をなす
経費	×、費用

結核	労咳
権威	権勢、威光
権益	×、力、株
現役	衰えを知らぬ
見学	見る
現金	銭
言語	言葉
健康	健やか、達者、丈夫
現実	現世（うつしよ）
現代	今の世
建築	建物、普請
権利	×、権能
公園	×、庭園、庭
効果	首尾、仕儀
交換	取り替え
抗議	物言い
工業	工作、工房
鉱業	金堀、山師
交際	付き合い
口述	言い聞かせ
工場	工房
行進	×、隊を進める
構想	考え
交通	×、通行、行き来
行動	行い
国際	×、異国
告訴	訴え
国民	民
国庫	国が所有している現金
固定	据え付け
雇用	雇う
さ	
債権	貸し
債務	借り
在庫	手元
財政	金回り、懐事情
材料	元種、元、ネタ
作品	×、本、芝居、細工物、
産業	×、生業

山脈	山並
時間	時
刺激	刺す、煽る
資源	×、材料、#個別の資源名
資産	財
思想	信条
実験	験（ため）し
実現	行ひゆく
実績	功
指導	教える
資本	種金
社会	この世、世間
社交	付き合い
自由	×、自侭、勝手
集会	集まり、会合
宗教	教え
住所	×、住処、在所
主義	×、いつものやり方、考え
主人公	シテ
出版	木版
出版社	書林、地本問屋
趣味	手すさび
需要	買い注文
浄化	お浄め
紹介	引き合わせ
商業	商い
証券	為替
条件	……ならば
常識	×、周知
承認	承る
情報	×、知らせ、音沙汰、消息
証明	証（あかし）
条約	約定
植林	木を植える
処刑	切腹、斬首
所得	儲け、禄
書類	文書（もんじょ）
真空	×
神経	×

人権	×
人道	人の道
新聞	瓦版
真理	本当、真（まこと）
心理学	×
侵略	攻め入る、侵攻
水準	程合い
世紀	×
政策	政（まつりごと）
生産	作る
消費	使う、費やす
製紙	紙作り
製糸	糸作り
政治	政（まつりごと）
聖書	デウスの書
正常	まとも
精神	心
性能	出来
製品	売り物、品
政府	お上、政所
成分	×、配分
精密	細かい
制約	縛り
生理	月のもの
石油	臭水（くそうず）
積極	自ら行動し
設計	絵図面を書く
絶対	必ず
接吻	口吸い
責任	責を負う
説明	詳しく話す
節約	節制
繊維	糸
船員	船乗り
選挙	入れ札
旋盤	×
倉庫	蔵
総合	全ての
想像	夢、推量、予見、思い描く

速度	速さ
測量	×、地図製作
素質	才、天稟
組織	組
た	
体育	×、身体を鍛える、鍛錬
退役、退職	引退、隠居
台地	丘
代表	長
台風	大風、嵐
単位	基準、物差し
探検	探索
談判	談合、話し合い
地球	大地
地図	絵図、国絵図、日本図
仲裁	中継ぎ、取りなし
鳥瞰	見下ろし
貯蔵	蔵入れ
直感	勘
直接	直に
通貨	×、銭
定義	×
抵抗	刃向かう
哲学	×
典型	よくある
伝染病	流行病（はやりやまい）
伝統	仕来り、旧習
動員	徴集
導火線	火縄
動機	口火、きっかけ
統計	×
投資	金を出す
同情	哀れむ、情け、思いやり
動力	×
道路	道、街道
独裁	×、支配
独占	独り占め
図書館	文庫、図書（ずしょ）
特許	×

特権	×、権能
な	
内容	中身、主旨
任命	任じる、役目につける
能率	はかどり具合
能力	力、能、
は	
背景	×、借景
爆弾	焙烙（ほうらく）
爆薬	火薬
覇権	×、支配
派遣	与力
発明	工夫（くふう）
反感	反意、嫌気
判決	裁き
判事	奉行
番号	番
反射	跳ね返り、照り返し
反対	もの申す
反動	×、手答え
必要	要る、要する
否認	認めない
病院	施薬院、養生所
評価	鑑定
表現	表す
表情	顔色
敏感	敏（さと）い
封鎖	閉じ込め
複製	写し
舞台	演台
物質	×、もの
物体	もの
物理	×、究理
文化	×、学、雅び
分解	分ける
分析	×、鑑定、解明
分配	分ける
文明	×、技術、知識
平野	平原
貿易	交易
封建	主従の契り
法人	×
法則	則（のり）
法律	律法、法度
方法	やり方
簿記	帳簿、大福帳
保険	×
保健	×、身体を気遣う
募集	集める
保証	証を立てる
補償	弁償
本質	肝
本能	考えずともする
ま	
密輸	抜け荷
身分	×、地位、氏、姓
民主	×
民族	×
迷宮	×
免許	×、#免許皆伝の免許はあった
目的	願い事
目標	やりたい事
や	
融資	金貸し
郵便	×、飛脚
輸出	国の外に売る
予想	たぶん……だろう
ら	
利子	金利
領土	領
理論	×、考え
論戦	×、論、宗論

あとがき

こう考えてみると、知識チートものが最初に内政チートになるのは、ある意味必然なのだ。内政とは、すなわち国内の政治だ。権力者になった、もしくは権力者の側近になった者が、政治に関わるのは当然の話だ。そして、手始めに関わるものは、外交ではなく内政だ。

だが、日本で政治というと、どうしても生臭い話になってしまう。権力闘争やら利権やら、どうにも汚い仕事というイメージを持っている人が多いのではないだろうか。確かに、それは政治の大きな一面ではある。しかし、政治は、その国の国民の幸福を左右する最大のファクターだ。

もちろん、政治に国民を幸せにする能力はない。しかし、不幸にしない能力ならある。衣食住の不足、医療の未成熟、治安の悪化など、人々を不幸にするものは多々ある。そして、それらを防ぐには、政治の力が必要だ。

つまり、個々の人間が幸福を求めるための前提条件として、環境が不幸でないことが必要なのだ。「衣食足りて礼節を知る」ではないが、環境が不幸でない状態にあって、始めて人々は幸福を求める活動ができる。もちろん、不幸な環境でも幸福を求めることのできる心の強い人間も存在するが、それは誰にでもできることではない。そして、その環境を不幸でない状況に整えることこそ、政治の力なのだ。

知識チートを持った人間は、ある意味でその世界における貴族以上に高貴な人間だ。貴族ですら持てない知恵と知識をその身に宿している。ならば、高貴なるものの義務もまた持っていると考えるべきだろう。

転生した皆さんの知識によって、世界が少しでも良い方へと転換すること、そのために努力することが、転生者のノブレス・オブリージュではないだろうか。

索引

さ

た

な

は

ま

や

ら・わ

参考文献

『Atlas of World Population History』Colin McEvedy & Richard M. Jones 著 Puffin
『Complete Guide to the Hotchikiss Machine Gun』An Instructor 著 Gale & Polden Ltd.
『Prices of Weapons and Munitions in Early Sixteenth Century Holland during the Guelders War 』James P. Ward 著
『用兵思想史入門』田村尚也 著　作品社
『戦車はミサイルはいつ、どのようにして生まれたのか！？』防衛技術ジャーナル編集部 編　防衛技術協会
『戦争にチャンスを与えよ』エドワード・ルトワック 著　奥山真司 訳　文藝春秋
『戦争の物理学　弓矢から水爆まで兵器はいかに生みだされたか』バリー・パーカー 著　藤原多伽夫 訳　白揚社
『二十世紀の戦争と平和』入江昭 著　東京大学出版会
『流言・投書の太平洋戦争』川島高峰 著　講談社
『孫子　新訂』金谷治 著　岩波書店
『ナショナリズム入門』植村和秀 著　講談社
『ナショナリズム論・入門』大澤真幸／姜尚中 編　有斐閣
『定本想像の共同体　ナショナリズムの起源と流行』ベネディクト・アンダーソン 著　白石隆／白石さや 訳　書籍工房早山
『君主論』ニッコロ・マキアヴェッリ 著　佐々木毅 全訳注　講談社
『基礎から学ぶ！スポーツ救急医学』輿水健治 著　ベースボール・マガジン社
『スポーツ選手のためのからだづくりの基礎知識　現場で役立つ基礎トレーニングの理論と方法』小林敬和 監著／フューチャー・アスレティックス研究会 編　山海堂
『これでなっとく使えるスポーツサイエンス　新版』征矢英昭／本山貢／石井好二郎 編　講談社
『アメリカの高校生が読んでいる金融の教科書』山岡道男／浅野忠克 著　アスペクト
『お金と感情と意思決定の白熱教室　楽しい行動経済学』ダン・アリエリー 著　NHK白熱教室制作チーム 訳　早川書房
『慶應大生が書いたこれ以上やさしく書けない金融の教科書』慶應義塾大学金融研究会p.c.s 著　こう書房
『ルワンダ中央銀行総裁日記　増補版』服部正也 著　中央公論新社
『世界金融危機はなぜ起こったか　サブプライム問題から金融資本主義の崩壊へ』小林正宏／大類雄司 著　東洋経済新報社
『経済は感情で動く　はじめての行動経済学』マッテオ・モッテルリーニ 著　泉典子 訳　紀伊國屋書店
『経済は世界史から学べ！』茂木誠 著　ダイヤモンド社
『危急存亡時のリーダーシップ 「生死の境」にある組織をどう導くか』トーマス・コルディッツ 著　渡辺博 訳　生産性出版
『人物で読む近代日本外交史　大久保利通から広田弘毅まで』佐道昭広／小宮一夫／服部龍二 編　吉川弘文館
『一瞬で信じこませる話術コールドリーディング』石井裕之 著　フォレスト出版
『ハーバード流交渉術』フィッシャー／ユーリー 著　金山宣夫／浅井和子 訳　三笠書房

『リーダーシップ論　第2版　人と組織を動かす能力』ジョン・P・コッター 著　DIAMONDハーバード・ビジネス・レビュー編集部／黒田由貴子／有賀裕子 訳　ダイヤモンド社
『ビジネスと人を動かす驚異のストーリープレゼン　人生・仕事・世界を変えた37人の伝え方』カーマイン・ガロ 著　井口耕二 訳　日経BP社
『はじめての広報宣伝マニュアル』藤江俊彦 著　同友館
『入門オペレーションズ・リサーチ』松井泰子／根本俊男／宇野毅明 著　東海大学出版会
『ずる　嘘とごまかしの行動経済学』ダン・アリエリー 著　櫻井祐子 訳　早川書房
『生産性　マッキンゼーが組織と人材に求め続けるもの』伊賀泰代 著　ダイヤモンド社
『ヤクザに学ぶ組織論』山平重樹 著　筑摩書房
『疑似科学と科学の哲学』伊勢田哲治 著　名古屋大学出版会
『工学の歴史　機械工学を中心に』三輪修三 著　筑摩書房
『世界を変えた24の方程式　古代バビロニア数学から21世紀の金融工学まで』デイナ・マッケンジー 著　赤尾秀子 訳　創元社
『世界を変えた火薬の歴史』クライヴ・ポンティング 著　伊藤綺 訳　原書房
『銃・病原菌・鉄』（上）（下）ジャレド・ダイアモンド 著　倉骨彰 訳　草思社
『人種差別』フランソワ・ド・フォンテット 著　高演義 訳　白水社
『産業技術誌　科学・工学の歴史とリテラシー』岡田厚正／高安礼士　ほか 著　裳華房
『プラクティカル産業組織論』泉田成美／柳川隆 著　有斐閣
『国家興亡の方程式　歴史に対する数学的アプローチ』ピーター・ターチン 著　水原文 訳　ディスカヴァー・トゥエンティワン
『国家はなぜ衰退するのか　権力・繁栄・貧困の起源』（上）（下）ダロン・アセモグル／ジェイムズ・A・ロビンソン 著　鬼澤忍 訳　早川書房
『文明崩壊　滅亡と存続の命運を分けるもの』（上）（下）ジャレド・ダイアモンド 著　楡井浩一 訳　草思社
『人類が消えた世界』アラン・ワイズマン 著　鬼澤忍 訳　早川書房
『中世の旅』ノルベルト・オーラー 著　藤代幸一 訳　法政大学出版局
『ヨーロッパ歴史統計　1750～1993』ブライアン・R・ミッチェル 著　中村宏／中村牧子 訳　東洋書林
『「図説」人口で見る日本史　縄文時代から近未来社会まで』鬼頭宏 著　PHP研究所
『歴史人口学から見た日本の歩み』渡部玲子／鉄本麻由子／藤田弘晃／荒木陸 著　第56回歴史教育研究会報告
『一目でわかる江戸時代　地図・グラフ・図解でみる』竹内誠 監修／市川寛明 編　小学館
『戦国の地政学　地理がわかれば陣形と合戦がわかる』乃至政彦 著　実業之日本社
『データを正しく見るための数学的思考　数学の言葉で世界を見る』ジョーダン・エレンバーグ 著　松浦俊輔 訳　日経BP社
『初等数学史（上）古代・中世編』フロリアン・カジョリ 著　小倉金之助 補訳／中村滋 校訂　筑摩書房
『初等数学史（下）近世編』フロリアン・カジョリ 著　小倉金之助 補訳／中村滋 校訂　筑摩書房
『単位の歴史　測る・計る・量る』イアン・ホワイトロー 著　富永星 訳　大月書店
『地図の歴史　世界編』織田武雄 著　講談社
『はじめての計測工学』南茂夫／木村一郎／荒木勉 著　講談社
『シリーズ図書館情報学　図書館情報学基礎』根本彰 編　東京大学出版会
『図書館と江戸時代の人びと』新藤透 著　柏書房

軍事強国チートマニュアル

2018年9月19日　初版発行

著者　山北　篤（やまきた　あつし）

イラスト　福地貴子
編集　新紀元社 編集部
川口妙子
DTP　株式会社明昌堂

発行者　宮田一登志
発行所　株式会社新紀元社
〒101-0054　東京都千代田区神田錦町1-7
錦町一丁目ビル2F
Tel 03-3219-0921
Fax 03-3219-0922
http://www.shinkigensha.co.jp/
郵便振替　00110-4-27618

印刷・製本　中央精版印刷株式会社

ISBN978-4-7753-1610-8
Printed in Japan